职业教育物联网应用技术专业系列教材

1+X职业技能等级证书（物联网工程实施与运维）书证融通系列教材

物联网工程设计与管理

U0185473

组　编　北京新大陆时代教育科技有限公司

主　编　许　磊　兰　飞　蔡教武

副主编　黄春平　万其明　黄昊晶

　　　　梁文祯　胡拥兵　信　众

参　编　党　娇　柳　智　邱　雷　甘晓利

　　　　高　辉　周天凤　李良钰　廖静很

　　　　江武志　林少茵

机 械 工 业 出 版 社

本书为1+X职业技能等级证书（物联网工程实施与运维）的书证融通教材，以职业岗位的“典型工作过程”为导向，融入行动导向教学法，将教学内容与职业能力相对接、单元项目与工作任务相对接，主要介绍物联网工程设计与管理的相关知识，包括工程项目的需求分析、现场勘察、方案设计、实施管理与验收、售后服务等，并以行业中的典型应用项目为载体，将上述知识内容融入并进行技能演练，采用“项目引领、任务驱动”的模式，以行动导向教学法的实施步骤为主线编排各任务，有利于读者学习与实践。

本书可作为各类职业院校物联网应用技术等相关专业的教学用书，也可作为从事物联网工程规划与设计、工程实施管理等人员的自学参考用书。

本书配有电子课件，选用本书作为教材的教师可以从机械工业出版社教育服务网（www.cmpedu.com）免费注册后进行下载或联系编辑（010-88379807）咨询。本书还配有二维码资源，读者可直接扫码进行观看。

图书在版编目（CIP）数据

物联网工程设计与管理/北京新大陆时代教育科技有限公司组编；许磊，兰飞，蔡教武主编．—北京：机械工业出版社，2022.9（2025.1重印）

职业教育物联网应用技术专业系列教材．1+X职业技能等级证书（物联网工程实施与运维）书证融通系列教材

ISBN 978-7-111-71592-4

Ⅰ．①物…　Ⅱ．①北…　②许…　③兰…　④蔡…　Ⅲ．①物联网—职业教育—教材　Ⅳ．①TP393.4　②TP18

中国版本图书馆CIP数据核字（2022）第169222号

机械工业出版社（北京市百万庄大街22号　邮政编码100037）

策划编辑：李绍坤　　责任编辑：李绍坤　张星瑶

责任校对：史静怡　李　婷　　责任印制：常天培

固安县铭成印刷有限公司印刷

2025年1月第1版第5次印刷

184mm×260mm・16.5印张・384千字

标准书号：ISBN 978-7-111-71592-4

定价：55.00元

电话服务

客服电话：010-88361066

010-88379833

010-68326294

网络服务

机　工　官　网：www.cmpbook.com

机　工　官　博：weibo.com/cmp1952

金　书　网：www.golden-book.com

机工教育服务网：www.cmpedu.com

前言

PREFACE

近年来，随着新基建的提出和具体落地，物联网工程项目的建设也如雨后春笋般崛起，整个行业亟需大批的人才。为了响应国家政策要求，适应行业发展及需要，培养一批物联网工程设计、实施与管理类人才已是势在必行。高职院校是培养高素质技术技能型人才的主要阵地，在职教改革的背景下，为保证产业发展与人才培养的紧密对接，编者联合企业，结合多年的教学与工程实践经验，编写了本书。

本书编写特色如下：

1. 以书证融通为出发点，对接行业发展与岗位需求

本书落实“1+X”证书制度，深化三教改革要求，围绕书证融通模块化课程体系，对接行业发展的新知识、新技术、新工艺、新方法，聚焦物联网工程设计与管理的岗位需求，将职业技能等级证书中的工作领域、工作任务、职业能力融入课程的教学内容中，包括项目实施方案设计、项目实施管理与验收、售后服务方案设计等模块，改革传统课程。

2. 突出“双核”培养，将学生职业能力发展贯穿始终

有了知识，不一定就有能力。本书在通过项目（任务）完成应用知识向专业能力转化的同时，在项目实施中嵌入自主学习、与人交流、与人合作、信息处理、解决问题等职业核心能力培养，将专业核心技能与职业核心能力“双核”贯穿于各个项目（任务），综合提升职业能力，全方位服务于学生的职业发展。

3. 以学生为主体，提高学生学习主动性

本书在内容设计上充分体现了“学生主体”思想，在任务描述与要求、知识储备、任务实施、任务小结等多个环节都注重发挥学生的学习主体作用，同时注重发挥教师的引导、组织、督促作用。在教与学的过程中学生动手、动脑学习操练，充分参与实践，提高学习效果。

4. 多元化的教学评估方式，综合考察学生的职业社会能力

为促进读者职业能力培养，本书内容采取了多元化的教学评估方式，例如通过需求调研与分析、现场勘察、方案设计、施工图绘制、交底汇报、网络图绘制、验收报告编制、售后服务方案编制、创新创意创业策划书的撰写等考察学生的知识应用能力；通过查阅资料、团队合作等方式，综合考察学生的职业社会能力。

5. 以立体化资源为辅助，驱动课堂教学效果

本书以“信息技术+”助力新一代信息技术专业升级，满足职业院校学生多样化的学习需求，通过配备丰富的微课视频、PPT、教案、题库等资源，大力推进“互联网+”“智能+”教育新形态，推动教育教学变革创新。

6. 以校企合作为原则，驱动应用型人才培养

本书由重庆电子工程职业学院、北京新大陆时代教育科技有限公司联合开发，充分发挥校企合作优势，利用企业对于岗位需求的认知及培训评价组织对于专业技能的把控，同时结合院校教材开发与教学实施的经验，保证本书的适应性与可行性。

本书以物联网工程生命周期全过程为主线切入，以实际工作过程为导向，以真实项目案例为载体，具体任务为驱动，重点培养学生工程设计、实施与管理方面的知识、技能与素养。本书共有6个项目，参考学时为64学时，各项目的知识重点和学时建议见下表：

项目名称	任务名称	知识重点	建议学时
项目1　物联网工程设计与管理概述	任务1　物联网工程设计与管理岗位调研	1. 物联网工程的生命周期及参与方 2. 物联网工程设计的内容及方法 3. 项目管理的五大过程组和十大知识领域	2
	任务2　认识物联网工程		4
	任务3　认识物联网工程设计		4
	任务4　认识物联网工程项目管理		2
项目2　智慧物流——仓储管理系统需求分析与现场勘察	任务1　仓储物资管理系统需求调研	1. 需求调研的目标及内容 2. 需求分析的内容及方法 3. 工程勘察的基本流程	2
	任务2　仓储物资管理系统需求分析		4
	任务3　仓储环境监控系统现场勘察		4
项目3　智慧社区——小区安防系统方案设计	任务1　小区安防系统总体方案设计	1. 总体设计的内容及方法 2. 系统详细设计的内容及方法 3. 施工图设计的内容及深度要求 4. 施工图会审与设计交底的主要内容与组织程序	4
	任务2　小区安防系统详细方案设计		4
	任务3　小区安防系统施工图绘制		6
	任务4　小区安防系统施工图会审与设计交底		2
项目4　智慧交通——停车场管理系统建设实施管理与验收	任务1　停车场管理系统WBS创建	1. WBS创建类型的选择及创建方法 2. 进度计划的表现形式及甘特图的绘制方法 3. 网络图的绘制及关键路径的确定 4. 项目验收的内容、流程及依据	2
	任务2　停车场管理系统建设甘特图绘制		2
	任务3　停车场管理系统建设项目网络图绘制		4
	任务4　停车场管理系统建设项目验收		4
项目5　智慧农业——生态农业园监控系统售后服务	任务1　智能鱼塘养殖监控系统常见故障解决方案	1. 常见故障解决方案的内容及故障解决方式 2. 培训方案的组成 3. 售后服务的内容、方式及流程	2
	任务2　智能大棚监控系统培训方案		2
	任务3　智能大棚监控系统售后服务方案		4
项目6　物联网工程项目创新创意创业挑战	任务1　物联网工程完整实施流程思维导图绘制	1. 创新创意的方法 2. 创业策划书的结构与内容 3. 路演技巧	2
	任务2　编制物联网工程项目创新创意创业策划书		4
合计（学时）			64

本书由编者提供真实项目案例，共同分析岗位典型工作任务等。本书由许磊、兰飞、蔡教武任主编，由黄春平、万其明、黄昊晶、梁文祯、胡拥兵、信众任副主编，参与编写的还有党娇、柳智、邱雷、甘晓利、高辉、周天凤、李良钰、廖静很、江武志、林少茵。其中，许磊负责大纲拟定和教材统稿，兰飞负责编写项目2和项目3，柳智负责编写项目1，党娇负责编写项目4，甘晓利和党娇共同负责编写项目5，邱雷负责编写项目6，各项目编写人员负责对应的信息化资源制作，高辉负责项目案例收集，蔡教武、黄春平、万其明、黄昊晶、梁文祯、胡拥兵、信众、周天凤、李良钰、廖静很、江武志、林少茵负责项目案例资源的收集和教材资源的制作。

由于编者水平有限，书中难免有错误和疏漏之处，恳请广大读者批评指正。

编　者

二维码索引

目录

CONTENTS

Project 1

项目 1

物联网工程设计与管理概述

引导案例

随着科技的发展，特别是物联网、云计算的出现，智能家居的概念已频频出现在各大媒体上，进入公众的视线。随着社会、经济水平的发展，人们对家居品质在舒适度、安全性、智能化的要求越来越高。

物联网的发展把家居从数字化升级到智能化的层次。物联网对智能家居的市场空间、发展方向、产业规模等进行了拓宽和延伸，从而促进智能家居向更高层次发展，给智能家居带来了第二次“生命”。伴随着物联网应用需求的不断丰富和新消费生态的变革发展，人们的生活方式也迎来了全新的改变。智能家居为人们带来了更健康、更安全的生活方式，因此智能家居系统的普及应用也将迎来爆发式增长。

实现智能家居全面落地需要从以“产品为导向”的发展策略转为以“服务为导向”的发展目标。全方位的智能家居系统解决方案更能够被用户所认可。

如图1-0-1所示，在智能家居控制系统图中，物联网应用在智能家居工程中得到充分体现。本项目将从智能家居工程项目全过程涉及的设计和管理知识进行介绍。

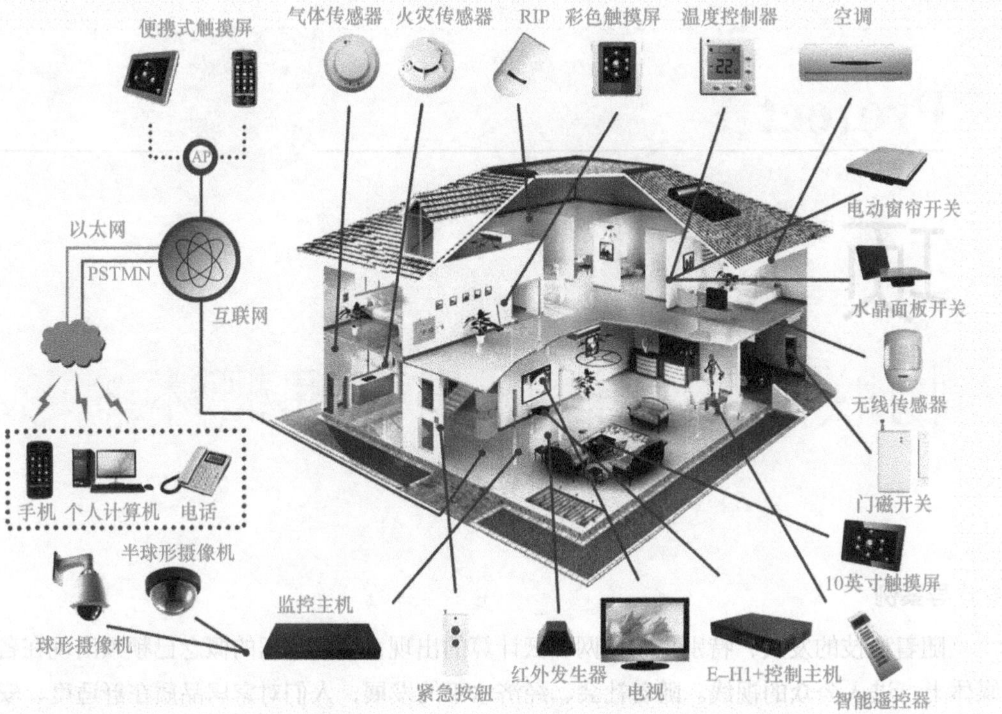

图1-0-1　智能家居控制系统图

任务1　物联网工程设计与管理岗位调研

职业能力目标

- 能根据岗位需求，明确设计与管理岗位的主要职责和要求
- 能根据岗位需求，明确设计与管理岗位的主要工作内容
- 能根据岗位需求，明确设计与管理岗位所需的职业核心能力

任务描述与要求

任务描述：

L公司是一家物联网科技有限公司，主要经营范围为物联网技术领域内的技术咨询、物联网工程的设计、施工与维护。

L公司发展很快，年底陆续中标了几个EPC总承包项目，但公司设计和项目管理人员紧张，公司人力资源部近期发布了新一年的设计人员和项目管理人员招聘计划。

LA先生是一名物联网工程专业应届毕业生，正在寻求一份设计或项目管理工作，在看到L公司发布的招聘计划后非常兴奋，因为进入一个正在高速成长的物联网科技公司对于一名应届毕业生的职业成长是非常有意义的事情。

任务要求：

- 根据L公司发布的招聘计划，分析设计岗位、项目管理岗位的招聘需求
- 根据设计和管理岗位的职责要求，对应自身专业所学，分析能力和专业课程的对接关系
- 根据设计和管理岗位的工作内容，对应自身兴趣和爱好，分析个人能力和岗位的适应性
- 根据设计和管理岗位的核心能力要求，对应自身性格和特长，分析个人能力和岗位的适配程度

知识储备

1. 物联网工程设计与管理的岗位职责要求

2019年中华人民共和国人力资源和社会保障部、国家市场监管总局、国家统计局向社会正式公布了十三个新职业信息，其中包括物联网工程技术人员。物联网工程技术人员是指从事物联网架构、平台、芯片、传感器、智能标签等技术的研究和开发，以及物联网工程的设计、测试、维护、管理和服务的工程技术人员。物联网工程技术人员的职业技能包括底层技术研究、软硬件系统研发、项目规划实施、系统运维管理等各项专业技术技能，当前物联网工程技术员从业人员已经超过200万，遍布在全国众多城市，从事物联网相关的技术研究、系统开发、规划实施、运维管理等工作。

工程设计与管理，即工程设计和项目管理，就是设计和管理单位运用自身的知识、技能和专业技术以满足客户对项目的需求和期望；通过在进度、成本和质量之间寻求最佳平衡点，以使客户获得最大效益，从而实现对工程项目进度、成本和质量的控制。工程设计和项目管理主要对应的岗位有系统设计工程师和系统集成项目管理工程师两类。

（1）系统设计工程师

系统设计工程师的主要岗位职责如下：

1）通过与客户沟通了解客户需求，根据客户要求及现场实际情况，进行方案设计与图纸绘制。

2）负责IT设备、软件、云计算、通信网络、信息安全、智能弱电等咨询与设计工作。

3）提供物联网工程实施过程中的相关技术咨询，包括设计方案、配置清单、成本核算、工程造价和预算咨询等。

4）参与项目的技术支持工作，协助项目施工、验收、运行维护等。

5）配合测试团队完成项目测试方案，协同评估项目测试方案的完整性、有效性。

6）组织与推动项目的实施，协助进行相关项目管理工作。

（2）系统集成项目管理工程师

系统集成项目管理工程师的主要岗位职责如下：

1）负责工程项目部全面领导、管理工作。合理利用岗位权限，履行对项目部的管理职责，明确各岗位相互之间的关系，组织实施项目部涉及的质量体系、程序文件和有关技术标准、规范及作业指导书。

2）制定项目计划，并监督执行。识别客户需求，对项目范围、项目变更进行管理，控制项目成本，负责与内、外部干系人的沟通管理。

3）组织并召开项目会议，通过各专业的专题会议，更新项目进展，合理进行资源调配，促进团队沟通。

4）识别项目风险，进行风险管理。

5）沟通协调内、外部资源，推进、跟踪项目过程，监控项目进度，按计划保质交付项目成果，协调履约过程中出现的各类问题，确保项目验收。

6）项目实施后期的售后服务管理。

7）合理有效处理客户的需求，维护公司的利益，同时维护好与客户的关系。

2. 物联网工程设计与管理的岗位工作内容

物联网专业（群）需要具备物联网集成开发、物联网工程设计、物联网项目管理等典型岗位所需的技术技能，以及岗位所需的通用职业核心能力，包括沟通表达能力、团结协作能力和学习能力等。

（1）系统设计工程师

系统设计工程师的工作具体内容随项目不同而发生变化，一般总体上应包括以下内容：

1）需求分析，了解用户系统需求或用户对原有系统升级改造的要求，主要包括功能需求和非功能需求两个方面，如应用类型、物理拓扑结构、带宽要求和流量特征分析等。

2）系统技术架构设计，确定系统采用何种技术、网络结构、传输介质等，以及网络资源配置和接入外网的方案等。

3）产品选型，根据设计方案进行设备选型，包括感知设备选型、网络通信设备选型和服务器设备选型等。

4）综合布线与工程施工要求确定，即针对项目的综合布线与设备安装等提出要求。

5）软件平台配置，确定系统的基础应用平台方案，以及所采用的网络操作系统、数据库系统、网络基础服务系统的安装及配置。

6）用户培训，包括三类对象，即领导、网络和数据库管理员、网络业务用户。

7）系统施工技术支持，在工程项目施工过程中，配合施工人员按照设计方案完成施工。

8）编写各类技术文档，协助完成项目验收。

（2）系统集成项目管理工程师

系统集成项目管理工程师的日常工作内容，随项目类型不同而发生变化，一般应包含以下工作内容：

1）控制项目成本，采取各种有效管理手段开源节流，降低施工成本提高项目利润。

2）项目部日常管理，领导、协调、督促项目部各成员进行项目日常生产管理，使生产按计划正常进行。

3）多方协调，协调与建设方、监理方及地方关系，为工程实施创造良好的外部环境。

4）审核上报报表，审核送往建设方、监理方和公司的各种报表（包括计划和统计报表），并对其真实性负责。

5）绩效考核，考核项目部管理人员工作绩效。奖优罚劣，提出绩效考核奖金分配建议方案。

6）培养人才，配合公司人事部门，加强对项目在职人员的业务技能培训，在工作中发现人才、培养人才、选拔人才。

7）质安检查，组织项目内部质安检查，配合政府和建设方监管部门对项目进行质安检查，接受公司各职能部门的检查监督。

8）组织过程控制，组织编制工程项目总体计划及可行性施工组织设计，组织编制月、周生产计划及重要部位、关键工序实施性施工方案。

9）组织专题会议，参加专项工程技术交底，召开每周生产例会，填写施工日志。

10）项目实施管理，对工程项目的质量、安全、进度、文明施工进行现场的检查、监督，并就现场发现的问题及时提出整改意见。

11）文档管理，监督检查项目资料编写、整理、统计工作，审核计量报表和现场工程量签证工作。

12）审核项目实施报表，审核批准上传公司的施工材料、进度统计、计划报表和工程月报表，并将相关报表按要求上报公司相关部门。

13）竣工验收，办理工程结算，收回工程款，作好工程施工总结工作。

3. 物联网工程设计与管理的职业核心能力要求

要想从事物联网行业，无论是从事物联网项目方案设计，还是物联网工程项目管理，都需要具备一系列物联网基础知识，包括设备、网络、物联网平台、数据分析、应用和安全，即当前物联网体系结构的组成部分。同时，物联网行业要求从业者具备物联网相关技术的实践能力。实践能力指的是从业者不仅要了解物联网的技术边界，还能够完成物联网相关技术的落地实施。

（1）系统设计工程师

系统设计工程师的详细能力要求如下：

1）通用能力。

① 具有团队意识，能够配合其他部门完成项目需要实现的功能。

② 具有较强的自学能力，并具有一定的分析问题、解决问题的能力。

③ 精通物联网技术原理，熟悉物联网相关技术发展趋势。

④ 热爱物联网和智能硬件行业，热爱学习，积极了解行业动态，持续关注行业的发展。

2）专业能力。

① 具有参与工程解决方案的设计、分析、评估和选择完成工程任务所需的技术、工艺和方法的能力。

② 能够依据客户需求的分析，制订物联网项目解决方案的能力。

③ 具备RFID等感知设备系统集成项目的设计、开发、辅助实施能力。

④ 熟悉现场通信总线、工业以太网通信技术、无线通信技术，熟悉多种协议及网络知识（TCP/IP等）、网络设备（路由器、交换机、防火墙等）的配置和使用。

⑤ 具有物联网应用系统后期硬件和软件的维护能力。

⑥ 具备物联网系统的体系结构设计、系统调试能力。

⑦ 具备熟练使用相关软件的能力，如Office、Visio、AutoCAD、天正电气等工具软件。

（2）系统集成项目管理工程师

系统集成项目管理工程师的详细能力要求如下：

1）熟悉物联网工程工程管理专业知识，了解物联网工程市场和行业法规相关知识，具有协调评审、监理、验收等各环节的经验和能力。

2）熟练使用项目过程控制相关的工具软件，如Project、Visio、MindManager、Office等。

3）具有一定的软件或硬件专业知识，熟悉软硬件或自动化设备的开发流程。

4）具备优秀的综合分析能力及观察发现意识，同时具有良好的应变能力、逻辑推理和数据分析能力。

5）具备良好的计划、组织、沟通、协调能力，具有团队合作和较好的学习能力，执行能力强，有较强的领导能力及承担较大压力的能力。

6）具备较强的客户服务意识，良好的语言表达、沟通及公关能力。

任务实施

任务实施前必须先准备好以下设备和资源。

序号	设备/资源名称	数量	是否准备到位（√）
1	计算机	1台	
2	Office软件	1套	

1. 查找招聘计划

查找物联网工程相关岗位招聘计划是任务实施的第一步。首先需要根据职业规划遴选适合自己的岗位招聘信息，仔细阅读、理解招聘计划中列出的岗位职责和任职要求。物联网项目经理招聘信息如图1-1-1所示，图中列出了物联网项目经理的招聘需求。

岗位职责：

1. 负责公司智能楼宇、智能家居、智能电表、智能充电桩、智能停车系统、智能安防等智能化项目的实施与推进。
2. 负责智能硬件/平台软件等相关产品的定义与设计，负责IoT设备与物业ERP的接口对接设计，并规划出解决方案，针对整体架构进行优化设计。
3. 根据项目实施方法论，跟进整个项目的实施进度，同时负责撰写SOW、整理开发需求及撰写相关用户使用手册等工作。
4. 作为项目经理，负责供应商的开发、对接与交流，对项目设计、采购、实施等环节的成本、进度、质量目标负责，保障项目顺利交付。
5. 基于用户需求，对物联网相关系统进行上线、客户培训，以及对项目交付后的系统相关问题进行反馈、协调与解决。

任职要求：

1. 大专及以上学历，自动化/计算机/通信等相关专业。
2. 3年以上工作经验，有工业控制、智能楼宇、智能家居、AI监控等行业经验者优先。
3. 熟悉智能化系统工程实施的程序，有成功的地产、园区、智慧社区等大型系统应用经验，熟悉相关业务、IT系统架构、AI应用场景。
4. 熟悉智能硬件、云计算、互联网、物联网技术，熟悉工业领域的相关通信技术，如485、载波通信、Modbus、OPC等。
5. 具备较强的责任心，工作积极主动，良好的团队合作精神。
6. 掌握项目管理理论，具有PMP或项目管理工程师证书优先。

图1-1-1　物联网项目经理招聘信息

2. 匹配分析

找到自己心仪的岗位招聘计划之后，列出招聘计划中对岗位职责要求、工作内容和职业核心能力要求的条目，再结合自身具体情况进行逐条匹配分析，利用拉清单的方式给出是否匹配的结论。在匹配分析的过程中，不能简单地用满足与不满足给出结论，需要给出相应的知识体系、实习经验等证明支撑，尤其是隐形能力要求，必须要用具体的事件进行说明。

以图1-1-1物联网项目经理招聘信息为例，进行逐条对比分析说明。

（1）岗位职责及工作内容匹配分析

1）负责公司智能楼宇、智能家居、智能电表、智能充电桩、智能停车系统、智能安防等智能化项目的实施与推进。

这条岗位职责说明了物联网项目经理的工作领域。首先，需要明确自己是否对这些工作领域有兴趣？是否愿意未来几年或更长时间在这个领域持续耕耘？其次，个人知识技能储备是否涉及这些领域的相关知识？确认后给出此条要求的匹配结论。

2）负责智能硬件/平台软件等相关产品的定义与设计，负责IoT设备与物业ERP的接口对接设计，并规划出解决方案，针对整体架构进行优化设计。

这条岗位职责是物联网项目经理的工作内容。这条也不能简单依据个人知识技能储备给出结论，需要结合岗位职责中工作领域进行分析，知识转化需要应用落地，所以此条需要在知识技能结合工作领域分析后，才能给出匹配结论。

3）根据项目实施方法论，跟进整个项目的实施进度，同时负责撰写工作说明书（SOW）、整理开发需求及撰写相关用户使用手册等工作。

这条岗位职责是物联网项目经理的工作内容，共提出了两点要求：第一是需要掌握项目实施方法论；第二是需要编写项目管理文档。此条可以结合个人知识技能储备给出匹配结论。

4）作为项目经理，负责供应商的开发、对接与交流，对项目设计、采购、实施等环节的成本、进度、质量目标负责，保障项目顺利交付。

这条岗位职责是物联网项目经理的工作内容，共提出了两点要求：第一是要具备良好的沟通能力，负责和工程参与方之间的信息获取和传递；第二是需要具备项目管理能力。

良好沟通能力作为隐形能力要求，必须要用具体的事件进行支撑，如不能给出具体的事件，可结合个人在学习、工作中与人沟通交流的情况给予预设，最后再结合个人知识技能储备给出此条的匹配结论。

5）基于用户需求，对物联网相关系统进行上线、客户培训，以及对项目交付后的系统相关问题进行反馈、协调与解决。

这条岗位职责是物联网项目经理的工作内容之一，主要是项目验收和售后阶段的工作，提出了两点要求：第一是需要具备项目管理能力，协调项目部人员完成相关工作；第二是需要具备良好的沟通能力，完成项目交付后的收尾工作。求职者需要分析个人隐形特点，并结合个人知识技能储备给出此条的匹配结论。

（2）职业能力要求匹配分析

1）大专及以上学历，自动化/计算机通信等相关专业。

这条要求属于基本学历要求，根据个人学历即可给出此条的匹配结论。

2）3年以上工作经验，有工业控制、智能楼宇、智能家居、AI监控等行业经验者优先。

这条要求属于工作经历要求，根据个人工作经历可以给出此条的匹配结论。

3）熟悉智能化系统工程实施的程序，有成功的地产、园区、智慧社区等大型系统应用经验，熟悉相关业务、IT系统架构、AI应用场景。

这条职业能力要求属于工作经历要求，根据个人工作经历可给出此条的匹配结论。

4）熟悉智能硬件、云计算、互联网、物联网技术，熟悉工业领域的相关通信技术，如485、载波通信、Modbus、OPC等。

这条职业能力要求属于技术储备要求，根据在校学习课程、社会培训证明等个人知识技能储备可给出此条的匹配结论。

5）具备较强的责任心，工作积极主动，良好的团队合作精神。

这条职业能力作为隐形能力要求，强调责任心、积极主动和团队合作，必须用具体的事件进行支撑，不能简单给出自我评估结论。

6）掌握项目管理理论，具有PMP或项目管理工程师证书优先。

这条职业能力作为岗位技能要求，重点在掌握项目管理知识，证书要求可作为补充说明条款，根据在校学习课程、社会培训证明等个人知识技能储备可给出此条的匹配结论。

3．编制匹配分析表

根据前面匹配分析结论，参考表1-1-1的格式，编制完成《个人能力和岗位匹配分析表》。

表1-1-1　个人能力和岗位匹配分析表

<table>
<tr><th>岗位</th><th>岗位职责及要求</th><th colspan="2">个人知识、技能、特长证明支撑</th><th>匹配得分（1~10）</th></tr>
<tr><td rowspan="6">物联网项目经理</td><td>大专及以上学历，自动化/计算机通信等相关专业</td><td colspan="2">×××学校自动化专业高职毕业证</td><td>10</td></tr>
<tr><td>具备较强的责任心，工作积极主动，良好的团队合作精神</td><td colspan="2">从事物联网工程项目管理工作5年，在×××项目中担任现场质量员，×××项目中担任现场施工经理，×××项目中担任项目副经理</td><td>10</td></tr>
<tr><td>…</td><td>…</td><td>…</td><td>…</td></tr>
<tr><td>…</td><td>…</td><td>…</td><td>…</td></tr>
<tr><td>…</td><td>…</td><td>…</td><td>…</td></tr>
<tr><td>…</td><td>…</td><td>…</td><td>…</td></tr>
</table>

4. 验证与评审

各组可交叉阅览已经编制完成的《个人能力和岗位匹配分析表》，并进行验证与评审。

任务小结

通过对物联网工程技术人员的岗位职责、工作内容和职业核心能力的分析，可以综合得出其能力结构、知识结构、素质结构要求。求职者在进行职业生涯规划时，可以直接对标分析自身的知识、技能、兴趣、特长与岗位要求的匹配程度，进而认清自我，做到人岗匹配，继而作为一名合格的物联网工程技术人员参与到物联网工程项目中，在工作中不断追求并实现自我价值和社会价值。

本任务的相关知识与技能小结如图1-1-2所示。

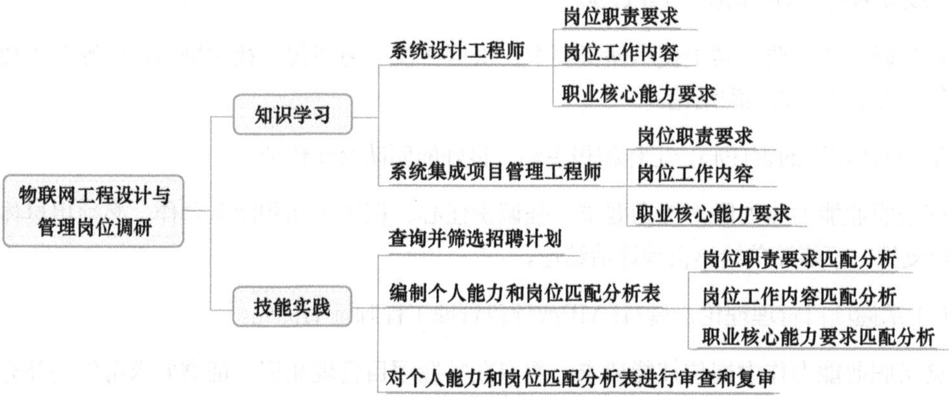

图1-1-2　知识与技能小结思维导图

任务2　认识物联网工程

职业能力目标

- 能根据物联网工程技术框架的相关知识，识别某一物联网工程项目的关键技术
- 能根据物联网工程生命周期的相关知识，分析某一物联网工程项目的生命周期
- 能根据物联网工程技术框架的相关知识，区分某一物联网工程项目的参与方

任务描述与要求

任务描述：

NA先生买了一套独栋别墅。崇尚科技、追求技术的他考虑到家中有尚未成年的小孩和年迈

的父母，为了改进家庭安全状况、舒适环境，及时关注老人、小孩动态，同时他喜欢享受生活，想要为新房打造成一套安全、便利、智能、舒适的智能家居系统。现在L公司打算承接这套智能家居总承包工程，需要先开展工程方案设计，作为设计师LA接受了功能框架设计这部分工作。

任务要求：

- 根据项目需求，整理智能家居技术架构
- 根据项目需求，整理智能家居功能架构对应的物联网技术

知识储备

1. 物联网工程基本概念

随着物联网技术不断走向应用，对各种物联网技术进行综合集成、创新研究及应用应当在一个整体框架下进行，这个框架就是物联网工程。

物联网工程是指运用系统工程的方法将物联网技术综合应用到生活中的过程的总称。其核心是工程系统采用的物联网技术，使自然界的物质和能源的特性能够通过各种结构、机器、产品、系统和过程，以最短的时间和精简的人力做出高效、可靠且对人类有用的东西。

世界上最早将物联网应用于生活中的实践是1990年施乐公司的网络可乐贩售机工程，但确切地说，物联网的理念最早出现于比尔·盖茨1995年的《未来之路》一书，直到1999年，美国Auto-Id中心的Ashton教授在研究RFID时首先提出“物联网”的概念。

目前物联网技术已广泛应用到各行业中，便利大家的工作和生活。我国政府也高度重视物联网的研究和发展，物联网被列为国家五大新兴战略性产业之一并写入《政府工作报告》，受到了全社会的极大关注。

2. 物联网工程技术架构

物联网工程的技术体系框架包括感知层技术、网络层技术、应用层技术和公共技术。

物联网工程典型的技术架构分为三层，自下而上分别是感知层、网络层、应用层，还包括一些公共技术等，其技术架构体系如图1-2-1所示。

（1）物联网工程的特点

物联网工程的特点主要包含全面感知、可靠传递、智能处理三个方面，类似于人的感官、神经、大脑，如图1-2-2所示。

1）全面感知。

在物联网工程技术架构的最底层是感知层，主要由各种传感器和传感器网关构成，其功能是识别物体、采集信息。

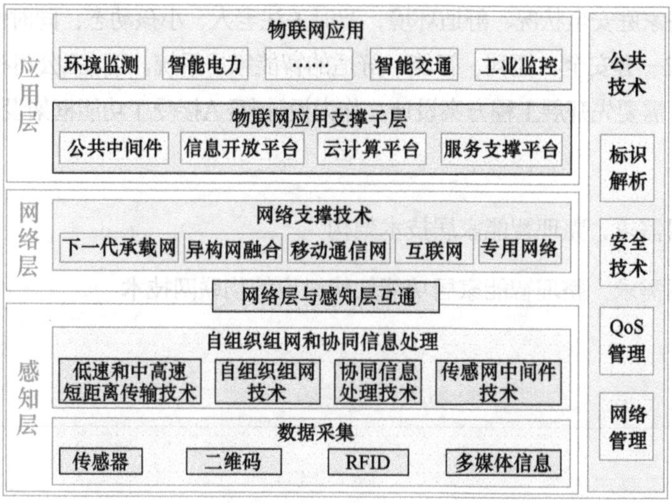

图1-2-1　物联网工程技术架构体系

感知层是实现物联网全面感知的基础，要求能够利用传感器、RFID、二维码、生物识别等随时随地获取目标对象的信息，并将所获得的数据信息传送到网络中。

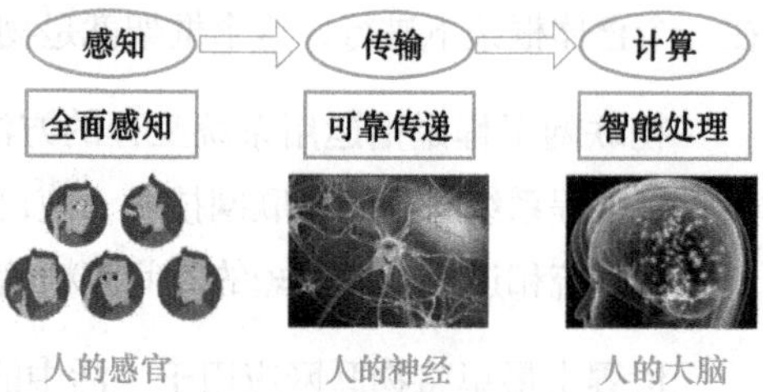

图1-2-2　物联网工程的特点

2）可靠传递。

在物联网工程中，网络层部分根据划分原则的不同，有多种类型的网络，主要由各种企业和事业单位网络、互联网、有线和无线通信网、网络管理系统等组成。其主要功能是实现系统数据信息的接入与传输，其要求是能够通过各种电信网络与互联网的融合，将物体的数据信息实时准确地传递出去。

3）智能处理。

在物联网工程系统中，数据在前端采集并通过网络传输到后端，在后端需要对其获得的数据信息进行智能处理。所谓的智能处理是指相关软硬件系统及设备利用云计算、大数据、模糊识别等各种智能计算技术，对海量的数据和信息进行分析和处理，以对物体实施智能化的管理与控制。

（2）物联网工程关键技术

根据物联网工程的技术架构体系，其采用的关键技术主要有感知层技术、网络层技术、应用层技术、公共技术等，下面对其主要的关键技术进行介绍。

1）感知层技术。

① 传感器技术。

物联网工程系统中的海量数据信息来源于终端设备，而终端设备数据来源主要是传感器。传感器赋予了万物"感官"功能，如人类依靠视觉、听觉、嗅觉、触觉、味觉感知周围环境，同理，物体也可通过各种传感器来感知周围环境，且比人类感知更准确、感知范围更广。例如，人类无法通过触觉准确感知某物体具体温度值，也无法感知上千度的高温，也不能辨别细微的温度变化，但传感器可以。

在国家标准GB/T 7665—2005《传感器通用术语》中，传感器被定义为"能够感知被测量并按照一定的规律转换成可用输出信号的器件或装置，通常由敏感元件和转换元件组成"。在美国仪表协会ISA中的定义为"传感器是把被测量变换为有用信号的一种装置，包括敏感元件、转换电路，以及把这些元件和电路组合在一起的机构"。传感器系统如图1-2-3所示。

敏感元件：传感器的核心部件，是感受被测量并输出与被测量成确定关系的某一物理量的元件。如图1-2-4所示，声敏感元件直接感受声波，把声波变成一种声膜振动机械量，声音的大小与振幅成一种线性关系。

图1-2-3 传感器系统示意图

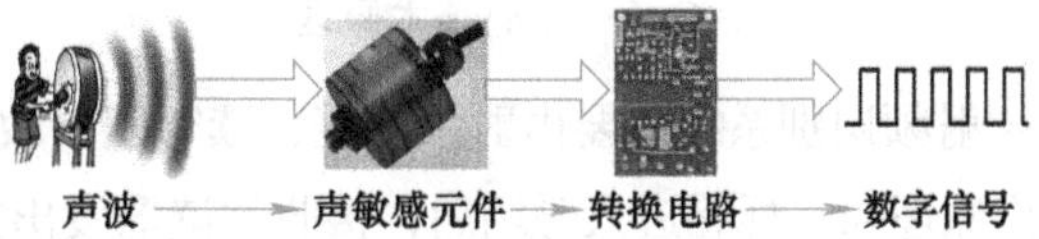

图1-2-4 传感器工作原理示意图（以声传感器为例）

转换元件：敏感元件的输出就是它的输入，它把输入转换成电路参量。如图1-2-4所示，将振动机械量按照一定规律转换为电压信号。

转换电路：上述电路参数接入转换电路便可转换成电量输出。如图1-2-4所示，将电压信号转换为数字信号。

目前，传感器的相关技术已经相对成熟，常见的传感器有温度、湿度、压力、超声波、光电、图像传感器等，且已被应用于多个领域，如地质勘探、智慧农业、医疗诊断、商品质检、交通安全、文物保护、机械工程等。

② 条码技术。

条码是一种机器识读语言，由一组规则排列的条、空及其对应字符组成的标记，用来表示一定的信息。

条码识读原理是利用条码的宽窄和反射率不同进行识读。由光源发出的光线经过光学系统照射到条码符号上面，反射的光信号在光电转换器上产生电信号，再经过滤波、整形，被译码器解释为计算机可以直接接受的数字信号，如图1-2-5所示。

条码一般可分为一维条码和二维码。一维条码就是传统条码，按照应用可分为商品条码和物流条码。商品条码包括EAN码和UPC码，物流条码包括128码、ITF码、39码、库德巴码等。二维码根据构成原理、结构形状的差异，可分为行排式和矩阵式二维码。

条码技术是实现POS系统、EDI、电子商务、供应链管理的技术基础，是物流管理现代化的重要技术手段。条码技术包括条码的编码技术、条码标识符号的设计、快速识别技术和计算机管理技术，它是实现计算机管理和电子数据交换不可少的前端采集技术。

③ 射频识别技术。

射频识别技术（RFID）是从20世纪90年代兴起的一项非接触式自动识别技术，可通过无线电信号识别特定目标并读写相关数据，而无须识别系统与特定目标之间建立机械或光学接触，如图1-2-6所示。

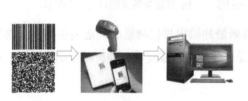

图1-2-5　条码技术原理图

图1-2-6　射频识别技术

射频识别系统主要由射频标签、读写器、收发天线、数据管理系统等组成。RFID技术的工作原理为：标签进入磁场后，接收阅读器发出的射频信号，凭借感应电流所获得的能量发送出存储在芯片中的产品信息（Passive Tag，无源标签或被动标签）；或者由标签主动发送某一频率的信号（Active Tag，有源标签或主动标签），阅读器读取信息并解码后，送至中央信息系统进行有关数据处理。

物联网中的感知层通常都要建立一个射频识别系统，用来为物联网中的各物品建立唯一的身份标识。现阶段射频识别技术已经广泛应用到了社会生活中的各个领域，如物流、交通、身份识别、防伪、资产管理、食品、信息统计、查阅应用、安全控制等领域。

④ 多媒体信息技术。

多媒体信息技术是指对声音、视频、图像等的采集、综合处理、建立逻辑关系和人机交互作用的一种技术。在物联网工程中，多媒体信息技术主要应用在生物识别方面，如人脸识别、语音识别、虹膜识别、指纹识别等。

2）网络层技术。

① 互联网技术。

互联网技术是指在计算机技术的基础上开发建立的一种信息技术，通过计算机网络的广域网使不同的设备相互连接，加快信息的传输速度和拓宽信息的获取渠道。互联网技术的普遍应用是进入信息社会的标志。物联网正是通过互联网实现了智能设备的通信连接。

② 移动通信技术。

移动通信是指通信双方或至少一方可以在运动中进行信息交换的通信方式。随着信息技术的发展、用户需求的增多，移动通信技术已成为当前通信领域中发展潜力最大、市场前景最广的一种技术。目前，移动通信技术已经历了几代的发展，分别是第一代的模拟移动通信（1G）、第二代的数字移动通信（2G）、第三代移动通信系统（3G）、第四代移动通信系统（4G）和第五代移动通信系统（5G）。

③ 局域网技术。

局域网（LAN）是一种在有限的地理范围内将许多独立设备相互连接，在网络操作系统的支持下，实现数据通信和资源共享的计算机网络。其覆盖范围一般是方圆几千米之内，主要由网络服务器、用户工作站、网卡、传输介质、网络互联设备、网络操作系统、网络协议、网络应用软件、网络管理软件等组成。

④ ZigBee技术。

ZigBee技术是一种应用于短距离和低速率下的无线通信技术，底层采用IEEE 802.15.4标准规范的媒体访问层和物理层，其传输频段有三种，分别是2.4GHz（全球）、868MHz（欧洲）、915MHz（北美），我国采用的是2.4GHz频段。

ZigBee具有低功耗、低成本、低速率（20～250kbit/s）、近距离（一般介于10～100m之间，增加发射功率后，可增加到1～3km）、短时延、高容量等特点，已广泛应用于医疗、电信、照明、建筑、零售、能源、家居控制等多个领域，如图1-2-7所示。

图1-2-7　ZigBee技术应用领域

⑤ 蓝牙技术。

蓝牙是一种典型的短距离无线通信技术，以低成本的近距离（一般10m内）无线连接为基础，为固定与移动设备通信环境建立一个特别连接，例如能支持移动电话、PDA、无线耳机、笔记本计算机、相关外设等众多设备之间进行无线信息交换。目前，蓝牙技术已在汽车、工业生产、医疗等领域有广泛的应用。

⑥ NB-IoT技术。

NB-IoT（Narrow Band Internet of Things，窄带物联网）是一种专为万物互联打造的蜂窝网络连接技术，支持低功耗设备在广域网的蜂窝数据连接，是一种低功耗广域网络技术。

NB-IoT所占用的带宽很窄，只需约180kHz，可直接部署于GSM网络、UMTS网络或LTE网络支持待机时间短、对网络连接要求较高设备的高效连接。其主要特点是覆盖广、连接多、速率低、成本低、功耗少、架构优等。NB-IoT使用授权频段，可采取带内、保护带或独立载波等三种部署方式。可与现有网络基站复用以降低部署成本、实现平滑升级。

基于蜂窝网络的NB-IoT连接技术经过近些年发展，已经逐渐作为开启万物互联时代的钥匙，旨在实现广泛的新型IoT设备和服务，专注于室内覆盖、低成本、长电池寿命以及使能大量连接的设备。

⑦ LoRa技术。

LoRa（Long Range Radio，远距离无线电）是一种基于扩频技术的远距离无线传输技术，是LPWAN通信技术中的一种，是SEMTECH公司创建的低功耗局域网无线标准。它给人们呈现了一个能实现远距离、长电池寿命、大系统容量、低硬件成本的全新通信技术。它的最大特点就是在同样的功耗条件下比其他无线方式传播的距离更远，实现了低功耗和远距离的统一，它在同样的功耗下比传统的无线射频通信距离扩大3～5倍。目前LoRa主要在全球免费频段运行，主要包括433MHz、868MHz、915MHz等。

3）应用层技术。

① 中间件技术。

中间件是一种介于操作系统和应用软件之间的一种软件，它使用系统软件所提供的基础服务或功能，衔接网络上应用系统的各个部分或不同的应用，以达到资源共享、功能共享的目的。现阶段常见的中间件有事务式中间件、过程式中间件、面向消息的中间件、面向对象中间件、Web应用服务器等。

② 云计算技术。

云计算是分布式计算的一种，指的是通过网络“云”将巨大的数据计算处理程序分解成无数个小程序，然后通过多部服务器组成的系统进行处理和分析这些小程序得到结果并返回给用户。其特点在于高灵活性、高性价比、高可靠性、可扩展性、按需部署等。

物联网的发展离不开云计算技术的支持，物联网终端的计算和存储能力有限，云计算平台可以作为物联网的“大脑”，实现对海量数据的存储、计算等。

③ 海量数据存储技术。

海量数据存储技术是指采用全息存储、专用软件、专用芯片或编程数据处理器压缩存储大量海洋数据的方法。由于物联网数据的特点是海量、多态、动态、关联等，因此海量数据存储技术亦是物联网工程中的一项关键技术。

④ 数据挖掘技术。

数据挖掘是指从大量的资料中自动搜索隐藏于其中的有着特殊关联性的信息的过程。其挖掘的对象可以是任何类型的数据源，如关系数据库，或数据仓库、文本、多媒体数据、空间数据、时序数据、Web数据等。

数据挖掘通常是通过统计、在线分析处理、情报检索、机器学习、专家系统和模式识别等诸多方法来实现上述目标。目前，数据挖掘算法主要包括神经网络法、决策树法、遗传算法、粗糙集法、模糊集法、关联规则法等。

⑤ 智能数据处理技术。

智能数据处理是模拟人类学习和解决实际问题机制来进行数据处理的，是传统数据处理的发展。其最突出的特点是面向问题，以解决实际问题为出发点和归宿，在不断的实际应用中得到改进和发展。在智能数据处理中，主要通过归纳学习方法从大量数据中获得知识，并利用知识进行推理，以为用户提供决策支持。

⑥ 智能控制技术。

智能控制技术是指在无人干预的情况下能自主地驱动智能机器实现控制目标的自动控制技术。智能控制技术的主要方法有模糊控制、基于知识的专家控制、神经网络控制和集成智能控制等，以及常用优化算法有：遗传算法、蚁群算法、免疫算法等。

⑦ 决策支持系统。

决策支持系统（Decision-making Support System，DSS）是以管理科学、运筹学、控制论和行为科学为基础，以计算机技术、仿真技术和信息技术为手段，针对半结构化或非结构化的决策问题，支持决策活动的具有智能作用的人机系统，为决策者提供分析问题、建立模型、模拟决策过程和方案的环境，调用各种信息资源和分析工具，帮助决策者提高决策水平和质量。

DSS的概念提出于20世纪70年代，并在80年代获得发展，主要由会话系统、控制系统、运行及操作系统、数据库系统、模型库系统、规则库系统和用户共同构成。其运行过程为：用户通过会话系统输入要解决的决策问题，会话系统把输入的问题信息传递给问题处理系统，然后问题处理系统开始收集数据信息，并根据知识库中已有的知识来判断和识别问题。如果出现问题，系统通过会话系统与用户进行交互对话，直到问题得到明确；然后系统开始搜寻问题解决的模型，通过计算推理得出方案可行性的分析结果，最终将决策信息提供给用户。

4）公共技术。

① 标识解析技术。

标识解析技术是指将对象标识映射至实际信息服务所需信息的过程，如地址、物品、空间位置等。例如，通过对某物品的标识进行解析，可获得存储其关联信息的服务器地址。标识解析是在复杂网络环境中，能够准确而高效地获取对象标识对应信息的“信息转变”的技术过程。

② 安全技术。

物联网设备受到网络攻击的风险伴随着设备数量的增长而不断增加，因此在设计和实施物联网工程系统时，需要考虑其安全方面的问题。物联网工程系统的安全需要考虑感知层、网络层、应用层的安全，分别体现为物理安全、信息采集安全、传输安全、信息处理安全等。

③ QoS管理技术。

QoS（Quality of Service，服务质量）是有效管理网络资源的技术，其关键指标有网络带宽、时延、抖动、丢包率等。QoS针对各种业务的不同需求，为其提供端到端的服务质量保证。在有限的带宽资源下，它允许不同的流量不平等地竞争网络资源，语音、视频和重要的数据应用在网络设备中可以优先得到服务。

④ 网络管理技术。

网络管理包括对硬件、软件和人力的使用、综合与协调，以便对网络资源进行监视、测试、配置、分析、评价和控制。其功能主要有故障管理、计费管理、配置管理、性能管理、安全管理、上网行为管理等。常见的网络管理方式有SNMP管理技术、RMON管理技术、基于Web的网络管理等。

3. 物联网工程生命周期

物联网工程的生命周期是从用户需求开始的，经过系统设计、开发、交付使用，在使用中不断维护等一系列相关活动的全周期。具体来说，物联网工程的建设包含三个阶段，分别是立项阶段、实施阶段、验收投产阶段，每个阶段都有其具体的内容和规范。工程建设程序如图1-2-8所示。

扫码看视频

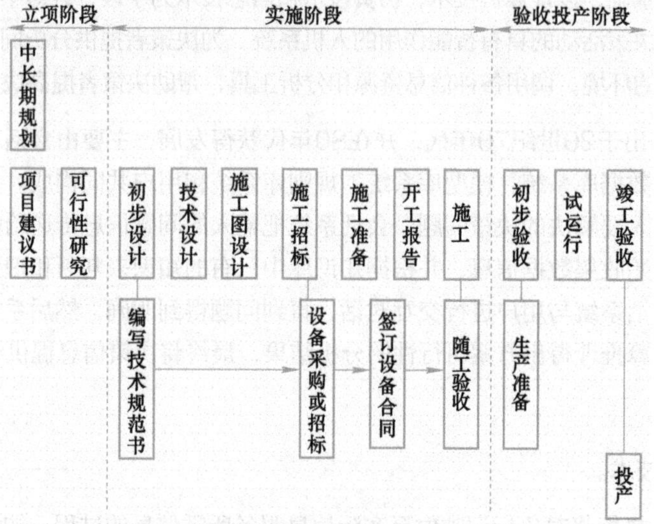

图1-2-8 工程建设程序图

在图1-2-8中，建设程序是指建设项目从项目建议、可研、评估、决策、设计、施工到竣工验收、投入生产的整个建设过程中，各项工作必须遵循先后顺序的法则。凡国家、地方政府、国有企事业单位投资新建的工程项目，特别是大中型项目，必须遵循此建设程序。

（1）立项阶段

工程项目立项是工程项目的起始阶段，其主要工作是：根据建设单位的中长期规划，编制项目建议书、进行可行性研究并编制可行性研究报告，然后对工程项目进行评估和立项决策。

一般情况下，建设单位在工程项目立项之前应当指定专门的项目管理部门，该部门应当根据建设单位的中长期规划提出相应的工程项目立项建议书，并对工程项目的可行性进行研究，最终向建设单位呈递工程项目可行性研究报告，让建设单位的中高层管理者审核与批准。

如果建设单位内部无法正常完成项目立项的可行性研究，则可以选择具有专业资质的咨询单位（比如设计院等）来完成。值得说明的是，参与可行性研究报告的人员应当包含经济、环境、法律、工程建造等方面的专家，以保证可行性研究报告的科学性、合理性、权威性及可靠性。

针对项目可行性研究报告，建设单位需组织相关专家进行评审和论证。评审时，需重点关注项目的投资、规模、建设内容、预期收益、环境保护和质量安全等方面的内容；同时评审专家应包含工程规划、工程技术、财务、法律等方面的专家和项目主要负责人等。

最后，建设单位中高层人员根据前期完成的项目建议书和可行性研究报告，对项目进行总体评估并进行立项决策。

（2）实施阶段

实施阶段的主要任务就是工程设计、施工并对施工工程进行监理，实施阶段是建设程序最关键的阶段。

1）工程设计。

设计是依据审批的可行性研究报告对建设工程实施的计划与安排，主要分为初步设计、技术设计和施工图设计。工程设计的主要任务就是编制设计文件并对其进行审定。

① 初步设计。

初步设计是根据批准的可行性研究报告以及有关的设计标准、规范，并通过现场勘察，在取得可靠的设计基础资料后进行编制的。初步设计的主要任务是确定项目的建设方案、进行设备选型、编制工程项目的总概算。

② 技术设计。

技术设计是根据已批准的初步设计，对设计中比较复杂的项目、遗留问题或特殊需要，通过更详细的设计和计算，进一步研究和阐明其可靠性和合理性，准确地解决各个主要技术问题。

③ 施工图设计。

施工图设计文件应根据批准的初步设计文件和主要设备订货合同进行编制，施工图设计文件一般由文字说明、图纸和预算三部分组成。施工图设计是初步设计和技术设计的完善和补充，是承担工程实施部门完成项目建设的主要依据。

2）工程施工。

建设项目具备开工条件后可以申报开工，经批准开工建设，即进入了建设实施阶段，按照合同要求全面开展施工活动。物联网工程的施工阶段包括施工招标、施工准备、开工报告、施工及工程监理等过程。

① 施工招标。

施工招标是建设单位将建设工程发包，鼓励施工企业投标竞争，从中评定出技术和管理水平高、信誉可靠且报价合理的中标企业。推行施工招标对于择优选择施工企业、确保工程质量和工期具有重要意义。

按照《中华人民共和国招投标法》规定，建设工程招标由建设单位编制标书，公开向社会招标，预先明确在拟建工程的技术、质量和工期要求的基础上，建设单位与施工企业各自应承担的责任与义务，依法组成合作关系。

② 施工准备。

施工准备是工程开工前对工程的各项准备工作，是基本建设程序中的重要环节，是衔接基本建设和生产的桥梁。

③ 开工报告。

经过施工招标、签订承包合同，建设单位在落实了项目资金、设备材料供货及工程管理组织后，应于开工前一个月联合施工单位向主管部门提出建设项目开工报告。在项目开工报批前，应由审计部门对项目的有关费用计取标准等内容进行审计后，方可正式开工。

④ 施工及工程监理。

施工是按施工图设计的内容、合同书的要求和施工组织设计文件，由施工总承包单位组织与工程量相适应的一个或几个施工单位组织施工。

施工单位应按批准的施工图设计进行施工。在施工过程中，对隐蔽工程在每一道工序完成后应由建设单位委派的物联网工程监理工程师随工验收，验收合格后才能进行下一道工序。

（3）验收投产阶段

为了保证物联网工程的施工质量，工程结束后，必须经过验收才能投产使用。这个阶段的主要工作包括初步验收、生产准备、试运行、竣工验收以及投产。

1）初步验收。

初步验收通常是指单项工程完工后，为检验单项工程各项技术指标是否达到设计要求的过程。初步验收一般是由施工单位完成施工承包合同工程量后，依据合同条款向建设单位申请项目完工验收，提出交工报告，由建设单位或委托监理单位组织，相关设计、施工、维护、档案及质量管理等部门参加。

2）生产准备。

生产准备是指工程项目交付使用前进行的生产、技术和生活等方面的必要准备，主要包括组织好管理机构、制定规章制度、培训生产人员、工具器材及备用维护材料等。

3）试运行。

试运行是指工程初步验收到正式验收移交之间的设备运行。由建设单位负责组织，设备供应商、设计单位、施工单位和代维公司参加，对设备、系统功能等各项技术指标以及设计和施工质量进行全面考核。经过试运行，如发现有质量问题由相关责任单位负责免费返修。

4）竣工验收。

竣工验收是工程建设过程的最后环节，由相关部门组织对工程进行系统验收。竣工验收是全面考核建设成果、检验设计和工程质量是否符合要求，审查投资使用是否合理的重要步骤；竣工验收是对整个物联网系统进行全面检查和指标抽测，对保证工程质量、促进建设项目及时投产、发挥投资效益、总结经验教训有重要作用。

5）投产。

投产是指项目在经过试运行且通过竣工验收后，正式提供产品或服务的过程。投产标志着工程进入生产阶段且开始发挥投资效益。

4. 物联网工程参与方

物联网工程从立项、实施到验收投产，一般会有多个单位参与，完成各自的工作内容，以保证项目的顺利实施完成。

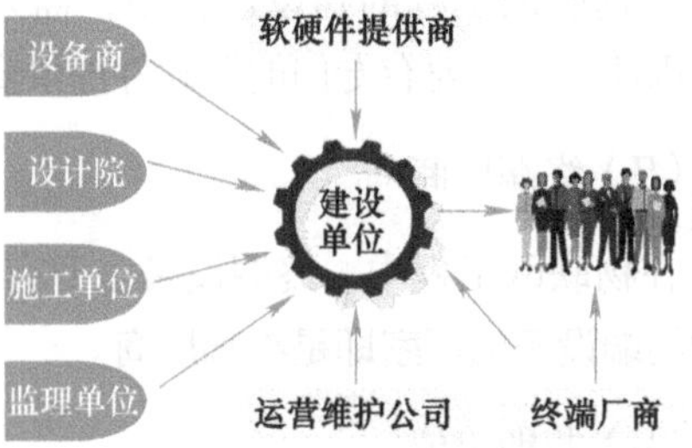

图1-2-9　物联网工程的参与方

物联网工程项目一般由建设单位发起，直接参与方主要有设计院、施工单位、设备商、运营维护公司、软硬件提供商、终端厂商、监理单位和用户等，如图1-2-9所示。

（1）建设单位

在物联网工程中，建设单位一般是指工程项目的发起者，也称为业主单位、甲方或项目业主，是工程项目的投资主体或投资者，对工程拥有产权。同时建设单位也是建设项目的管理主体，其主要职责是提出项目建设规划、提供建设用地和建设资金等。

（2）设计院

在工程项目实施前，建设单位通过招标或其他形式与设计院签订合同，委托设计院来为其工程项目提供规划、设计、咨询。设计院的主要职责是按照国家、地方、行业等的相关标准、规范，根据甲方的委托书、合同、任务书、项目前期资料等进行工程勘察与设计，并编制设计方案说明书、清单预算、绘制图纸等。设计人员须知晓所设计的各子系统具体包含哪些设备，以及这些设备所对应的国际、国内的相应厂家有哪些等。

设计院所形成的设计成果资料不仅能为施工单位进行工程建造提供依据，还为监理单位进行工程现场监督管理提供依据。

（3）施工单位

施工单位是指具有独立组织机构并实行独立经济核算，能承担基本建设工程施工任务的单位，又称为“承建单位”。施工单位的职责是按照甲方要求，根据设计文件资料，编制施工方案并完成工程项目的施工，包括建设内容中各子系统软硬件的安装与调试等，最终将其施工完成并通过验收的工程项目交付给甲方。

（4）设备商

在物联网工程的各参与方中，设备商是指为工程项目提供设施设备及相关材料的供应商。

（5）运营维护公司

在工程建设实施完成并投入运行后，须对工程系统的日常运行进行维护和管理。有些建设单位有自己的运营管理部门负责此项工作，有些建设单位则没有。此时，就需要专门邀请其他的运营管理公司来负责上述工作，即此处所说的运营维护公司。

（6）软硬件提供商

在物联网工程的建设过程中，需采购相应的软硬件以完成工程的实施并达到预期的效果，因此，就需要有专门的软硬件提供商负责提供工程所需的软件系统或硬件设施等。

（7）终端厂商

在物联网工程中，终端设备主要有个人计算机、平板计算机、智能手机等，提供工程所用的终端设备的厂家即是终端厂商。

（8）监理单位

监理单位是指受甲方委托，对工程建设进行第三方监理的具有经营性质的独立的企事业单位。其主要职责为：根据建设单位的要求，进行建设工程的合同管理，按照合同控制工程的投资、进度、质量等，并协调参建各方的工作关系。目前我国的监理资质主要有甲级、乙级、丙级三个等级，其中甲级资质最高，丙级资质最低。

（9）用户

用户是指工程建设完成并投入运行后，工程系统的使用者。建设工程的生命周期就是从用户需求开始的，在工程的设计和施工过程中，均需考虑用户的使用体验需求等。

任务实施

任务实施前必须先准备好以下设备和资源。

序号	设备/资源名称	数量	是否准备到位（√）
1	计算机	1台	
2	Office软件	1套	

1. 收集需求

智能家居主要由智能控制中心、智能照明系统、暖通环境系统、智能安防系统、能源管理系统、智能影音系统、门窗遮阳系统七大子系统组成，主要涉及的典型功能模块包括：智能照明、智能窗户窗帘、空气质量检测、智能用电、红外智能家电、智能温控、家庭影院、智能防盗、智能监控等。具体涉及哪些功能模块，需要结合用户需求进行选择。

在设计准备阶段的基础上，进一步收集、分析、运用与设计任务有关的资料和信息，以任务描述中NA先生智能家居工程为例，尽可能细致地了解并收集NA先生的需求，将NA先生的需求提炼为具体智能家居功能。譬如NA先生想及时关注老人、小孩居家的动态，可以提炼为智能监控功能。汇总NA先生智能家居工程功能模块明细，填写表1-2-1智能家居功能模块需求表。

表1-2-1　智能家居功能模块需求表

工　　程	用户需求	功能模块
NA先生智能家居	及时关注老人、小孩居家的动态	智能监控
	…	…
	…	…
	…	…

2. 架构技术分析

物联网三层架构分为感知层、网络层、应用层，针对智能家居具体的某一项功能的实现，需要从三层架构的角度来分析，如图1-2-10所示。

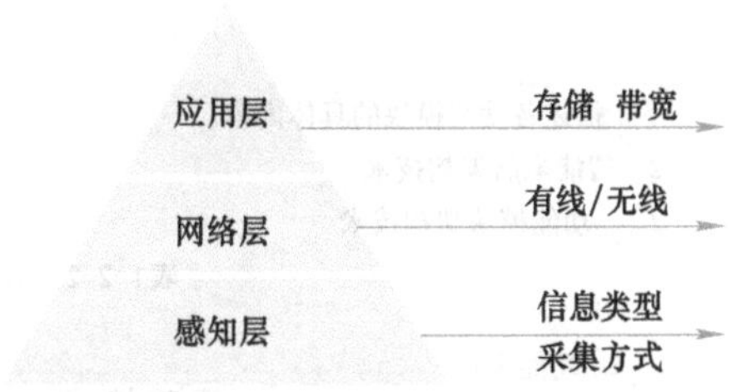

图1-2-10　物联网三层架构技术分析

感知层技术由智能家居功能决定，例如NA先生用于关注老人、小孩居家的动态而采用的智能监控功能，需要随时采集家里视频、图像信息，对应前文感知层技术介绍可知，智能监控功能采用的是媒体信息技术。

网络层主要关注物联网采用的是有线方式还是无线方式，以及如果采用无线方式应当采用何种无线方式。一般而言为避免各设备的安装布线给设计和施工增加工作量和实施成本，同时为方便以后网络升级改造和更好地支持设备的移动性，智能家居场景通常采用无线传输技术。相比于其他无线方式而言，ZigBee具有稳定性好、抗干扰性强、安全性高、网络容量大、功耗低等特点，所以在智能监控功能的网络层可选用ZigBee无线通信技术。

应用层主要考虑已经完成系统集成和系统开发的情景，例如针对一些工程项目，重点关注后台设备配置，如服务器的存储容量、处理能力等，这都需根据实际项目并通过配置计算得到。例如对于智能监控功能的存储容量主要考虑摄像头视频存储的容量，为了长时间可追溯，一般会考虑较长时间的数据量，即采用应用层技术中海量数据存储技术。

完成智能家居不同功能模块架构技术分析后，填写表1-2-2。

表1-2-2　智能家居功能模块及架构技术分析表

功能模块	物联网三层架构技术		
	感知层技术	网络层技术	应用层技术
智能监控	媒体信息技术	ZigBee无线通信技术	海量数据存储技术
…			
…			

3. 编制架构技术说明书

完成NA先生智能家居功能需求收集，并完成不同功能模块对应物联网三层架构技术的分析后，参考图1-2-11格式及内容要求，编制完成《智慧家居功能架构技术说明书》。

智能家居功能架构技术说明书

1 智能家居功能模块需求

1.1 需求收集

根据任务描述分析NA先生对智能家居功能的需求。

1.2 提炼功能模块

表1-2-1 智能家居功能模块需求表

工　程	用户需求	功能模块
NA先生智能家居	及时关注老人、小孩居家的动态	智能监控
	…	…
	…	…
	…	…
	…	…

描述各功能模块的具体内容。

2 智能家居架构技术

2.1 功能模块架构技术

表1-2-2 智能家居功能模块及架构技术分析表

功能模块	物联网三层架构技术		
	感知层技术	网络层技术	应用层技术
智能监控	媒体信息技术	ZigBee无线通信技术	海量数据存储技术
…			
…			
…			
…			

介绍各功能模块架构技术选择原因。

图1-2-11 智能家居功能架构技术说明书

4. 验证与评审

各组可交叉阅览已经编制完成的《智能家居功能架构技术说明书》，并进行验证与评审。

任务小结

物联网概念是在互联网概念的基础上，将用户端延伸和扩展到任何物品之间，进行信息交换和通信的一种网络概念。开展物联网工程详细设计前，设计人员需要先基于工程整体技术架构及相关技术开展逻辑网络设计。这个阶段的设计输出能作为后续工程物理网络设计的输入，能指导设备选型、设备物理分布等工作的开展，为物联网工程后续设计和管理工作奠定基础。

本任务的相关知识与技能小结如图1-2-12所示。

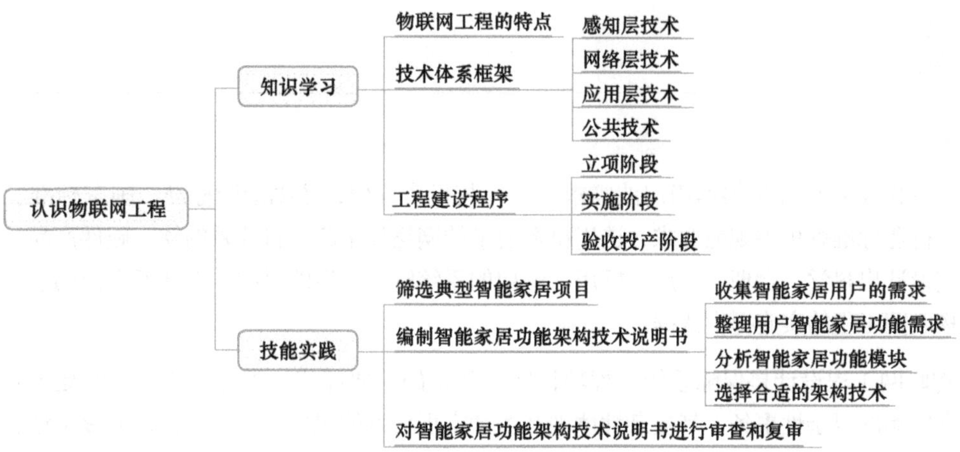

图1-2-12　知识与技能小结思维导图

任务拓展

学校拟建设智慧校园，设想一下哪些场景能让它变得更智能起来，可试着搭建各场景的技术框架，并分析在全生命周期中各阶段的工作任务。

任务3　认识物联网工程设计

职业能力目标

- 能根据物联网工程设计基本概念，描述物联网工程设计的目标及原则
- 能根据物联网工程设计标准规范知识，整理工程不同领域设计规范
- 能根据工程设计步骤相关知识，描述物联网工程设计基本流程

任务描述与要求

任务描述：

L公司计划承接了NA先生智能家居总承包工程，需要先开展工程方案设计。作为设计人员，LA承接了功能框架设计工作。设计人员LB因工程设计经验比较欠缺，进入项目设计组负责设计过程梳理和资料收集整理工作。

任务要求：

- 根据项目需求，梳理智慧家居工程方案设计的基本流程
- 根据功能框架技术，搜集并整理智慧家居工程设计需要遵循的标准规范

知识储备

1. 物联网工程设计基本概念

物联网工程设计是根据用户的需求、目标与投资规模，依据国际标准、国家标准、地方标准、行业标准等相关规范要求，选用符合要求的网络技术路线且成熟的软、硬件产品，为用户规划设计出科学、合理、实用、好用、够用的系统解决方案的过程。设计所提出的解决方案能为物联网工程的实施提供依据。

物联网工程设计是保障系统工程项目实施质量的首要环节。工程设计是一件受多种不确定因素影响的复杂性事务，其复杂性体现在多种实现技术的集成性、成员目标的复杂性、应用环境的不确定性、约束条件的多样性等方面，它们之间互为依存关系。

（1）物联网工程设计目标

物联网工程设计的总体目标是在系统工程科学方法指导下，根据用户需求设计完善的方案，优选各种技术和产品，科学组织工程实施，保证建设成一个可靠性高、性价比高、易于使用、满足用户需求的系统。

但是不同的物联网工程，具体的目标各不相同，因此，在设计之初就应该制定明确、具体的设计目标，用以指导、约束和评估设计的全过程及最终结果。目标应具体，尽可能量化，用具体的参数表示出来，比如带宽、数据丢包率、差错率、数据传输延迟及抖动、感知数据量及响应时间、存储空间大小、可扩展的范围（如节点数、距离、数据量）等。

在总体目标之下，每个阶段有其具体的目标。比如需求分析阶段的目标是了解用户的需求，完成需求分析说明书。设计阶段的目标是根据需求、技术等条件，完成方案设计和施工图设计等，供下一阶段使用。

（2）物联网工程设计原则

物联网工程设计是一个复杂的过程，为保证设计的有效性，应符合以下原则：以实用为前提、以需求为中心，以技术成熟为保证，并遵循“功能和需求匹配、技术和设备匹配、硬件和软件匹配”。具体为以设计目标为本的原则，同时兼具匹配性、经济性、预见性和可扩展性原则。

1）以设计目标为本的原则。

应围绕设计目标开展设计工作。设计目标是推动设计的重要因素，再优秀的设计，如果不满足设计目标，只能算是不合格甚至是失败的设计。

2）匹配性原则。

① 功能和需求匹配。

必须从工程的需求实际出发，严格把握各子系统功能和需求的匹配，同时应具有良好的设备及系统的兼容性，充分了解和利用各个系统设备和功能特性，实现最大程度的功能匹配，满足使用需求。

② 技术和设备匹配。

必须从功能需求的实际出发，充分、合理地考虑各子系统所采用的相应技术和系统所采用设备的各种技术参数的完美结合。通过对设备的最佳优化组合，完全实现在物联网系统中采用的相关技术指标和功能效果。

③ 硬件和软件匹配。

物联网工程项目通常是由诸多子系统的硬件和软件集合组成，必须有建设性地考虑到硬件和软件的无缝集成，充分突出硬件是软件的基础、软件是硬件的完善和扩展的特点。只有真正地实现了硬件、软件的无缝集成，才能实现物联网的最大实际功能效果，满足物联网系统的整体功能需求。

（3）经济性原则。

物联网工程的经济性是必须考虑的重要因素，物联网工程项目建设必须追求高的性价比，进行工程造价与实现物联网系统功能的成本分析，争取以合理的造价实现完善的功能。

（4）预见性和可扩展性原则。

① 先进性。

物联网工程应优先采用先进的技术产品和设备，只有这样才能与当前技术发展潮流相吻合，才能保证系统在以后的使用中与后继技术产品衔接，保证系统功能的完善和可持续发展。

② 开放性。

物联网工程的功能实现是靠多个子系统集成完成的，各子系统的模块化结构和系统的开放性十分重要。只有系统具备了开放性，才有利于系统的扩展和功能的扩展。接口应当提供标准的数据接口、网络接口、系统和应用软件接口，实现与未来设备的更多互联和互操作。

③ 功能可扩展性。

物联网工程在设计时要充分考虑今后的发展。当前技术发展日新月异，为了保证工程项目的生命力，需要考虑建设时的技术可持续发展问题。在系统规划上需有一定的超前性、可扩展性，整体考虑管线的预留与未来扩展的需求。

④ 可靠性和稳定性。

在考虑技术的先进性和开放性的同时，应从整体系统结构、系统管理、技术实施、设备性能、技术支持、设备的安装及维修能力等多方面着手，确保工程项目运行的可靠和稳定。

2．物联网工程设计标准规范

设计标准是指采用的共通性条件，有统一的模式要求，技术上成熟、经济上合理、适用范围比较广泛的符合设计标准规范的标准化设计方案。它是工程建设标准化的一个重要措施，是组织现代化工程建设的重要手段。

设计规范是指对设计的具体技术要求，是设计工作的规则。一般包括总体目标、功能、技术指标、限制条件的技术描述等。在进行物联网工程设计时，必须遵循相应的设计规范和标准。

随着应用场景的成熟，物联网技术在相关行业得到了大量的普及与应用，为了促进物联网技术及产业的发展，物联网技术及应用的标准化必须先行。我国现行有效的关于物联网基础共性、技术及应用相关的国家标准有50余个，因物联网涉及跨行业、跨领域应用的融合，在进行设计时，除了应遵守物联网技术相关的专项标准规范外，还可参考如建筑智能化、安防系统、通信工程等相关领域的规范。

物联网工程设计遵循相应的设计规范和标准，可以有效加强对工程项目的范围管理、质量管理、成本管理等，主要体现在以下几个方面：

1）对工程项目规模、内容、建造标准进行控制。

2）保证项目的安全性和预期的使用功能。

3）提供设计所必要的指标、定额、计算方法和构造措施。

4）为降低工程造价、控制工程投资提供方法和依据。

5）减少设计工作量，提高设计效率。

3. 物联网工程设计步骤

一般情况下，物联网工程设计的主要步骤如下：

（1）可行性研究

可行性研究是指建设项目投资决策前对有关建设方案、技术方案或生产经营方案进行的技术、经济、运行环境等的论证。

可行性研究需要根据具体情况进行合理选择，如大型项目一般需要进行可行性研究，小型项目一般不需要进行可行性研究。

（2）确定周期模型

根据拟建物联网工程的性质，确定所使用的周期模型。

（3）需求分析

项目需求分析是指理解用户需求，就项目功能与客户达成一致，估计项目风险和评估项目代价，最终形成项目计划的一个复杂过程。项目需求分析过程中，用户处于主导地位，设计师和项目经理要负责调研、分析和整理用户需求，为之后的项目设计与施工打下基础。

（4）分析现有网络

根据具体情况对现有网络进行分析。主要了解用户当前网络规模发展，还需要分析用户当前的设备、人员、站点分布、地理分布、业务特点、数据流量和流向，以及现有软件和通信线路使用情况等。

（5）逻辑网络设计

根据网络用户的分类、分布情况进行逻辑网络设计，选择特定技术。逻辑网络设计又称为总体设计。

（6）物理网络设计

物理网络设计又称为详细设计，是逻辑网络设计的具体实现，通过对设备的具体物理分布、运行环境等的确定来确保网络的物理连接符合逻辑设计的要求。

（7）施工组织设计

施工组织设计是为工程施工的准备工作、工程的招投标以及有关建设工作的决策提供依据，通过施工组织设计，可以全面考虑工程的具体施工条件、施工方案、技术经济指标。在人力和物力、时间和空间、技术和组织上，做出全面而合理符合好快省安全要求的计划安排，为施工的顺利进行做充分的准备，预防和避免工程事故的发生。

（8）测试方案设计

测试方案是指描述需要测试的特性、测试的方法、测试环境的规划、测试工具的设计和选择、测试用例的设计方法、测试代码的设计方案。

（9）运行及维护方案设计

该部分内容依据用户的要求而定，也可能没有这部分内容，这种情况下，运维工作由用户自己负责。

4. 物联网工程设计文档

（1）工程设计阶段性文档

文档是指某种数据媒体和其所记录的数据。文档具有永久性，并可以由人或机器阅读，通常仅用于描述人工可读的东西。在物联网系统工程中，文档常常用来表示对活动、需求、过程或结果进行描述、定义、规定、报告或鉴别的任何书面或图示的信息。它们描述物联网系统设计和实现的各种细节，说明使用系统的操作命令。文档也是工程项目的一部分，没有文档的系统不能称为真正的系统。

在物联网工程建设的过程中，每个阶段都应该撰写规范的文档，以作为下一阶段工作的依据。文档是工程验收、运行与维护必不可少的资料，主要包括以下几种文档。

1）可行性研究报告。

根据是否实施可行性研究，确定是否需要编制可行性研究报告。

2）需求分析说明书。

需求分析说明书需要包括用户对项目目标、功能及性能的要求及项目现有情况统计等内容。

3）逻辑网络设计文档。

逻辑网络设计文档主要包括以下内容：网络逻辑设计图、IP地址分配方案、安全管理方案、具体的软硬件、广域网连接设备和基本的网络服务说明等。

4）物理网络设计文档。

物理网络设计文档主要包括以下内容：网络物理结构图和布线方案、设备和部件的详细列表清单、软硬件和安装费用的估算、安装日程表，详细说明服务的时间及期限等。

5）招标文件。

招标文件在招投标阶段使用，一般是协助建设方完成，用于招标。如果由建设方撰写，则需要协助。

6）投标文件。

投标文件在招投标阶段使用，用于投标，由设计院、施工单位、设备商、代维公司、软硬件提供商、终端厂商、监理单位完成。

7）施工方案设计文档。

施工方案设计文档主要包括以下内容：工期计划、施工流程、现场管理方案、施工人员安排、工程质量保证措施、应用软件开发、采购方案等内容。

8）测试文档。

测试文档主要包括以下内容：引言（含编写目的、预期读者、参考资料）、测试范围、测试策略（根据不同的测试类型考虑不同的测试方法）、测试资源（含测试人员、测试环境、测试工具等）、测试进度安排、测试风险说明等。

9）验收报告。

验收报告主要包括以下内容：工程建设依据、工程概况、初验与试运行情况、工程技术档案的整理情况和经济技术分析等。

（2）工程设计文档的作用

工程设计文档的编制在物联网工程规划设计中占有突出的地位和相当大的工作量。高质量、高效率地开发、分发、管理和维护文档对充分发挥系统效率有着重要的意义，从某种意义上讲，文档是物联网工程设计规范的体现和具体指南。其重要性包括以下几个方面。

1）提高工程设计过程中的能见度。

把设计过程中发生的事件以某种可阅读的形式记录在文档中，便于协调以后的系统设计、使用和维护，同时作为设计人员在一定阶段的工作成果和结束标志。管理人员可以把这些记载下来的材料作为检查工程设计进度和设计质量的依据，实现对工程设计工作的管理。

2）提高设计效率。

设计文档的编制使得设计人员对各个阶段的工作都进行周密思考、全盘权衡，从而减少返工，并且可在开发早期发现错误和不一致，便于及时纠正；作为设计人员在一定阶段的工作成果和结束标志；记录设计过程中的有关信息，便于协调以后的系统设计、使用和维护。

3）提高设计质量。

提供对项目的运行、维护和培训的有关信息，便于管理人员、设计人员、操作人员、用户之间的协作、交流和了解，使工程设计活动更科学、更有成效。

任务实施

任务实施前必须先准备好以下设备和资源。

序号	设备/资源名称	数量	是否准备到位（√）
1	计算机	1台	
2	Office软件	1套	

1. 资料收集

方案设计是设计中的重要阶段，是指根据客户提出的需求设计出系统、具体的解决方案并进行规划。在设计步骤中方案设计并不属于其中某一步，需要查阅类似工程设计资料，了解方案设计的具体内容，如前面完成的智能家居架构技术设计文件等。

物联网可能涉及跨行业、跨领域的应用，在进行工程设计时，要遵守物联网技术的专项标准规范，还需要遵循应用领域的规范。所以智能家居工程设计规范除了遵循物联网技术规范外，还需要遵循智能家居行业规范。以任务描述中NA先生智能家居工程为例，需要收集架构技术分析文件中的相关技术规范。

2. 分析整理

完成方案设计资料收集后，可以通过对应物联网工程设计步骤内容，分析方案设计所包含的具体设计步骤，进而分析物联网工程方案设计的基本流程。以任务描述中NA先生智能家居工程为例，L公司已经收集了智能家居架构技术设计文件。架构技术设计也叫作逻辑网络设计，主要内容包括分析架构及选择架构各层所需的技术。方案设计定义中还涉及以下关键内容：客户提出的需求、具体解决方案等，结合各步骤工作内容，可以分析出方案设计包括的其他设计步骤。

完成工程所属领域、工程设计技术信息收集后，可以根据领域名称和技术名称在全国标准信息公共服务平台、国家标准全文公开系统等渠道进行相关标准查询。以任务描述中NA先生智能家居工程为例，所属领域为智能家居，使用媒体信息技术中的视频监控技术，可以在标准系统进行查询，得到智能家居国家标准（见图1-3-1）、智能家居行业标准（见图1-3-2）、视频监控国家标准（见图1-3-3）。同理可以查询出其他使用物联网技术的专项标准。

智能家居 查询

国家标准 8

序号	标准编号	标准名称	发布日期	实施日期
1	GB/T 39579-2020	公众电信网 智能家居应用技术要求	2020-12-14	2021-07-01
2	GB/T 39190-2020	物联网智能家居 设计内容及要求	2020-10-11	2021-05-01
3	GB/T 39189-2020	物联网智能家居 用户界面描述方法	2020-10-11	2021-05-01
4	GB/T 36464.2-2018	信息技术 智能语音交互系统 第2部分：智能家居	2018-06-07	2019-01-01
5	GB/T 35136-2017	智能家居自动控制设备通用技术要求	2017-12-29	2018-07-01
6	GB/T 35134-2017	物联网智能家居 设备描述方法	2017-12-29	2018-07-01
7	GB/T 35143-2017	物联网智能家居 数据和设备编码	2017-12-29	2018-07-01
8	GB/T 34043-2017	物联网智能家居 图形符号	2017-07-31	2018-02-01

图1-3-1 智能家居国家标准

行业标准 8 电力(8)

序号	标准编号	标准名称	行业	批准日期	实施日期
1	DL/T 1398.31-2014	智能家居系统 第3-1部分：家庭能源网关技术规范	电力	2014-10-15	2014-01-01
2	DL/T 1398.33-2014	智能家居系统 第3-3部分：智能插座技术规范	电力	2014-10-15	2014-01-01
3	DL/T 1398.32-2014	智能家居系统 第3-2部分：智能交互终端技术规范	电力	2014-10-15	2014-01-01
4	DL/T 1398.1-2014	智能家居系统 第1部分：总则	电力	2014-10-15	2014-01-01
5	DL/T 1398.41-2014	智能家居系统 第4-1部分：通信协议-服务中心主站与家庭能源网关通信	电力	2014-10-15	2014-01-01
6	DL/T 1398.34-2014	智能家居系统 第3-4部分：家电监控模块技术规范	电力	2014-10-15	2014-01-01
7	DL/T 1398.42-2014	智能家居系统 第4-2部分：通信协议-家庭能源网关下行通信	电力	2014-10-15	2014-01-01
8	DL/T 1398.2-2014	智能家居系统 第2部分：功能规范	电力	2014-10-15	2014-01-01

图1-3-2 智能家居行业标准

视频监控 查询

国家标准 8

序号	标准编号	标准名称	发布日期	实施日期
1	GB/T 39272-2020	公共安全视频监控联网技术测试规范	2020-11-19	2021-06-01
2	GB/T 39274-2020	公共安全视频监控数字视音频编解码技术测试规范	2020-11-19	2021-06-01
3	GB/T 37958-2019	视频监控系统主动照明部件光辐射安全要求	2019-08-30	2020-03-01
4	GB 35114-2017	公共安全视频监控联网信息安全技术要求	2017-11-01	2018-11-01
5	GB/T 33778-2017	视频监控系统无线传输设备射频技术指标与测试方法	2017-05-31	2017-12-01
6	GB/T 25724-2017	公共安全视频监控数字视音频编解码技术要求	2017-03-09	2017-06-01
7	GB/T 28181-2016	公共安全视频监控联网系统信息传输、交换、控制技术要求	2016-07-12	2016-08-01
8	GB/T 31488-2015	安全防范视频监控人脸识别系统技术要求	2015-05-15	2015-12-01

图1-3-3 视频监控国家标准

查询出的标准并不一定全部适用于指导本工程的设计工作，需要进行筛选，筛选逻辑是翻阅标准正文中标准的适用范围，看其是否与本工程匹配。例如，GB/T 39190—2020《物联网智能家居设计内容及要求》的适用范围描述为“本标准规定了物联网智能家居系统结构及功能要求、系统配置及运行等；本标准适用于与家居生活有关的信息设备集成、家居服务信息系统和类似应用场景。”此标准适用范围和NA先生智能家居工程的设计内容非常匹配，是NA先生智能家居工程设计必须遵循的标准。同理可以筛选出其他适用的领域和技术专项标准规范。

3. 编制设计流程及标准规范说明书

完成NA先生智能家居工程方案设计资料、领域及技术资料收集，并完成方案设计步骤和设计标准规范的分析整理后，参考图1-3-4智能家居方案设计流程及设计标准规范说明书格式及内容要求，编制完成《智能家居方案设计流程及设计标准规范说明书》。

智能家居方案设计流程及设计标准规范说明书

1　智能家居方案设计基本流程

1.1　方案设计内容

分析方案设计资料，对比设计步骤，总结方案设计包括的设计内容。

1.2　方案设计基本流程

根据对比分析出的设计步骤，按照时间逻辑关系描述方案设计基本流程。

2　智能家居工程设计标准规范

罗列出智能家居工程设计需要遵循的智能家居领域规范和物联网技术规范，并对应标注规范的适用范围。

图1-3-4　智能家居方案设计流程及设计标准规范说明书

4. 验证与评审

各组可交叉阅览已经编制完成的《智能家居方案设计流程及设计标准规范说明书》，并进行验证与评审。

任务小结

物联网工程设计的总体目标是在系统工程科学方法指导下，根据用户需求设计完善的方案，优选各种技术和产品，科学组织工程实施，保证建设成一个可靠性高、性价比高、易于使用、满足用户需求的系统。物联网工程设计是根据用户的需求、目标与投资规模，依据国际标准、国家标准以及相关的规范要求，选用符合要求的网络技术路线和成熟的软硬件产品，为用户规划设计出科学、合理、实用、好用、够用的系统解决方案的过程。在工程设计各阶段输出编制的设计文档能为物联网工程的实施提供技术指导和工程依据，是完成物联网工程建设的前提和基础。

本任务的相关知识与技能小结如图1-3-5所示。

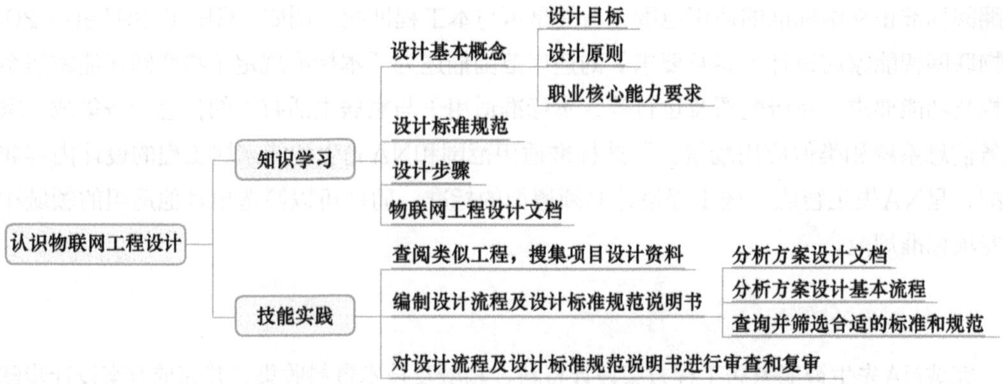

图1-3-5 知识与技能小结思维导图

任务4 认识物联网工程项目管理

职业能力目标

- 能根据项目管理知识，确认项目管理的主要过程
- 能根据项目管理的五大过程组，划分项目管理过程的归属
- 能根据项目管理的十大知识领域，划分项目管理过程的归属

任务描述与要求

任务描述：

L公司承接了NA先生智能家居总承包工程，为了更好地保证工程项目的顺利实施，公司安排LC先生作为项目经理，对NA智能家居总承包工程整体负责，作为项目经理，LC先生需要梳理工程项目管理的全部过程。

任务要求：

- 根据项目需求，梳理项目管理的过程
- 根据项目需求，整理工程项目管理各过程组包含的过程
- 根据项目需求，整理工程项目管理各知识领域包含的过程

知识储备

1. 项目管理基本概念

（1）项目

1）项目的概念。

扫码看视频

项目源于人类有组织的活动。随着人类社会的发展，人类有组织的活动逐步分化为两大类型：一类是连续不断、周而复始的活动，人们称之为“作业”或“运作”，如企业流水线生产大批产品的活动；另一类是临时性、一次性活动，人们称之为“项目”（Projects）。

项目是人们通过努力，运用各种方法，将人力、材料和资金等资源组织起来，根据商业模式的相关策划安排，进行一项独立、一次性、长期的工作任务，以期达到由质量、进度、成本指标所限定的目标。

美国项目管理协会（Project Management Institute，PMI）在其出版的《项目管理知识体系指南》（Project Management Body of Knowledge，PMBOK）对项目的定义是：项目是为创造独特的产品、服务或成果而进行的临时性的工作。

对项目更具体的解释是用有限的资源、有限的时间为特定客户完成特定目标的一次性工作，这里的资源指完成项目所需要的人力、财力、物力；时间指项目有明确的开始和结束时间；客户指提供资金、确定需求并拥有项目成果的组织或个人；目标则是满足要求的产品和服务，并且有时它们是不可见的。

2）项目特性。

上述项目的定义尽管不同，但是所包含的特性却有一定的共性，具体如下：

① 目标的明确性。

每个项目都有明确和具体的目标，在项目成立之初目标便已确定，项目实施过程中的各项工作都是为项目的预定目标而进行的，这是项目发起的动因。

② 一次性。

一次性是项目与其他重复性运行或操作工作最大的区别。一次性决定了项目有确定的开始时间和结束时间，不可能进行完全的照搬和复制。只有充分认识到项目的一次性特征，才能有针对性地根据项目自身的特征情况进行科学而有效的管理，保证项目的成功。

③ 独特性。

每个项目都有自己的特点，每个项目都不同于其他的项目。项目提供的产品和服务或许与其他项目类似，然而其时间和地点，内部和外部的环境，自然和社会条件会有别于其他项目。因此项目的过程具有自身的独特性。

④ 组织的临时性和开放性。

项目开始时需要建立项目组织，项目组织中多数成员及其职能在项目的执行过程中是在不断变化的，项目结束时项目组织将会解散，因此项目组织具有临时性。参与项目的组织往往有多个，他们通过合同、协议以及其他的社会联系组织在一起，在项目的不同时段不同程度地介入项目活动。可见项目组织没有严格的边界，是临时性的、开放性的。

⑤ 成果的不可逆转性。

项目具有较大的不确定性，它的过程是渐进的，潜伏着各种风险。项目的一次性属性决定了项目不同于其他可以试做的事情，一旦失败就永远失去了重新进行原项目的机会，即项目具有不可逆转性。

（2）项目管理

1）项目管理的概念。

项目管理（Project Management）：在项目活动中，在既定的约束条件下，为最优地实现项目目标，运用系统的观点、方法和理论，根据项目的内在规律，对项目生命周期全过程进行有效的计划、组织、指挥、控制和协调的系统管理活动，它是一个过程。

项目管理是一种知识、智力、技术密集型的管理，是为使项目取得成功（实现所要求的质量、所规定的时限、所批准的费用预算）而进行的计划、组织、协调和控制等专业化活动。它的对象是项目，其职能同所有管理的职能均是相同的。需要特别指出的是，项目的一次性要求项目管理具有程序性、全面性和科学性，主要是用系统工程的观念、理论和方法进行管理。

2）项目管理的特点。

① 每个项目具有特定的管理程序和管理步骤。

项目的一次性或单件性决定了每个项目都有其特定的目标，而项目管理的内容和方法要针对项目目标而定。项目的目标不同决定了每个项目都有自己的管理程序和步骤。

② 项目管理是以项目经理为中心的管理。

由于项目管理具有较大的责任和风险，并且项目管理是开放式的管理，管理过程中会涉及企业内部各个部门之间的关系，还需要处理与外单位的多元化关系，涉及人力、技术、设备、材料、资金等多方面因素。为了更好地进行计划、组织、指挥、协调和控制，必须实施以项目经理为中心的管理模式，在项目实施过程中应授予项目经理较大的权力，以使其能及时处理项目实施过程中出现的各种问题。

③ 应用现代管理方法和技术手段进行项目管理。

现代项目大多是先进科学的产物或者是一种涉及多学科的系统工程，要使项目圆满地完成，就必须综合运用现代化管理方法和科学技术，如决策技术、网络计划技术、价值工程、系统工程、目标管理、看板管理等。

④ 项目管理过程中实施动态管理。

为了保证项目目标的实现，在项目实施过程中采用动态控制的方法，阶段性地检查实际值与计划目标值的差异，采取措施纠正偏差，制订新的计划目标，使项目的实施结果逐步向最终目标逼近。

3）工程项目管理。

工程项目管理是项目管理的一大类，其管理对象是有关种类的工程项目。工程项目管理的本质是工程建设者运用系统的观点、理论和方法，对工程的建设进行全过程和全面的管理，包括对项目建议书、可行性研究、项目决策、设计、设备询价、施工、签证、验收等系统运动过程进行计划、组织、指挥、协调和控制；实现生产要素在工程项目上的优化配置，以达到保证工程质量、缩短建设工期、提高投资效益的目的。由此可见，工程项目管理是以工程项目目标控制（质量控制、进度控制和成本控制等）为核心的管理活动。

工程项目的质量、进度和成本被称为工程建设项目三大控制目标，它是工程建设项目在各阶段的主要工作内容，也是工程建设各方的中心任务。质量、进度和成本三大目标彼此两两相关，是一个相互关联的整体。三大控制目标中，质量控制是命脉和根本，进度控制是主要矛盾和主线，成本控制是基础和关键。质量、进度、成本三大目标之间既存在着矛盾的方面，又存在着统一的方面，进行目标控制时应作为一个整体来控制。进行工程项目管理，必须充分考虑工程项目管理三大控制目标之间的对立统一关系，注意统筹兼顾，合理确定三大目标，防止发生盲目追求单一目标而冲击或干扰其他目标的现象。

① 三大控制目标之间的对立关系。

项目质量、进度、成本三大控制目标之间存在着矛盾和对立的一面，这种对立关系集中体现在它们之间的制约关系和相互影响关系。在很多场合下，为了实现其中某一项目标，必须在其余一项或两项上做出一定牺牲。

在通常情况下，如果在实施过程中进行严格的质量控制，保证实现工程预定的功能和质量要求，就需要花费较长时间和投入较多资金成本。如果考虑缩短项目工期、加快项目进度，就需要有更多资源的投入，导致项目成本增加。同时加快项目进度往往会打乱原定计划，增加控制和协调的难度，会对工程质量带来不利影响或留下工程质量隐患。如果要降低项目成本，节约费用，势必会延缓项目进度，降低项目质量，同时也势必会考虑降低项目的功能要求和质量标准。这一切都说明工程项目质量、进度和成本之间存在着对立的一面。

② 三大控制目标之间的统一关系。

三大控制目标之间的统一关系是指项目的质量、进度和成本之间存在着相互作用的因果关系，一是增加工期一般会提高质量档次；二是增加成本投入，会加快进度，提高质量档次。

在通常情况下，适当提高项目功能要求和质量标准，虽然会造成一次性投资和建设工期的增加，但能够节约项目投入使用后的运营成本和维修费，从而获得更好的投资经济效益。如果项目进度计划既科学又合理，使工程进展具有连续性和均衡性，不但可以缩短建设工期，而且有可能获得较好的工程质量和降低工程费用。适当增加项目成本，为采取加快进度的措施提供经济条件，就可以加快项目建设进度，缩短工期。使项目提前投入使用，投资尽早收回，项目整个寿命周期经济效益得到提高。综上所述，工程项目质量、进度和成本之间存在着统一的一面。

项目的任何一方面的变化或对变化采取控制措施都会产生其他方面的变化，或产生新的冲突。对于项目而言，施工生产的目标是质量好、进度快、成本低。这三者之间既是对立的，相互制约、相互影响，又是统一的。项目管理者始终在追求三大控制目标的不断进展和循环平衡，三项控制目标中任何一项没有实现或没有达到规范要求都无法完整地反映项目实施的目标成果。又因为三大控制目标的不断进展和循环平衡，质量、工期和成本之间也具有相关不确定性的特征。三大控制目标一般不可能同时达到最优，在项目的高质量、快进度和低成本之间，统筹三者取其一，或三者中取两者的各一部分，很难三者兼得。要根据项目的具体特点和要求，确定这三大控制目标的优先级，进行优先级控制。

三大控制目标中质量应该是第一位的，进度管理是三大目标控制的主线，在保障质量和进度的前提下，再考虑成本控制。项目管理追求的目标概括起来，首先是合乎规范的质量目标；其次是合理的工期目标；最后是在达到以上两条的前提下，尽可能降低消耗，提高经济效益。

4）工程项目管理的分类。

由于工程项目可分为建设项目、工程设计项目、工程咨询项目和工程施工项目，故工程项目管理亦可据此分类，分成为建设项目管理、工程设计项目管理、工程咨询项目管理和工程施工项目管理，它们的管理者分别是建设单位、设计单位、咨询（监理）单位和施工企业。建设工程项目管理企业可以接受建设单位的委托进行建设项目管理。

① 建设项目管理。

建设项目管理是站在项目法人（建设单位）的立场对项目建设进行的综合性管理工作。建设项目管理是通过一定的组织形式，采取各种措施、方法，对投资建设的一个项目的所有工作的系统实施过程进行计划、协调、监督、控制和总结评价，以达到保证建设项目质量、缩短工期、提高投资效益的目的。广义的建设项目管理包括投资决策的有关管理工作，狭义的建设项目管理只包括项目立项以后至交付使用的全过程的管理。

② 工程设计项目管理。

工程设计项目管理是由设计单位对自身参与的建设项目设计阶段的工作进行自我管理。设计项目管理同样需要进行质量管理、进度管理、投资管理，在技术上和经济上对工程的实施进行全面而详尽地安排，引进先进技术和科研成果，形成设计图纸和说明书以供实施，并在实施的过程中进行监督和验收。

工程设计项目管理包括以下阶段：设计投标、签订设计合同、设计条件准备、设计计划、设计实施阶段的目标控制、设计文件验收与归档、设计工作总结、建设实施中的设计控制与监督、竣工验收。

工程设计项目管理不仅局限于设计阶段，还延伸到了施工阶段和竣工验收阶段。

③ 工程施工项目管理。

工程施工项目管理具有以下特征：

a）施工项目管理的主体是工程施工企业。

由建设单位或监理单位进行的工程项目管理中涉及的施工阶段管理仍属建设项目管理，不能算作施工项目管理。

b）施工项目管理的对象是施工项目。

施工项目管理的周期也就是施工项目的生命期，包括工程投标、签订工程项目施工合同、施工准备、施工、交工验收及保修服务等。

c）施工项目管理要求强化组织协调工作。

施工项目具有生产活动的单件性，对产生的问题难以补救或虽可补救但后果严重。参与施工人员不断在流动，需要采取特殊的流水方式，组织工作量很大。施工在露天进行，工期长，需要的资金多。施工活动涉及复杂的经济关系、技术关系、法律关系、行政关系和人际关系等。以上原因使施工项目管理中的组织协调工作艰难、复杂、多变，必须通过强化组织协调的办法方能保证施工顺利进行。主要强化方法是优选项目经理，建立调度机构，配备称职的调度人员，努力使调度工作科学化、信息化，建立起动态的控制体系。

④ 工程咨询（监理）项目管理。

工程咨询项目是由咨询单位进行中介服务的工程项目。咨询单位是中介组织，它具有相应的专业服务知识与能力，可以接受建设单位的委托进行项目管理，也就是进行智力服务。通过咨询单位的智力服务，提高工程项目管理水平，并作为政府、市场和企业之间的联系纽带。在市场经济体制中，由咨询单位进行工程项目管理已经形成了一种国际惯例。

工程监理项目管理是由监理企业进行的项目管理。一般是监理企业受建设单位的委托，签订监理委托合同，为建设单位进行建设项目管理。监理企业也是中介组织，是依法成立的专业化的、高智能型的组织，它具有服务性、科学性与公正性，按照有关监理法规进行项目管理。监理企业是特殊的工程咨询机构，它受建设单位的委托，对设计、施工单位在承包服务活动中的行为和责权利进行必要的协调与约束，对建设项目进行投资管理、进度管理、质量管理、合同管理、信息管理与组织协调。实行建设监理制度是我国为了发展生产力、提高工程建设质量和投资效益、建立市场经济、对外开放与加强国际合作的需要。

2. 项目管理五大过程组

项目管理就是将知识、技能、工具和技术应用于项目活动，以满足项目的要求。需要对相关过程进行有效管理，来实现知识的应用。

过程是为完成预定的产品、成果或服务而执行的一系列相互关联的行动和活动。每个过程都有各自的输入、工具和技术以及相应输出。

项目管理是一种综合性工作，要求每一个项目和产品过程都同其他过程恰当地配合与联系，以便彼此协调。从各过程之间的整合、相互作用以及各过程的不同用途等方面，项目管理过程可归纳为五类，即五大项目管理过程组。

（1）启动过程组

获得授权，定义一个新项目或现有项目的一个新阶段，正式开始该项目或阶段的一组过程。

项目都有始和终，项目启动过程组是一个项目的开始，主要包括：制定项目章程、任命项目经理与确定约束条件和假设条件、明确项目相关方。启动过程组旨在制定项目的总体目标，宣布项目正式立项。

（2）规划过程组

明确项目范围，优化目标，为实现目标而制定行动方案的一组过程。

规划过程组是为所有项目相关方提供项目的全景图，通过对项目的范围、任务分解、资源分析等制定一个科学规划的过程，能使项目团队的工作有序地开展，主要包括：项目的明确范围、任务分解（WBS）、资源分析、风险识别与控制等过程。规划过程组的输出可以作为执行过程组的参照，在执行过程组过程中对规划的不断修订与完善，使后面的规划更符合实际，更能准确指导项目工作。规划过程组旨在细化项目目标，并为实现项目目标编制项目计划。

（3）执行过程组

完成项目管理计划中确定的工作以实现项目目标的一组过程。

执行过程组是需要按照项目管理计划来协调人员和资源，管理干系人期望，以及整合并实施项目活动。项目执行的结果可能引发计划更新和基准重建，包括变更预期的活动持续时间、变更资源生产率与可用性，以及考虑未曾预料到的风险。项目经理需要做好前期工作、范围变更、记录项目信息、激励组员和强调项目范围及目标。执行过程组旨在获取资源，开展项目计划中的项目工作，实现项目目标。

（4）监控过程组

跟踪、审查和调整项目进展与绩效，识别必要的计划变更并启动相应变更的一组过程。

监控过程组是跟踪、审查和报告项目进展，以实现项目管理计划中确定的绩效目标的过程。最常用的就是用甘特图监控项目进度。项目监控通常与执行结合起来，项目经理需要做到能够及时变更范围、评估质量标准、状态报告和风险应对。监控过程组旨在监督项目进展情况，发现并分析计划的偏差，提出并审批变更请求，以保证项目目标的实现。

（5）收尾过程组

为完结所有过程组的所有活动以正式结束项目或阶段而实施的一组过程。

当项目实施结束后，就需要及时关闭项目。项目经理对结果进行评估检验，还需要督促财务部门回收项目剩余账款，并组织项目相关方一起开会，盘点整个项目过程中的收获与感悟。收尾过程组旨在核实为完成项目或阶段所需的所有过程组的全部过程均已完成，并正式宣告项目或阶段关闭。

在项目期间，人们应该在项目管理过程组及其所含过程的指导下，恰当地应用项目管理知识和技能。项目管理的整合性要求监控过程组与其他所有过程组相互作用，如图1-4-1所示。另外，项目是临时性工作，需要以启动过程组开始项目，以收尾过程组结束项目。

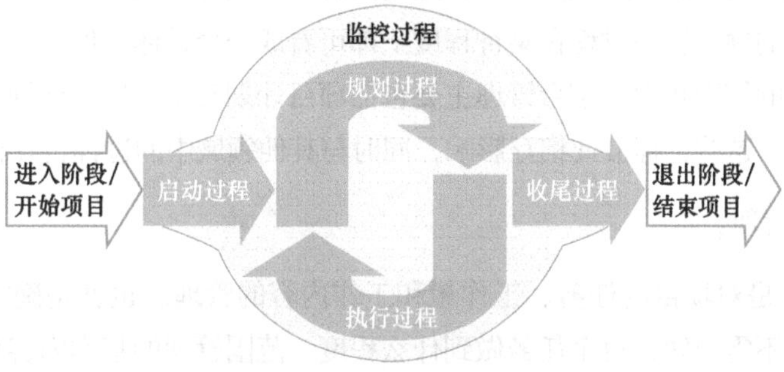

图1-4-1　项目管理过程组

在项目实施过程中，各项目管理过程组以它们所产生的输出相互联系。过程组极少是孤立的或一次性事件，而是在整个项目期间相互重叠。一个过程的输出通常成为另一个过程的输入，或者成为项目的可交付成果。规划过程组为执行过程组提供项目管理计划和项目文件，而且随项目进展，不断更新项目管理计划和项目文件。

图1-4-2显示了各过程组如何相互作用以及在不同时间的重叠程度。如果将项目划分为若干阶段，则各过程组会在每个阶段内相互作用，过程组在整个项目期间相互交叠。

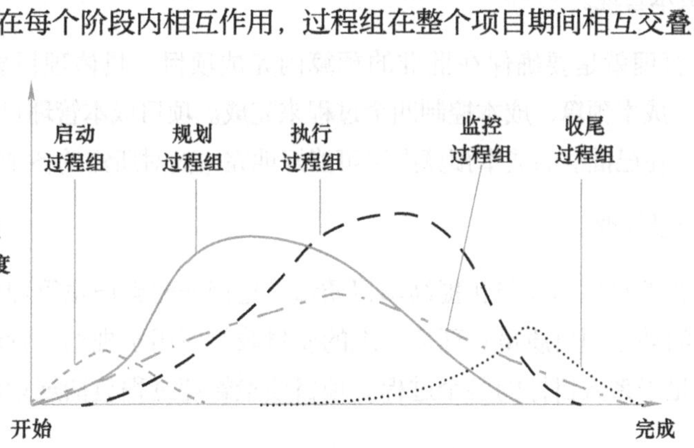

图1-4-2　过程组在项目或阶段中的相互作用

例如，要结束设计阶段，就需要客户验收设计文件。设计文件一旦可用，就将为一个或多个后续阶段的规划和执行过程组提供产品描述。当项目被划分成若干阶段时，应该合理采用过程组，有效推动项目以可控的方式完成。在多阶段项目上，各过程在每个阶段中重复进行，直至符合阶段完成目标。

3. 项目管理十大知识领域

项目管理十大知识领域是不同性质、不同规模、不同行业进行项目管理的通用核心内容，也是任何组织推行项目管理，建立项目管理制度体系的核心内容。

（1）项目管理的十大知识领域

1）项目整合管理。

项目整合管理是为确保项目各项工作相互配合、协调所展开的综合性和全局性的项目管理工作。它是一项综合性、全局性的工作，主要内容是在相互冲突的目标或可选择的目标中权衡得失。虽然所有的项目管理过程在某种程度上都可看成一个整体，但在整合管理中所描述的这些过程是最基本的管理知识。整合管理主要包括项目计划开发、项目计划实施、项目综合变更控制这三个过程。这些过程彼此相互影响，同时与其他领域中的过程也互相影响。

2）项目范围管理。

项目范围管理是对项目的任务、工作量和工作内容的管理。也就是确定项目中哪些任务需要做，哪些任务不需要做，每个任务做到什么程度。范围管理的基本内容包括项目启动、范围计划编制、范围核实、范围变更控制等。

3）项目进度管理。

项目进度管理包括为确保设计按时完成所需的各个过程。一个项目通常由多个工序组成，在项目管理中通常把一个工序称作一个活动。进度管理主要包括活动定义、活动排序、活动历时估算、制定进度计划、进度计划控制等。

4）项目成本管理。

项目成本管理就是要确保在批准的预算内完成项目，具体项目要依靠制定成本管理计划、成本估算、成本预算、成本控制四个过程来完成。项目成本管理是在整个项目的实施过程中，为确保项目在已批准的成本预算内尽可能好地完成而对所需的各个过程进行管理。

5）项目质量管理。

项目质量管理是指为保障和提高项目质量，运用一整套质量管理体系、手段和方法进行的系统的管理活动。项目质量管理把组织的质量政策应用于规划、管理、控制项目及产品质量要求，以满足干系人目标的各个过程。项目质量管理过程包括规划质量管理、管理质量、控制质量。

6）项目人力资源管理。

项目人力资源管理是一种管理人力资源的方法和能力。项目人力资源管理是组织计划编制，也可以看作战场上的“排兵布阵”，就是确定、分配项目中的角色、职责和汇报关系。为了提高工作效率、保证项目顺利实施，需要建立一个稳定的团队，调动项目组成员的积极性，协调人员之间的关系，这些都在人力资源管理的范围内。

7）项目沟通管理。

项目沟通管理是为了确保项目信息合理收集和传输，以及最终处理所需实施的一系列过程。

项目沟通管理包括为了确保项目信息及时适当的产生、收集、传播、保存和最终配置所必须的过程。项目沟通管理把成功所必备的因素——人、想法和信息之间提供了一个关键连接。涉及项目的任何人都应准备以项目“语言”发送和接收信息并且必须理解他们以个人身份参与的沟通会怎样影响整个项目。沟通就是信息交流。对于项目来说，要科学地组织、指挥、协调和控制项目的实施过程，就必须进行项目的信息沟通。好的信息沟通对项目的发展和人际关系的改善都有促进作用。

8）项目风险管理。

项目风险管理是识别和分析项目风险及采取应对措施的活动。项目风险管理是指通过风险识别、风险分析和风险评价去认识项目的风险，并以此为基础合理地使用各种风险应对措施、管理方法技术和手段，对项目的风险实行有效地控制，妥善处理风险事件造成的不利后果，以最少的成本保证项目总体目标实现的管理工作。

9）项目采购管理。

项目采购管理包括从项目团队外部采购或获得所需产品、服务或成果的各个过程。这些过程之间以及与其他领域的过程之间相互作用。如果项目需要，每一过程可以由个人、多人或团体来完成。

10）项目相关方管理。

项目相关方管理包括用于开展下列工作的各个过程：识别能够影响项目或会受项目影响的人员、团体或组织，分析干系人对项目的期望和影响，制定合适的管理策略来有效调动干系人参与项目决策和执行。用这些过程分析干系人期望，评估他们对项目或受项目影响的程度，以及制定策略来有效引导干系人支持项目决策、规划和执行。这些过程能够支持项目团队的工作。

（2）知识领域之间的逻辑关系

项目管理最本质的内容就是整合管理，项目的范围、时间、成本、质量、人力资源、沟通、风险、采购与相关方管理等，都是为了最终实现项目的整合管理。十大知识领域之间的逻辑关系如图1-4-3所示。

十大知识领域之间的逻辑关系可以描述为，在整合管理思想的指导下完成以下工作：

1）弄清楚项目的工作内容（范围管理）。

2）弄清楚这些工作要有什么时间完成（进度管理），以多大代价完成（成本管理），做到什么要求（质量管理）。

3）弄清楚需要怎样的人力资源来完成项目，以及组织内部有没有这些人力资源（人力资源管理）。

4）如果组织内部没有足够的人力资源，就需要外包部分工作给其他公司或个人，从而就需要对采购及相应的合同进行管理（采购管理）。

5）项目所涉及的内外部的人力资源之间都需要进行有效沟通，才能较好地相互协调（沟通管理）。

6）弄清楚哪些风险会促进或妨碍项目的成功，并积极加以管理（风险管理）。

7）自始至终，都要进行项目相关方管理，以便了解干系人，引导干系人积极参与项目工作，并满足干系人在项目上的利益追求（相关方管理）。

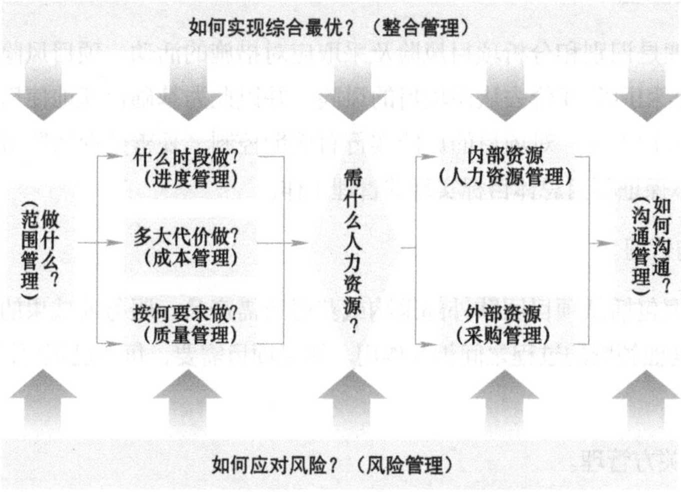

图1-4-3　十大知识领域之间的逻辑关系

十大知识领域之间的逻辑关系，可以简单概括为：

1）整合管理是指导思想。

2）范围、进度、成本和质量管理是为了满足项目本身的要求（在规定的范围、进度、成本和质量之下完成项目任务）。

3）人力资源、采购和沟通管理是保证项目达到要求的手段。

4）风险管理则是对所有工作的支撑，相当于项目管理大厦的柱子。

5）相关方管理与每一个知识领域交叉，因为在做前九大知识领域的管理时，都要与干系人打交道。

项目管理过程通常划分为47个过程，项目管理五大过程组、十大知识领域及47个过程的对应关系如图1-4-4所示。

十大知识领域	五大过程组[十大知识领域]47个过程				
	启动过程组	规划过程组	执行过程组	监控过程组	收尾过程组
项目整合管理	1．制定项目章程	2．制定项目管理计划	3．指导与管理项目工作	4．监控项目工作 5．实施整体变更控制	6．结束项目或阶段结束
项目范围管理		7．规划范围管理 8．收集需求 9．定义范围 10．创建WBS		11．确认范围 12．控制范围	
项目进度管理		13．规划进度管理 14．定义活动 15．排列活动顺序 16．估算活动资源 17．估算活动持续时间 18．制定进度计划		19．控制进度	
项目成本管理		20．规划成本管理 21．估算成本 22．制定预算		23．控制成本	
项目质量管理		24．规划质量管理	25．实施质量保证	26．控制质量	
项目人力资源管理		27．规划人力资源管理	28．组建项目团队 29．建设项目团队 30．管理项目团队		
项目沟通管理		31．规划沟通管理	32．管理沟通	33．控制沟通	
项目风险管理		34．规划风险管理 35．识别风险 36．实施定性风险分析 37．实施定量风险分析 38．规划风险应对		39．控制风险	
项目采购管理		40．规划采购管理	41．实施采购	42．控制采购	43．结束采购
项目相关方管理	44．识别干系人	45．规划干系人管理	46．管理干系人参与	47．控制干系人参与	

图1-4-4　项目管理五大过程组、十大知识领域及47个过程的对应关系

任务实施

任务实施前必须先准备好以下设备和资源。

序号	设备/资源名称	数量	是否准备到位（√）
1	计算机	1台	
2	Office软件	1套	

1. 明确需求

项目管理是指在项目活动中运用专门的知识、技能、工具和方法，使项目能够在有限资源限定条件下，实现或超过设定目标的过程。五大项目管理过程组通用于项目管理的生命周期，分为启动过程组、规划过程组、执行过程组、监控过程组和收尾过程组，分别对应一个完整的项目管理的五个阶段——项目启动、项目规划、项目执行、项目监控和项目收尾。

五大项目管理过程组包含不同的管理过程，要做好项目管理工作，需要调控好这五个过程组。为了更好地理解五大项目管理过程组，以智能家居工程项目的具体项目管理内容为例，分析实际项目的管理内容和五大项目管理过程组主要过程的关系，做到知己知彼，能让项目管理工作更有章法。

2. 分析整理

通过分析整理真实项目的项目管理内容，对照前文梳理出五大项目管理过程组的主要内容，能有效帮助项目经理理清项目管理思路。

以智能家居工程项目为例，当L公司签署了NA先生智能家居总承包工程合同后，项目管理工作也相应启动。

（1）启动阶段

合同签订后，项目就自动进入启动阶段，在这个阶段工作主要有两个：一是正式发文批准NA先生智能家居总承包项目立项，同时任命LC先生作为该项目的项目经理，授权LC先生使用公司资源开展项目活动，这个过程就是项目管理过程中的制定项目章程；二是理清与项目利益相关的个体和组织，即识别项目的客户是谁、用户是谁、出资方是谁、公司由哪个部门主管、公司主管领导是谁等，这个理清能影响项目和被项目影响的个人、组织的过程就是项目管理过程中的识别干系人。

梳理出NA先生智能家居总承包工程项目在启动阶段的项目管理工作内容后，对照前文五大项目管理过程组的主要内容和目标，可分析整理出启动阶段项目管理内容与五大项目管理过程组管理过程的对应关系，见表1-4-1。

表1-4-1　项目管理内容与过程关系表

序号	项目经理LC先生 项目管理工作内容	管理过程	五大过程组归属
1	NA先生智能家居总承包项目立项，同时任命LC先生作为该项目的项目经理	制定项目章程	启动过程组
2	理清与项目利益相关的个体和组织	识别干系人	启动过程组
3	…	…	…
4	…	…	…

（2）规划阶段

当NA先生智能家居总承包工程项目启动后，项目进入规划阶段。在项目规划阶段，LC先生作为该项目的项目经理，他的项目管理工作如下：

第一步：根据项目合同，明确智能家居项目的建设范围和交付成果，同时还需要和用户就项目需求进行沟通交流，根据用户的需求反馈进一步确认项目的建设范围和交付成果，进而制定项目整体管理计划。这一步可以归纳为收集用户需求、明确项目建设目标和范围、制定项目管理计划的过程。

第二步：根据项目整体计划中交付计划进行项目任务分解（WBS），智能家居项目的任务分解通常按照家居的系统功能进行分解，也可以参考公司类似智能家居项目进行分解。同时根据合同工期要求对项目任务优先级及完成所需时间等进行初步进度规划。这一步可以归纳为项目任务分解（WBS）过程。

第三步：参考投标报价阶段的报价情况，根据合同签订情况对项目成本进行规划，在保证项目整体质量和进度的前提下，制定项目预算并提交公司审批；同时根据WBS任务分解情况，制定项目人力资源需求并提交公司审批。这一步可以归纳为制定预算和人力资源计划的过程。

第四步：参考公司类似智能家居项目，并根据NA先生智能家居总承包项目的特点，对项目可能涉及的风险进行识别、分析、应对和管理规划。这一步可以归纳为规划风险管理、识别风险、定性定量风险分析和规划风险应对的过程。

第五步：按照公司管理制度，并参考公司类似智能家居项目，制定采购管理办法。这一步可以归纳为规划采购过程。

在项目规划阶段，项目经理LC先生的主要工作是依靠项目经理权限和公司制度对项目进行整体规划，通过归纳出的具体过程内容可以明确规划过程组的管理范围。

按照启动阶段的工作内容整理思路，并结合规划阶段工作内容的归纳说明，整理项目规划阶段的项目管理内容与五大项目管理过程组管理过程的对应关系，继续填写表1-4-1。

（3）其他阶段

当公司对上述管理计划、资源申请等工作进行批复后，项目经理LC先生需要继续开展以下工作：

第一步：组建项目管理团队，并确认设计师、采购负责人、施工经理、财务经理等项目部岗位成员职责。

第二步：召开项目启动会，介绍项目建设目标、建设内容、团队成员和职责，提出项目建设进度计划、成果交付计划等要求，发布项目绩效管理办法。

第三步：充分利用公司信息化项目管理平台，对项目执行、沟通、采购等工作过程的质量、进度等进行管理。

第四步：对项目设计、施工、采购、经费收支过程中出现的风险问题，按照规划方案进行处理，如有涉及计划变更的请求，需从项目整体进行分析，分析是否影响项目范围和成本、是否影响项目质量和进度。变更请求通过后，需要及时对涉及的项目计划进行变更调整。

第五步：定期对项目实施情况进行检查，对照规划过程组中相应的计划安排，监督并检查项目设计、施工、采购、经费收支等进度情况。相比进度计划滞后的过程，及时识别原因并采取措施进行处理；按计划完成的交付成果等及时反馈到项目相关方，根据项目相关方的意见进行修正。

第六步：项目竣工验收后，完成项目结算工作，完成设备供应商尾款支付，完成项目收款工作，完成项目复盘和总结，最后关闭项目。

项目经理LC先生在NA先生智能家居总承包项目执行、项目监控和项目收尾的主要管理工作内容如上，请按照启动阶段的工作内容整理思路，将项目经理LC先生的项目执行、项目监控和项目收尾工作进行提炼，整理分析后，继续填写表1-4-1。

3. 编制与汇报

根据项目经理LC先生的管理工作内容，结合五大项目管理过程组中过程整理情况，参考图1-4-5中NA先生智能家居总承包项目管理工作内容与项目管理过程说明书格式及内容要求，编制完成《NA先生智能家居总承包项目管理内容与管理过程关系说明书》。

NA先生智能家居总承包项目管理内容与管理过程关系说明书

1 智能家居项目管理的主要工作内容

2 智能家居总承包项目管理过程组划分

2.1 智能家居项目管理内容与过程

项目管理内容与过程关系表

序号	项目经理LC先生的工作内容	管理过程	五大过程组归属
1	NA先生智能家居总承包项目立项，同时任命LC先生作为该项目的项目经理	制定项目章程	启动过程组
2	需要和用户就项目需求进行沟通交流	收集需求	规划过程组
3	…	…	…
4	…	…	…
5	…	…	…
6	…	…	…
7	…	…	…
8	…	…	…

2.2 五大过程组之间的关系

简述智能家居项目管理五大过程组之间的关系。

图1-4-5 NA先生智能家居总承包项目管理内容与管理过程关系说明书

4. 验证与评审

各组可交叉阅览已经编制完成的《NA先生智能家居总承包项目管理工作内容与项目管理过程关系说明书》，并进行验证与评审。

任务小结

通过以上内容的学习，明确了项目管理的控制目标，理解了贯穿整个项目管理实际的五大过程组和十大知识领域的具体内容。五大项目管理过程组是从项目纵向（时间）发展维度的表示，十大知识领域是以项目横向管理为主的表示，五大过程组与十大知识领域在时间维度上相互交织，十大领域之间也相互交织。理解五大过程组和十大知识领域，整理划分项目管理的全部过程，能有效帮助项目管理从业者理清项目管理思路，明确管理目标，并提升管理质量。

本任务的相关知识与技能小结如图1-4-6所示。

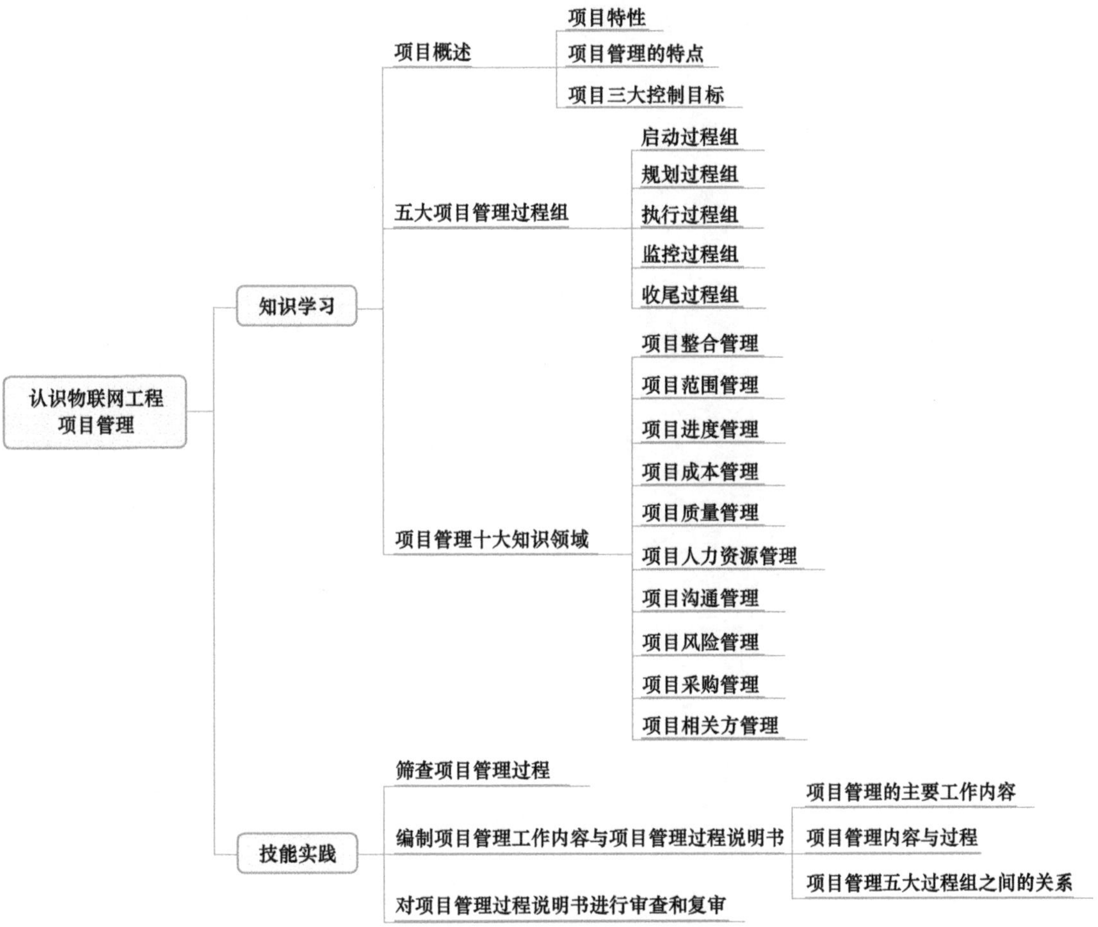

图1-4-6　知识与技能小结思维导图

Project 2

项目 2

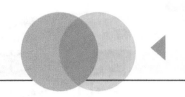

智慧物流——仓储管理系统需求分析与现场勘察

引导案例

近年来，随着社会的不断发展，特别是电商行业的崛起，物流行业的发展规模也越来越大。仓储作为物流货品源头及中转的重要储存区域，有着举足轻重的作用。然而一般仓储存储的货物均有多、繁、杂等特点，导致其管理较困难。因此，针对智慧物流中的仓储，建设相应的仓储管理系统对其进行管理与监控已变得非常重要。

针对仓储管理系统的建设，可通过物联网、云计算、大数据等技术，以配置二维码扫描枪及其配套设施设备的方式，实现对其仓储内部的物资管理，以及通过在仓储房间内部部署人体红外传感器、噪声传感器、视频摄像头、温湿度传感器、烟雾传感器等设备实现对整个仓储环境的监控，具体情况如图2-0-1所示。

在图2-0-1中，为了实现对仓储物资的管理和对仓储环境的监控，需要采购相应的软件系统和硬件设备等完成仓储管理系统搭建。本项目将从仓储管理系统建设的需求调研、需求分析、现场勘察等几个方面讲解如何有效获得客户的需求和实现对现场数据信息的采集，为项目建成后能够达到预期的效果提供有力的支撑。

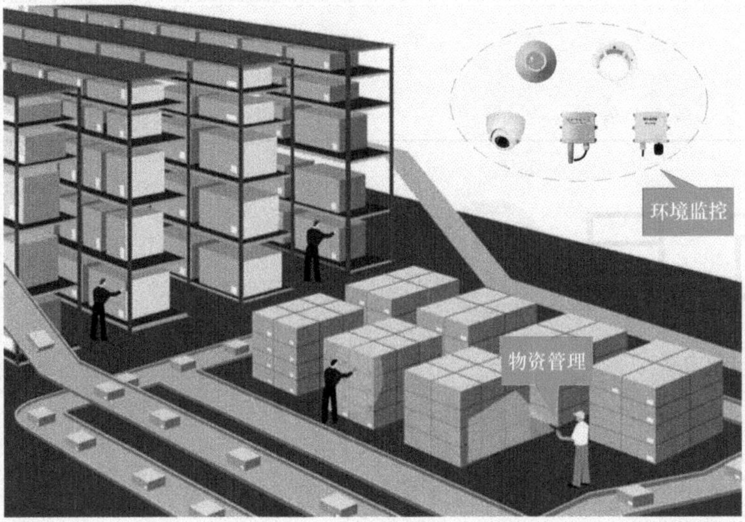

图2-0-1　仓储管理系统示意图

任务1　仓储物资管理系统需求调研

职业能力目标

- 能根据项目前期资料及调研要求，完成需求调研准备
- 能采用合适的需求调研方法与客户进行有效沟通，完成客户需求收集
- 能根据需求调研结果，完成《需求调研表》的编制

任务描述与要求

任务描述：

A公司中标了一个智慧物流—— 仓储管理系统建设的设计项目，并将该项目中的一个子项，即仓储物资管理系统设计这个子项目交由LA先生负责。

LA先生在接到该任务后，决定在开始项目设计之前先与客户沟通，明确其实际需求，为后期项目设计提供依据与支撑。

为达到上述目标，LA先生作为项目负责人，立即组织项目团队人员，开展项目需求调研的相关工作。为完成该项工作，需要先熟悉项目相关标准规范与技术资料，结合项目前期资料和类似项目参考案例，拟定要与客户沟通的具体内容，并做好需求调研准备；接着通过以访谈法为主的多种调研方式与客户进行沟通，调研客户需求，及时填写项目的基础信息表、用户访谈记录表；最后将调研资料整理汇总，形成符合要求的需求调研表。

上述过程中的相关表格可以参考本书提供的样式也可以根据具体情况加以改进，表格填写的内容必须清晰明了，符合规范要求。

任务要求：

- 通过熟悉项目前期资料，提取并记录项目关键信息等
- 制定调研计划，根据项目资料编制《仓储物资管理系统建设项目基础信息表》《仓储物资管理系统建设项目访谈记录表》
- 在调研客户需求的同时，及时填写和完善《仓储物资管理系统建设项目基础信息表》《仓储物资管理系统建设项目访谈记录表》
- 根据需求调研结果，编制和完善《仓储物资管理系统建设需求调研表》

知识储备

1. 需求调研的目标

需求调研是指就项目建设的具体需求情况与客户进行沟通，调查和研究客户的想法。它是完成项目建设的必备工作过程，是需求分析的数据与信息基础。可以说需求说明书的主要内容就是从需求调研结果中得到或抽取出来的。

需求调研在整个项目建设的过程中起着非常重要的作用，如果需求调研不到位或调研内容有所偏颇，会直接 影响到项目后期的设计，进而影响到项目的施工，最终将影响到项目建成后的效果。对此，需求调研需要达到如下目标：

1）明晰客户对项目建设的具体要求。

2）明确项目建设的具体内容、范围、工期、资金等。

3）确定项目建设内容中各系统应采用的技术方式。

4）形成与客户达成一致的《需求调研表》。

5）提供项目后期设计所需的其他相关支撑材料。

2. 需求调研的内容

一般情况下，需求调研的内容除了项目合同或委托书中所描述的内容外，还包括项目的基础信息及一些延伸信息。具体体现在以下几个方面。

（1）项目基础信息

项目基础信息的调研主要是指对项目建设类型、项目前期参与单位、项目背景及定位、

项目建设目标、项目所处阶段、总体工期要求、资金预算等进行调研。

1）项目建设类型。

在进行项目的需求调研时，有必要对项目的建设类型进行调研，以合理安排后续相关工作。目前，建设工程项目的类型划分方式有多种。划分依据主要有建设性质、投资作用、建设阶段、建设规模、隶属关系、投资效益以及建设工程自然属性等。

按建设性质可划分为新建项目、扩建项目、改建项目、迁建项目、恢复项目等。

按投资作用可划分为生产性建设项目和非生产性建设项目。

按建设阶段可划分为前期工作项目、筹建项目、施工项目、竣工项目、建成投产项目等。

按建设规模可划分为大型项目、中型项目、小型项目。

按隶属关系可划分为主管部门直属项目和地方项目。

按投资效益可划分为竞争性项目、基础性项目、公益性项目。

按建设工程自然属性可划分为建筑工程、土木工程和机电工程三大类，涵盖了生活中的各行各业。

2）项目前期参与单位。

一个工程项目的建成并投入使用往往是由多个单位参与完成的。在物联网工程相关专业的设计单位介入之前，已经有一些单位参与了工程前期的各项工作，比如建设单位负责工程的中长期规划、立项等，建筑设计单位负责工程的建筑设计，装修设计单位负责工程的装修设计等，然后才是物联网工程相关的设计单位介入负责物联网工程专业方面的设计。因此，在设计之前进行需求调研，有必要明晰工程前期相关的参与单位有哪些、单位名称是什么、在本次项目中所承担的工作内容等，以及本次设计可能会与哪些单位的设计有关联、如何去与相关人对接、对接的具体内容是什么等。

3）项目背景及定位。

如果通过查阅和分析项目的前期资料，仍旧无法明晰项目的背景和定位，则需要与客户进行沟通，明确项目的建设背景，并与客户商讨确定项目的建设定位，为后续项目的设计乃至施工提供标准基线。

4）项目建设目标。

项目建设目标是指项目建成后需要达到的最终效果。项目负责人和设计人员最好采用现场访谈沟通的方式，明晰项目的建设目标，为项目后续的设计指引方向。

5）项目所处阶段。

在本书项目1中已经介绍了物联网工程的生命周期，从而得知建设工程的各个阶段。在完成实际项目任务的过程中，无论是作为设计人员、施工人员、监理人员还是运维人员，都需要明确自己所完成的工作处于项目的哪个阶段，以及自己所完成工作的内容需要包含哪些阶段。比如，设计人员在接到设计工作任务时，需要清楚本次项目的设计是准备按一阶段设计、二阶段设计，还是三阶段设计进行；以及本次设计是属于初步设计、技术设计，还是施工图设计。建设项目的设计阶段划分如图2-1-1所示。

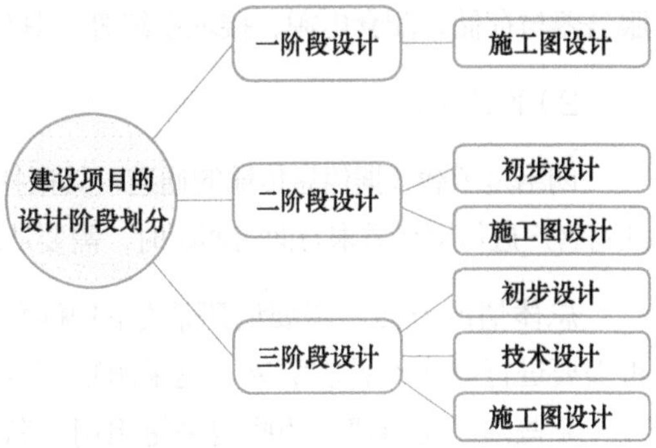

图2-1-1 建设项目的设计阶段划分

建设项目的设计阶段如果只按一阶段设计，则是直接完成施工图设计；如果是按二阶段设计，则需要先完成初步设计，再完成施工图设计；如果是按三阶段设计，则需要先完成项目的初步设计，再完成技术设计，最后完成施工图设计。

6）总体工期要求。

在进行需求调研时，需要调研项目总体工期方面的要求，比如整个项目总体的完成时间是多少，其中各个阶段，如项目立项、设计、施工、竣工验收，以及到投产运营的时间分别是多久。如果有必要，还需要与客户沟通，调研本次项目设计涉及几个阶段。如果是完整的初步设计、技术设计、施工图设计三个阶段，那么各个阶段对应的时间节点是怎样的。这些都需要调研清楚，以便后续合理地安排相关人员在规定时间内完成各阶段的设计并进行相应的汇报。

7）资金预算。

资金预算直接影响项目的建设范围、建设质量等，通过调研客户对项目的资金预算，设计单位可在其资金预算内合理地对项目建设内容进行筹划，包括对各建设系统所具备的功能、所采用的品牌档次设备、软件系统等进行合理的规划与配置。

（2）业务情况

在项目进行设计之前，需要先弄清楚项目的业务相关情况。这就需要在项目设计前期对项目的总体业务需求、用户行业状况、行业业务模式、内部组织结构、外部交互方式，以及具体的用户需求、业务需求、应用需求、场景需求、使用方式等信息进行调研。

（3）项目建设内容

项目建设内容是整个项目的核心，需要落实清楚在项目预算资金范围内应该采用何种技术方式建设相应的系统，以达到项目预期效果与建设目标。在对项目的建设内容进行需求调研时，可以从以下几个方面进行考虑。

1）基础设施设备。

基础设施设备主要是指各应用系统的前端设备、室内外综合通道、机房及其配套系统、服务器与存储、配套电源、接地系统等，其作用是为建设项目的各业务系统提供基础支撑。

2）网络需求。

网络是承载数据信息传输的通道，其拓扑结构与性能的优劣直接影响整个项目的实施成效。在对客户进行网络需求方面的调研时，需要从总体情况和具体情况两个方面出发去进行调研。

总体情况方面，需要调研清楚的事项有：本次项目需要建设哪几张网络？网络之间是否需要进行隔离？若需隔离，是采用物理隔离还是逻辑隔离？网络之间是否有共建共用的情况？哪些网络是自建、哪些网络是租用？若是租用运营商或其他单位的网络，采用的租用方式是什么？

具体情况方面，也就是针对某一张网来讲，需要调研清楚该张网络应采用几层网络结构，其路由、VLAN、QoS应如何设计，IP地址应如何规划，以及网络的带宽、速率、吞吐量等有怎样的需求。

3）应用系统。

应用系统主要是指在项目建成后，被用户或管理人员所操作使用的各类业务或管理系统，一般会在项目的招标书或合同里面明确阐述。但针对各应用系统的具体细节内容还需要通过与客户沟通调研后才能得出。比如视频监控系统的前端摄像头应部署在项目现场的哪些位置，应该采用何种分辨率的摄像机，以及整个视频监控系统应采用何种技术方式等，这些均需要与客户进行沟通，让客户进行确定。

因此，针对应用系统的需求调研，建议从项目需要建设哪些应用系统以及各系统应具备的功能、所采用的技术方式、品牌选择、系统之间的对接或联动情况、系统前端设备的部署原则、数据接入网络要求、数据信息存储要求等方面进行调研。

4）安全需求。

为了保障项目数据、信息的安全，一般会配置相应的安全设备或建设备份系统，例如在网络的边界配置防火墙、在数据中心局域网区部署行为审计设备、建立信任体系和建设备份系统等。在对客户进行安全需求方面的调研时，需要明确其信息系统安全保护等级，根据其等级类别共同商讨并确定应建设哪些安全设备以保障项目数据信息的安全，为后续项目安全系统的设计起指导作用。

5）保障体系。

无论是在项目的建设过程中，还是在后续的运营阶段，均需要有相应的保障体系以保障项目的顺利实施和正常运行。项目的保障体系主要有标准规范体系、运维管理体系等。

（4）其他信息

除了完成上述调研内容外，还需要调研项目所处的环境状况、管理需求、维护需求、可扩展性需求、项目招标方案、风险及应对措施等。

3. 需求调研方法

众所周知，调研是调查研究的简称。调查是指通过各种途径、运用各种方式方法，有计划、有目的地了解事物真实情况。研究则是指对调查材料进行去粗取精、去伪存真、由此及彼、由表及里的思维加工，以获得对客观事物本质和规律的认识。由此可知，需求调研即是对需求的调查与研究，其调研过程不是一蹴而就的，需要遵循一定的方法与步骤。需求调研的步骤如图2-1-2所示。

熟悉项目资料 → 调研准备 → 调研实施并做好记录 → 调研结果资料整理与分析 → 完善需求调研表或撰写调研报告

图2-1-2　需求调研的步骤

在接到需求调研任务后，需要先熟悉项目前期的相关资料，根据资料情况，分析项目的建设内容、规模、进度要求等，以便做好调研实施的准备。

在调研准备阶段主要是制定调研计划和准备调研所需的工具和材料。其中制定调研计划主要包括确定调研的范围、对象、内容、方法与途径、时间和人员安排等。准备调研所需的工具和材料应视项目的类别而定，不同的项目准备的工具和材料均有所差别，但必不可少的是需要准备具体的调研内容大纲，以便引导客户进行需求调研。

调研实施并做好记录是指通过不同的调查方法进行客户需求的调研，并及时填写调研记录表的过程。

调研结果资料整理与分析主要是指针对调研过程中所形成的各类记录资料，进行汇总与整理，同时还需对调研结果资料进行分析，判断其是否合理。

最后是完善需求调研表，并递交上级审核，然后交予客户确定。如有必要，还需要撰写调研报告。

值得一提的是，在整个需求调研的过程中，调研实施是其最为核心的工作内容。在此阶段，可以采用多种方法对客户的需求进行调研。下面将罗列一些常见的需求调研方法。

（1）用户访谈法

用户访谈是指通过与用户面对面地交谈，了解项目基础信息、理解用户业务情况、知晓项目建设内容及其他相关信息等，以获取用户需求。该方法是目前最为普遍的需求调研方式。

用户访谈的形式包括面谈、电话交谈、电子邮件交流、QQ、微信等方式。

访谈可以是非常正式的，例如在访谈前先制定好访谈计划、准备好访谈内容等。在制定访谈计划时，需要确定访谈人员、访谈对象、访谈时间、访谈地点等内容；在准备访谈内容方面，需要在访谈前准备好访谈的话题，并拟定好访谈提纲等。

同时，访谈也可以是非常随意的，例如在电梯上、餐桌上、车上等都可以进行一次偶遇访谈。

对于正式的访谈，其过程一般包括访谈对象确定、访谈准备、访谈预约、访谈进行、访谈结果整理、访谈结果确认等，具体情况如图2-1-3所示。

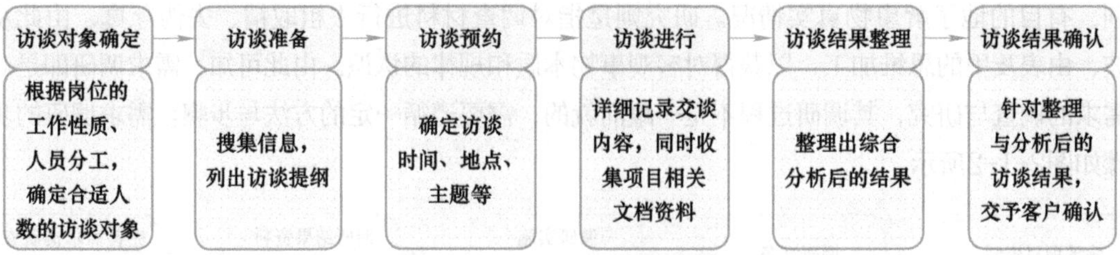

图2-1-3　正式的用户访谈过程

（2）问卷调查法

问卷调查法是指通过发布调查问卷，由用户填写问卷的方法来获取项目需求。该方法通常针对数量众多的系统终端用户，询问其对物联网项目的应用需求、使用方式需求、个人业务量需求等。

一般情况下，调查问卷应简洁明了，其内容可以根据用户情况进行适当调整。例如，对于计算机操作能力不强的用户群，只能采用下发调查问卷并录入调查结果的方式；对于计算机操作能力很强的用户群，可以采用下发电子文档或开发调查网页的方式，简化调查结果的录入工作。问卷内容需要让所有被调查者能明了每个调查题目的确切意思，并尽量采用选择题、判断题的方式作答，避免大段文字性内容的录入。

问卷调查法由于需要较高的问卷编写水平，而且回答的人也很少会认真思考后作答，因此，此方法的使用范围有一定局限，使用频率较低，主要适合需要快速、概略地了解某业务的场景。

（3）需求调研会法

需求调研会法是指通过召开需求会议以获取用户需求。当需要讨论的需求问题牵涉的相关方较多时可以组织需求调研会，在会议上理清流程、确定分工、调和利益等。

（4）标杆对照法

标杆对照是指将此次项目的建设需求与同类项目的最佳者进行比较，从而提出行动方案的一种方法。一般按照以下四个步骤进行。

第一步：计划，即确定要进行比较的具体项目或内容，并为所比较的内容收集数据。

第二步：分析，即确定比较的最佳项目，分析本项目和可比项目的数据。

第三步：目标设定，即通过比较找到差距或者以往项目最佳实践，设定行动目标，并将行动目标体现在相关计划中。

第四步：实施，即执行计划并跟踪执行的情况，如果发现偏差，要提出变更、持续改进，直到达到预期的效果。

（5）文件分析法

文件分析法是指通过查阅项目相关的标准规范、类似项目参考案例等，分析本项目建设内容所涉及需求的一种方法。该方法可在与客户进行现场访谈前进行，以提高现场需求沟通的效率。

（6）实地观察法

实地观察法是获取第一手资料最直接的方法。通过现场实地观察，可以准确地了解系统的规模大小、物联网系统整体的物理部署位置等重要信息，同时也能直观地了解到用户的工作过程、理解用户业务，从而获取用户关于项目建设的相关信息。例如，可以通过观察仓库保管员的入库、出库过程理解仓库物料的出入流程等。

任务实施

任务实施前必须先准备好以下设备和资源。

序　　号	设备/资源名称	数　　量	是否准备到位（√）
1	计算机	1台	
2	Office软件	1套	
3	仓储物资管理系统建设项目资料	1套	

1. 熟悉项目资料

熟悉仓储物资管理系统建设项目资料，明确项目名称、建设单位、参与单位、负责人，以及项目建设主要内容、规模、进度要求等。

2. 调研准备

（1）制定调研计划

制定调研计划，完善调研计划表（见表2-1-1），可根据实际情况对该表进行适当调整。

表2-1-1　仓储物资管理系统需求调研计划表

项目类别	调研计划	备　　注
调研范围		
调研对象		
调研内容		
调研方法与途径		
调研时间		
调研人员		

（2）准备调研所需工具与材料

为了完成对仓储物资管理系统建设项目的需求调研，在进行调研前，需准备如下工具与材料：

1）调研工具：计算机、纸质笔记本、记录笔、相机（可以使用有拍照功能的手机代替）。

2）调研材料：用于现场调研以便记录的基础信息表、访谈记录表（见表2-1-2和表2-1-3）。

表2-1-2　仓储物资管理系统建设项目基础信息表

项目名称	仓储物资管理系统建设项目				
项目决策链	姓名	职务	角色	联系方式	
项目建设类型	□新建项目 □扩建项目 □改建项目 □迁建项目 □恢复项目 □其他____				
前期参与单位	单位名称	本项目负责人姓名及联系电话			
		姓名		电话	
		姓名		电话	
项目背景					
项目定位					
建设目标					
项目阶段	项目当前所处阶段				
	拟采用设计阶段	□一阶段设计 □二阶段设计 □三阶段设计			
工期要求	项目总工期				
	分阶段工期要求				
资金预算					

表2-1-3　仓储物资管理系统建设项目访谈记录表

项目名称	仓储物资管理系统建设项目				
访谈日期		访谈方式		记录整理人	
客户参与人员	序号	姓名	部门	职务	联系方式（邮箱/电话/QQ/微信）
	1				
	2				
我方参与人员	序号	姓名	联系电话		
	1				
	2				
仓储物资管理系统构想（大纲）					
仓储物资管理系统细节呈现					
其他特殊说明					

备注：访谈记录表是我方发起的非正式的文档，在核心技术或某些核心需求点确立后，需要以正式文本形式确定访谈内容并邀请需求方确认签字，并妥善保管好相关的记录以便工程实施后续可查可追溯。

3. 调研实施

现场调研客户需求，并及时填写上述“仓储物资管理系统建设项目基础信息表”和“仓储物资管理系统建设项目访谈记录表”。根据实际情况需求，可对前述两个表格的内容进行适当的增、删及调整。

4. 调研结果整理与分析

在完成现场调研后，对填写好的“仓储物资管理系统建设项目基础信息表”和“仓储物资管理系统建设项目访谈记录表”进行整理与分析，核实其中的内容是否合理，若还有不明确的地方，需要再次向客户沟通落实，并形成汇总资料。

5. 编制需求调研表

根据前述整理汇总好的调研结果资料，编制完善《仓储物资管理系统建设需求调研表》（见表2-1-4）。

表2-1-4 仓储物资管理系统建设需求调研表

<table>
<tr><td>项目名称</td><td colspan="5">仓储物资管理系统建设项目</td></tr>
<tr><td>勘察日期</td><td colspan="2"></td><td>记录整理人</td><td colspan="2"></td></tr>
<tr><td rowspan="3">客户参与人员</td><td>序号</td><td>姓名</td><td>部门</td><td>职务</td><td>联系方式
（邮箱/电话/QQ/微信）</td></tr>
<tr><td>1</td><td></td><td></td><td></td><td></td></tr>
<tr><td>2</td><td></td><td></td><td></td><td></td></tr>
<tr><td rowspan="3">我方参与人员</td><td>序号</td><td>姓名</td><td colspan="3">联系电话</td></tr>
<tr><td>1</td><td></td><td colspan="3"></td></tr>
<tr><td>2</td><td></td><td colspan="3"></td></tr>
<tr><td>项目基础信息</td><td colspan="5"></td></tr>
<tr><td>业务情况</td><td colspan="5"></td></tr>
<tr><td rowspan="5">项目建设内容</td><td colspan="2">基础设施设备</td><td colspan="3"></td></tr>
<tr><td colspan="2">网络需求</td><td colspan="3"></td></tr>
<tr><td colspan="2">应用系统</td><td colspan="3"></td></tr>
<tr><td colspan="2">安全需求</td><td colspan="3"></td></tr>
<tr><td colspan="2">保障体系</td><td colspan="3"></td></tr>
<tr><td>其他需求信息</td><td colspan="5"></td></tr>
<tr><td>现场照片</td><td colspan="5"></td></tr>
<tr><td>项目收集资料</td><td colspan="5"></td></tr>
</table>

任务小结

物联网工程项目的需求调研是完成物联网工程项目实施并投入运行的重要过程，是需求分析的数据信息输入。在这个过程中，可以通过项目的基础信息表、项目用户访谈表以及最终的项目需求调研表，充分了解客户的具体需求，并且通过对调研的素材进行有针对性的可行性研究，以为后续的设计及施工等提供依据。

本任务的相关知识点、技能点小结如图2-1-4所示。

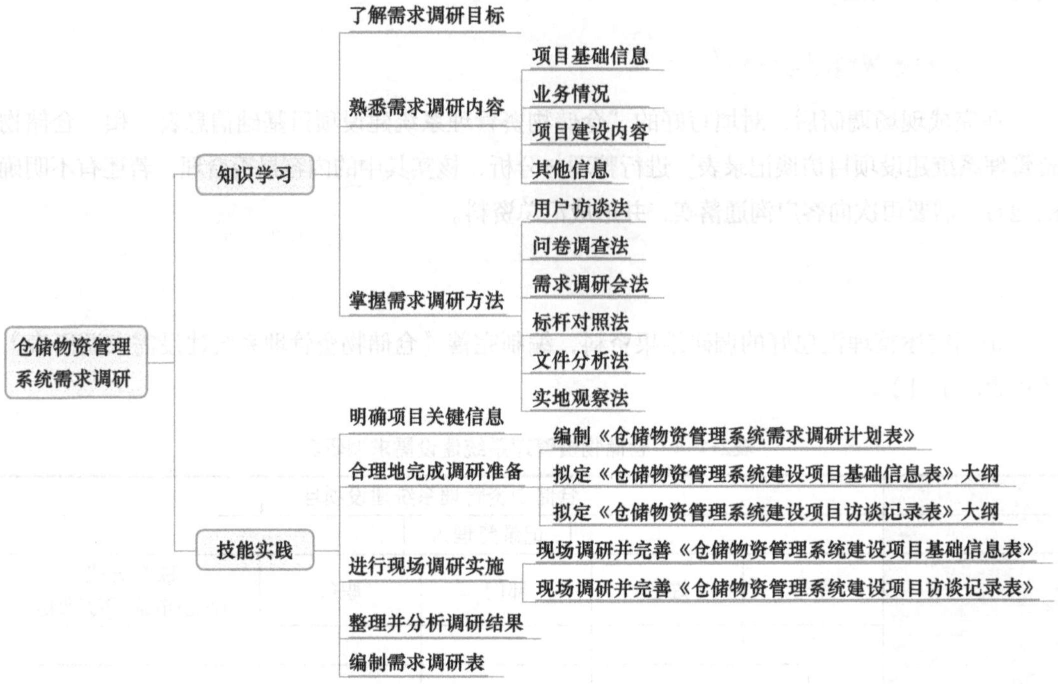

图2-1-4　知识与技能小结思维导图

任务拓展

请在现有任务的基础上，通过相关资料的搜集、学习与分析，自行拟定调研报告的目录大纲，撰写完成《仓储物资管理系统建设需求调研表》。

任务2　仓储物资管理系统需求分析

职业能力目标

- 能根据需求调研结果，正确分析客户需求
- 能根据需求分析结果，完成《需求分析说明书》的编制
- 能采用合理的方法，完成《需求分析说明书》的验证与评审

任务描述与要求

任务描述：

LA先生接受了仓储物资管理系统设计项目，且该项目前期已经完成了需求调研。现在需要根据项目的实际情况，结合前期需求调研的相关资料，对客户的需求进行分析，并形成相应的需求分析说明书文档。该文档的格式可以参照本书所述的样式，也可以根据项目的具体情况对其加以创新改进。其中填写的内容必须清晰明了，符合填写规范。

任务要求：

- 通过熟悉调研资料，明晰项目内容、系统建设标准和项目总体目标要求
- 根据需求调研结果，撰写《仓储物资管理系统建设项目需求分析说明书》
- 完成《仓储物资管理系统建设项目需求分析说明书》的验证与评审

知识储备

1. 需求分析概述

（1）需求分析的定义

需求分析是指项目设计或实施人员通过对用户和项目的相关情况进行深入细致的调研与分析，并且将用户非形式化的需求表述转化为完整的需求定义，从而确定项目或系统必须“做什么”的过程。

从狭义上理解：需求分析指需求的分析、定义过程。

从广义上理解：需求分析包括需求的获取、分析、规格说明、变更、验证、管理的一系列需求工程。

（2）需求分析的必要性

需求分析是整个项目设计与实施的基础，其结果质量的好坏直接影响到项目最终的实现效果。因此，需求分析在整个项目的实施过程中扮演着非常重要的作用，主要体现在以下几个方面：

1）物联网工程项目的需求分析是支撑项目顺利完成实施并达到客户要求的重要过程。

2）通过需求分析，可明晰项目建设的各项关键信息，为后续项目的设计和实施提供可靠的依据。

3）物联网工程建设项目的需求分析描述了其建设系统的行为、特征、属性等，这些都为建设项目的设计和实现给出了约束条件。

4）由于物联网工程项目一般是综合性比较强的非标准化项目，需求调研与分析的翔实直接关系到项目设计及项目成果是否满足用户需求，以及实施期间需求变动的大小。

5）需求分析是物联网工程项目实施的基础，也是实施过程中的关键阶段。

（3）需求分析特点及难点

需求分析是一项非常重要的工作，同时也是一项比较困难的工作，该阶段工作的特点及难点主要体现在以下几个方面。

1）确定问题难。

物联网工程项目所涉及的内容往往较多且繁杂，其应用领域具有一定的复杂性且业务多样化，导致项目相关人员在分析项目需求时，确定其具体的问题比较难。因此，设计人员或实施人员需要提前熟悉相关资料、多参考类似的项目案例，以便对所设计或开发的项目相关内容有较为完整、清晰的认知。

2）需求动态变化。

物联网工程项目从立项、实施到验收投产，一般需要经历较长的一段时间，需求分析也一直存在于整个项目的生命周期中。由于客户的认知、设计或实施人员的技术能力限制、项目的改动等，都会导致项目的需求随时发生变化。因此，在进行项目的需求调研与分析前，尽可能做好相关准备工作，例如熟悉相关技术资料，为客户解答疑惑，提高需求调研与分析的质量。

3）获取的需求难以达到完备与一致。

一个项目的完成，往往牵涉多个方面，且会有多个单位和人员参与，使得需求分析涉及的人、事、物及相关因素较多。在用户、业务专家和项目管理人员等进行项目需求交流时，由于其各自所拥有的背景知识、角色和角度等不同，使得其对系统的具体要求方面的认识也不尽相同，所以对问题的表述也不一样，且有可能描述不够准确，甚至各方面的需求还可能存在着矛盾，并且有些矛盾可能还难以消除，进而使得项目需求调研的各方参与人员较难达成共识，最终导致获得的需求也难以形成完备和一致的定义。

4）需求难以进行深入的分析与完善。

由于设计人员或实施人员对需求的理解不全面、分析不够准确，以及客户环境和业务流程的改变、市场趋势的变化等，都会对需求的进一步深入分析与完善造成影响，甚至可能在最后需要重新修订需求。因此，分析人员应认识到需求变化的必然性，并采取措施减少需求变更对项目的影响。对确实有必要的变更需求要经过认真评审、跟踪和比较分析后才能实施。

（4）需求分析方法

针对具体的物联网工程项目进行设计与实施，首先必须了解项目的需求。因此，正确的需求分析方法是确保项目质量合格的重要因素。目前，常见的物联网工程建设需求分析方法有原型法、结构化分析法、面向对象分析法等。

1）原型法。

原型法就是指根据项目的前期资料，包括需求调研的相关资料，尽可能快地塑造一个简单粗糙的预期项目建成后的原型。该原型实现了目标项目的某些或全部功能，但是可能在可靠性、界面友好性或其他方面上存在缺陷。塑造这样一个原型的目的是为了考察项目在某些方面的可行性，例如技术的可行性、管理的可行性等，或是考察是否满足用户的需求等。然后将该原型与用户讨论，听取用户意见，改进这个原型，最终达成客户所需的要求。原型法示意如图2-2-1所示。

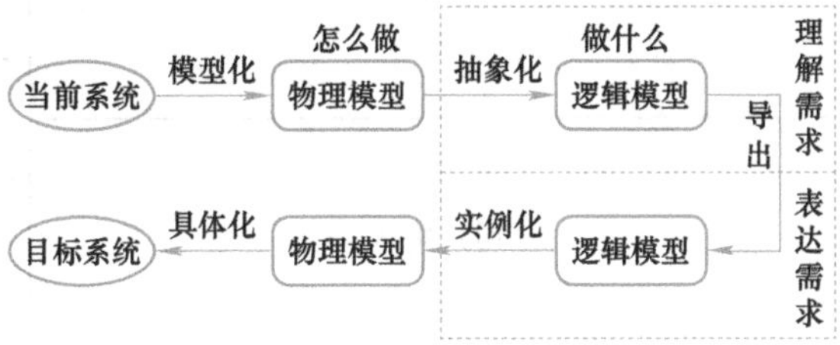

图2-2-1　原型法示意图

2）结构化分析法。

结构化分析法是以数据为驱动，通过研究数据流的走向来分析整个项目的需求。该方法的优点是在需求阶段可以不用精确地定义系统，只需要根据业务框架确定系统的功能范围，以及每个功能的处理逻辑和业务规则等。因为结构化分析法不需要精确地描述，因此描述系统的方式比较灵活多样，可以采用图表、示例图、文字等方式来描述系统。

3）面向对象分析法。

面向对象分析法是以对象为驱动，因此就需要在需求阶段就非常精确地描述项目的各个系统。这样一来，就能够在项目的一开始就发现相关的问题，以避免在后续的设计或施工过程中出现需求反复更改的现象。然而，在现实中，绝大多数应用系统都很难在需求阶段被精确地抽象化定义，所以这种方法的缺点和困难也是显而易见的。因此，在对实际的物联网工程建设项目进行需求分析时，应慎重考虑此方法。

2. 需求分析内容

对物联网工程项目进行需求分析时，需明确其任务，重点是要解决好如下问题：

1）对需要进行建设的项目进行全面、系统的分析，明确如何来完成该工程的设计和实施。

2）根据工程实际需要，初步确定系统前端点位的部署原则、系统硬件和软件应具备的功能和数量，确定系统的规模和类型。

3）确定建设项目的总目标和阶段目标。对于中型或大型规模的项目，往往需要投入较多的人力、物力、财力，这种项目一般是分阶段逐步完善的。因此，针对此类项目，需大致确定其分几个阶段完成和每个阶段的小目标。

针对前期收集到的项目需求相关资料，设计或实施人员应从业务需求、用户需求、功能需求、非功能需求等几个方面对项目或用户的需求进行分析，具体分析内容见表2-2-1。

表2-2-1 物联网工程项目需求分析内容

需求类型	分析内容
业务需求	业务流程
	业务功能
	业务量
	业务系统对接
用户需求	系统角色
	信息量
	用户场景
	用户用例
功能需求	应用系统类别
	系统功能
	技术方式
	软、硬件需求
	设备部署
	系统接口
非功能需求	系统性能
	网络性能
	平台接口
	安全需求
	数据质量要求
	系统管理
	系统运维
	可靠性
	扩展性
	环境需求

备注：在对物联网工程项目进行需求分析时，可根据项目的实际情况，对本表格中的内容进行适当的增、减，以满足实际工程项目需求分析的需要。

物联网工程项目需求分析内容主要包括业务需求、用户需求、功能需求、非功能需求等，具体描述如下。

（1）业务需求

业务需求表示组织或客户高层次的目标。业务需求通常来自项目投资人、购买产品的客户、实际用户的管理者、市场营销部门或产品策划部门。业务需求描述了组织为什么要建设一个项目，即组织希望达到的目标。这项需求是由用户高层领导机构决定的，它确定了系统的目标、规模和范围等。

（2）用户需求

用户需求描述的是用户的目标或用户要求项目必须能达到的效果。用例、场景描述、事件、响应表都是表达用户需求的有效途径，即用户需求描述了建设项目可以帮助用户做些什么。

（3）功能需求

功能需求规定了设计和实施人员必须在项目中实现的系统功能，用户利用这些功能来完成任务，满足业务需求。主要包括对项目应该建设哪些系统、各系统应具备哪些功能、应采用何种技术方式、软硬件要求、设备或系统部署、系统之间的对接等需求的分析。

（4）非功能需求

非功能需求是指建设项目为了满足用户需求必须具有且除功能需求以外的特性，包括系统性能、网络性能、安全性、可靠性、扩展性等。

其中系统性能的需求分析，应从系统稳定性、系统可用性、系统易用性等方面去考虑；网络性能的需求分析，应考虑网络带宽、通信速率、吞吐量、并发数、路由协议、QoS等；安全性需求的分析，应包含物理安全、网络安全、主机安全、应用安全、数据安全及备份恢复等。

3. 需求分析流程

需求分析工作不是一蹴而就的，需要遵循一定的规则及流程。一般而言，需求分析阶段的工作主要包含问题识别、分析与整合、编制需求分析阶段文档、需求验证与评审四个部分的内容，具体流程如图2-2-2所示。

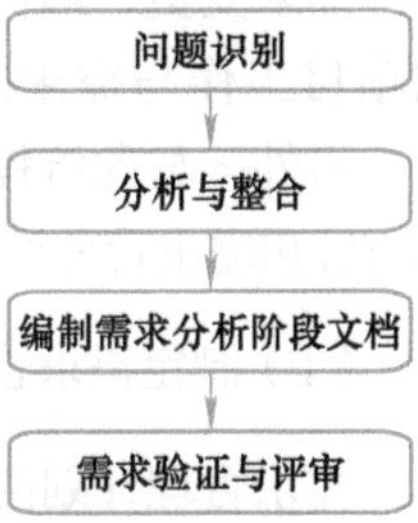

图2-2-2 需求分析流程

（1）问题识别

在需求调研工作完成后，需求获取基本上就完成了，接下来就是对所调查到的需求进行分析。需求分析的第一步是问题识别，即从项目角度来理解其建设的各个系统，确定对所建设的系统的综合要求，并提出这些需求的实现条件，以及需求应该达到的标准。通俗来讲，就是定位需求分析的具体内容，以及这些内容应达到怎样的目标。

（2）分析与整合

确定了具体要分析哪些内容，以及这些内容需要达到怎样的目标后，就是对这些圈定的内容进行分析与整合。在分析与整合这个阶段，可以对整个项目需求，从经济可行性、技术可行性、法律可行性等方面进行分析。从而判断出客户所提的需求是否合理，然后剔除其不合理的部分、增加其需要的部分，进而得出较优的几种可选方案。通过综合比较和选择，最终形成最优的项目整体解决方案，并给出目标系统的详细逻辑模型。

（3）编制需求分析阶段文档

在完成了需求的获取、问题识别、分析与整合后，需要将分析得出的成果资料进行汇总与整理，形成需求分析说明书文档，并向下一阶段提交。

（4）需求验证与评审

针对前述提交的《需求分析说明书》，客户将会组织专家、分析人员、设计人员、用户等形成评审小组，对该需求分析说明书中所描述的需求分析结果，从完整性、正确性、一致性、必要性、无歧义性、可验证性、优先级的划分等方面进行验证与评审。通过了验证评审的需求分析说明书，可以看成经双方对项目需求达成共识后所做出的书面承诺，具有商业合同效果。

4. 需求管理

需求分析贯穿于整个项目的各个阶段，因此，有必要制定相应的管理计划进行需求管理。

需求管理的目的是确保各方对需求的一致理解，管理和控制需求的变更，实现从需求到最终产品的双向跟踪。

需求管理流程主要包含制定需求管理计划、求得对需求的理解、求得对需求的承诺、管理需求变更、维护对需求的双向跟踪性、识别项目工作与需求之间的不一致性共六大部分。另外，与此流程相关的还有关于组织的总体方针和需求管理模板，如图2-2-3所示。

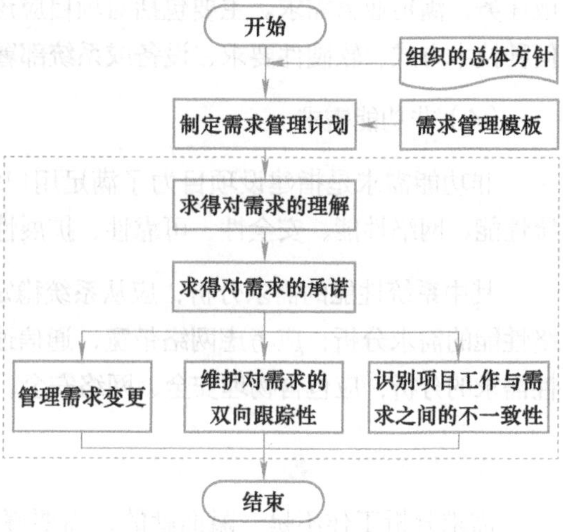

图2-2-3 需求管理流程

（1）制定需求管理计划

需求管理计划的主要内容包括确定需求管理软硬件资源、需求跟踪矩阵、需求变更请求表等，并由项目经理审批该计划。

制定需求管理计划便于需求管理人员按计划地开展需求管理工作，并保持需求管理工作的一致性。

（2）求得对需求的理解

设法让需求提供者理解需求调研与分析者所梳理的需求的含义，即“确认需求”活动。

随着项目的成熟和各项需求的派生，所有活动都要接受相应的需求。

为了避免需求漫无边际地外延或“遗漏”，要建立一些准则，以便指明接受需求的适当的渠道或正式来源。接受需求的活动应该与需求提供者的需求分析活动一起进行，以确保对需求的含义达成共识。分析和对话的结果是达成一致的需求集合。

（3）求得对需求的承诺

该项内容的实现需要从各个项目参加者处求得对需求的承诺。虽然某个实践在之前已经与需求提供者达成共识，但在实施时还是需要再次与项目各参与人员达成需求的一致和建立承诺。在整个项目推进中，特别是在“需求开发”的各项活动进程中，需求可能会演变。随着需求的演变，要求在所有项目相关方之间对已批准的现行需求重新建立承诺，并且对项目计划、活动和工作产品中的后续变更做出承诺。

（4）管理需求变更

管理需求变更可以实现各项需求在项目推进期间发生演变的同时，对需求的变更进行管理。

在项目推进期间，需求会由于各种各样的原因而发生变更。随着原来的需求发生变化和工作的推进，将会产生一些附加的需求，因此必然要对现行的需求做出相应的变更。有效地管理这些需求和需求变更相当重要。管理需求变更时有必要了解每个需求的来源，并且做出变更理由的文件。项目经理可能希望跟踪相应的需求变化度量数据，以便判断是否需要采取新的控制措施或对已有的控制做出调整。

（5）维护对需求的双向跟踪性

维护对需求的双向跟踪性，其目的在于维护对每个系统的双向跟踪性。如果需求管理得好，就可以建立起从来源需求到它的较低层次需求的跟踪性，以及从较低层次的需求到它们的来源需求的跟踪性。这种双向跟踪性有助于确定是否所有来源需求都完全得到处理，是否所有的低层次需求都可以跟踪到有效的来源。需求的跟踪性还可以覆盖与其他实体的关系，例如与产品、设计文档的变更、测试计划、验证、确认以及工作任务等的关系。跟踪性应该覆盖横向和纵向的关系。在评估需求变更对项目计划、活动以及工作产品的影响时，尤其需要注意跟踪性。

（6）识别项目工作与需求之间的不一致性

虽然通过识别项目工作与需求之间的不一致性，可能会产生一些新的项目计划、活动和工作产品（如需求分析说明书、设计方案等），但是这些工作产品属于“项目策划”过程的产品，而不是“需求管理”过程的产品。因此本项内容旨在发现需求与项目计划和工作产品之间的不一致性，并且启动纠正措施。

5. 需求分析说明书编制

在项目需求分析过程的后期，设计人员必须完整地记录调研与分析过程中的需求信息，并形成相关的需求分析文档。需求分析文档有助于将需求信息用书面形式记录下来，并进行充分交流，也有利于今后说明在需求与系统性能之间的某种对应关系。

需求分析说明书作为物联网工程项目设计和实施的重要依据，其内容应完整、准确、清晰等。由于不同的物联网工程项目彼此之间存在较大的差异，各自的网络应用目标也不尽相同，需求分析文档的内容也有所不同。但总体来说，需求分析说明书一般应包含引言、项目概述、功能需求、非功能需求、需求确认书等几个部分。

（1）引言

引言部分主要阐述文档的编写目的、背景、定义、参考资料等。其中“编写目的”部分主要说明编写该需求分析说明书的目的及最终读者；“背景”部分主要表述内容为目前客户的业务现状、待解决问题、原有系统的使用或业务缺陷、最终使用客户、任务提出者等信息；“定义”部分主要描述文档中所用到的专业术语或特定含义词组的定义；“参考资料”主要描述编写此需求分析说明书所参考的相关资料。

（2）项目概述

项目概述主要阐述项目的名称、现状、目标、建设任务、用户特点、用户业务分布范围、假设条件和约束等。

（3）功能需求

功能需求部分的描述一般应包含功能子系统名称、各子系统功能、各子系统所采用的技术方式、软硬件需求、设备及系统部署、各子系统的对接情况等内容。

（4）非功能需求

非功能需求部分的内容主要包含系统性能需求、网络性能需求、数据质量需求、安全需求、管理需求、运维需求、可扩展性需求等。

（5）需求确认书

需求确认书主要是用来使甲、乙双方就需求分析书的上述内容达成一致并签字确认的，其内容及格式示例见表2-2-2。

表2-2-2　需求确认书

甲、乙双方通过对《XX项目需求分析说明书》的认真审核，达成如下一致意见： 双方同意按照本需求分析说明书所描述的范围、规格等进行系统建设。 甲方在后续的实施过程中如果需要对现有需求进行变更，需填写《项目需求变更表》或《项目新增需求说明书》，并提交乙方审核确认。如果双方经协商达成一致，则按双方确认的部分进行项目实施，否则仍以原有需求为项目实施依据。 本需求分析说明书一式两份，甲方、乙方各一份。
甲方盖章、签名： 负责人： 年　月　日
乙方盖章、签名： 负责人： 年　月　日

备注：若此需求分析说明书的验证和审核，邀请了第三方监督管理单位参与，若有必要，可适当增加本表格的内容，将第三方加入进来进行签字、盖章。

任务实施

任务实施前必须先准备好以下设备和资源。

序　号	设备/资源名称	数　量	是否准备到位（√）
1	计算机	1台	
2	Office软件	1套	
3	仓储物资管理系统建设需求调研表、其他项目前期资料	1套	

1. 熟悉调研资料

收集仓储物资管理系统建设项目的相关资料，包括仓储物资管理系统建设需求调研资料，以及其他项目前期相关资料，并进行熟悉。

2. 问题识别

通过对仓储物资管理系统建设项目的前期资料进行仔细研读，明晰项目具体要建设哪些内容，以及建设的各系统需要达到的标准和项目总体目标要求等。

3. 分析与整合

汇总和梳理客户对仓储物资管理系统建设的相关需求，从经济可行性、技术可行性、法律可行性等方面对其进行分析，得出客户的各项需求是否合理。对不合理的需求需要进行剔除，考虑项目的各分项目标和总体目标，针对遗漏的需求进行增加。同时综合考虑、比较和选择不同的方案，最终形成最优的项目整体解决方案。

4. 编制需求分析说明书

针对前述得出的需求分析结果，结合项目前期仓储物资管理系统建设需求调研的相关资料，编制完成《仓储物资管理系统建设项目需求分析说明书》。该需求分析说明书的写法可参考图2-2-4和图2-2-5中的内容进行撰写，也可根据项目实际情况进行内容的适当调整。

版本号:

仓储物资管理系统建设项目
需求分析说明书

用户机构名称
编制机构名称

年 月 日

编制人:	生效日期:
审核人:	批准人:

图2-2-4 需求分析说明书封面

目 录

图2-2-5 需求分析说明书目录

5. 需求验证与评审

针对已经编制完成好的《仓储物资管理系统建设项目需求分析说明书》，各组可交叉阅览并进行需求的验证与评审。

任务小结

物联网工程项目的需求分析是后续工程设计与实施的依据，在为项目设计提供指导的同时，也提出了项目设计的约束条件。通过需求分析，可全面、清晰地了解项目的业务要求、用户情况、功能要求、非功能要求等，并对其在需求分析书中进行详细的描述，为后期形成一套完整的项目解决方案提供坚实的基础。

本任务的相关知识点、技能点小结如图2-2-6所示。

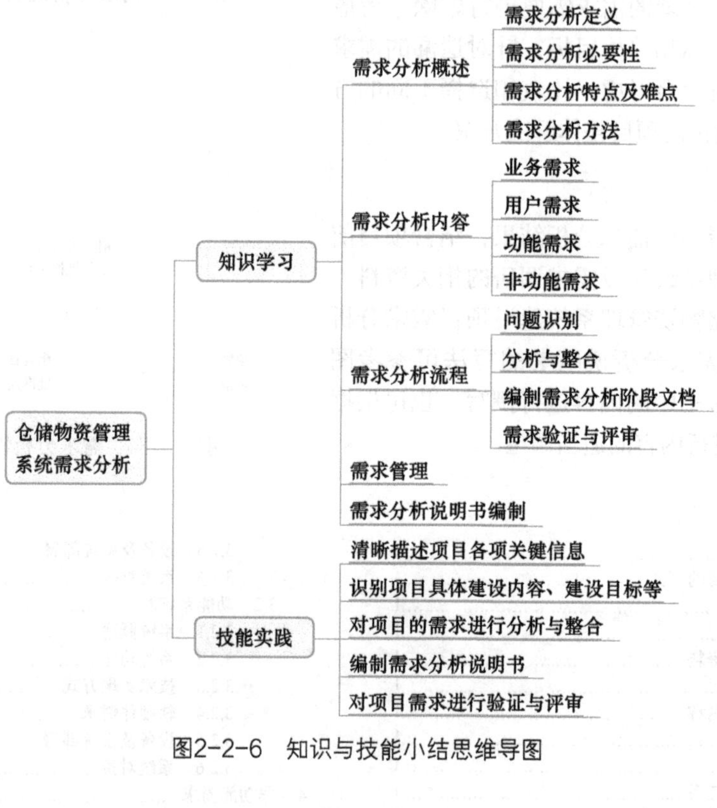

图2-2-6　知识与技能小结思维导图

任务拓展

通过小组间相互对对方已经编制好的《仓储物资管理系统建设项目需求分析说明书》进行验证与评审，得出相应的评审意见，并通过查阅相关资料，自拟内容提纲，撰写完成对应的《需求评审报告》。

任务3 仓储环境监控系统现场勘察

职业能力目标

- 能根据工程勘察相关标准规范和项目基本情况，明确勘察任务、制定勘察计划、完成勘察准备工作
- 能根据勘察计划，采用合适的勘察工具，完成现场勘察并做好勘察记录
- 能根据勘察记录等资料，完成勘察报告的编制

任务描述与要求

任务描述：

某公司拟对其现有的仓储环境监控系统进行改造，并邀请LA先生根据其需求，设计一套完善的改造方案。

LA先生在接到该项目后，分析在开始项目的具体设计之前，需先对仓储环境监控系统的现有情况进行实地勘察，并对勘察的结果资料进行整理与分析，最终形成相应的工程勘察报告，以为后期的仓储环境监控系统的改造设计提供支撑。

任务要求：

- 明确勘察任务，制定勘察计划，编制《勘察记录表》
- 完成仓储环境监控系统现场勘察的准备工作
- 完成仓储环境监控系统现场勘察，并及时填写《勘察记录表》、绘制草图和拍照等
- 根据勘察结果资料，编制完善符合要求的《仓储环境监控系统现场勘察报告》

知识储备

1. 工程勘察概述

物联网工程勘察是指为工程建设的规划、设计、施工、运营等，对地形、地质、水文、建筑结构、通信设备等要素进行测绘、勘探、测试及综合评定，并提供可行性评价和建设所需要的勘察成果资料，以及进行项目工程勘察、设计、处理、监测的活动。

在对物联网工程项目的设备及系统进行设计与部署时，如果不清楚项目现场实地的情况，很难明确设备部署的数量及其安装方式。只有在对覆盖地点进行勘察和指标计算后，才能知晓物联网相关设备与系统的实际部署与安装要求。此外，通过现场的实地勘察和相关测算，

在为工程设计提供相关参数支撑的同时，也为工程的安装提供了一定的指导。

如上所述，物联网工程的勘察在整个物联网工程项目的建设过程中起着非常重要的作用，它是项目能够高满意度落地的前提条件，其价值主要体现在以下几个方面：

1）实现建设项目建成后能最大化契合用户的业务需求。

2）提高设备配比效率，保障需求方的回报。

3）以最优化的理念指导部署，降低项目建成后的后期维护投入。

4）勘察的成果资料是设计的原始输入、依据和归档的必备资料。

扫码看视频

2. 工程勘察基本流程

根据物联网工程的建设流程，其相应的勘察阶段一般分为可行性研究勘察阶段、初步勘察阶段、详细勘察阶段三个阶段。特殊情况下，某些项目可能还会有施工勘察阶段，需说明的是该阶段不作为一个固定的阶段，而是视工程的实际需要而定。

顾名思义，可行性研究勘察阶段所做的勘察工作是为项目可行性研究服务的；初步勘察阶段所做的勘察工作是为项目初步设计服务的；详细勘察阶段所做的勘察工作是为项目施工图设计服务的。而对于一些复杂的情况，需要针对性地对某个问题进行勘察时，则称为施工勘察。

无论是可行性研究勘察、初步勘察、详细勘察，还是施工勘察，都需要遵循相应的工程勘察流程。物联网工程勘察的基本流程如图2-3-1所示。

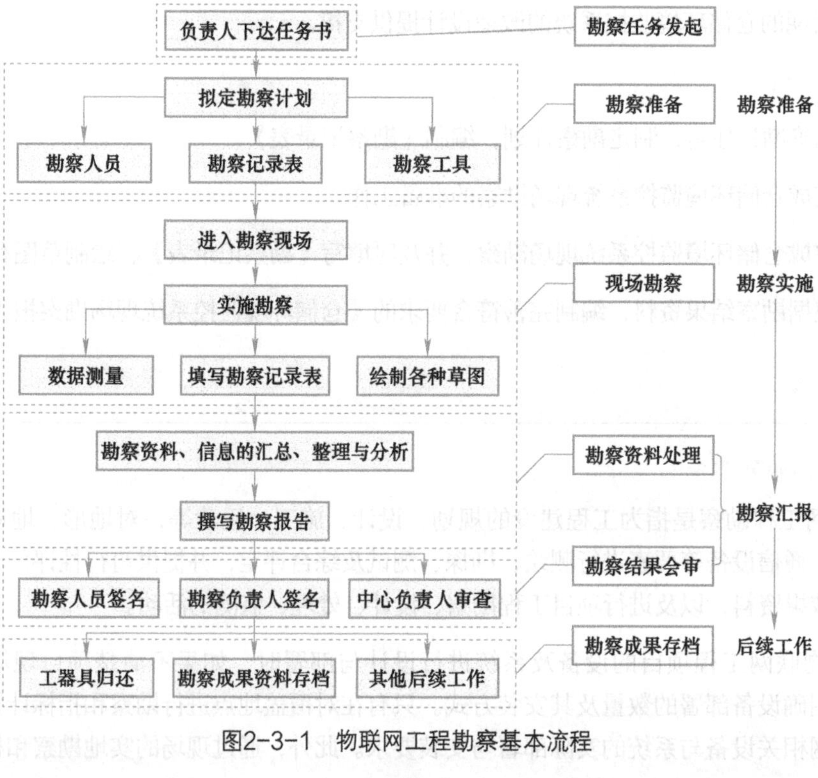

图2-3-1　物联网工程勘察基本流程

工程勘察的流程一般分为勘察准备、勘察实施、勘察汇报、后续工作四个部分，每个部分的具体工作内容如下所述。

（1）勘察准备

在接收到勘察任务后，应首先明确勘察任务，再结合项目实际情况，制定勘察计划；根据拟勘察的内容，收集相关资料，并准备所需的勘察工具，以及其他配套的工作内容等。

1）明确勘察任务。

明确勘察任务除了要弄清楚项目具体要勘察哪些内容外，还需明晰项目的建设单位、项目名称、工程建设范围及规模、与其他专业的分工界面、项目所采用的主要技术、工期要求、勘察进度要求等，为下一步制定勘察计划做准备。

2）制定勘察计划。

在分析完项目的基本情况和明确了项目勘察任务后，就是制定项目的勘察计划。勘察计划的内容需要包含勘察人员的组织、勘察进度安排、拟勘察的具体内容等。

勘察人员的组织包括对勘察总负责人、勘察专业负责人、勘察小组组长、勘察小组其他人员的落实确定，以及客户方需要有哪些人员参与配合现场勘察等都需要提前计划落实好。

勘察进度安排主要是确定项目的总进度以及各分项进度。

针对拟勘察具体内容的确定，可以采用制定“勘察记录表”的形式进行体现。该勘察记录表拟出了项目具体需要勘察哪些内容，尽量以判断、选择、填空的形式进行编制，如有必要，可适当增加问答题之类的。将该勘察记录表随身携带，并在现场实地勘察时及时填写完善。以避免现场勘察时遗漏了某些内容，导致多次反复勘察，从而提高勘察工作效率。表2-3-1提供了《勘察记录表》样例模板，使用者可根据项目的实际情况对该表进行有针对性的、创新性的添加或修改。

3）收集相关资料。

在进行现场实地勘察前，需要熟悉项目相关资料及一些技术资料等，例如前期工程资料、本期工程要求、设备资料、环境资料、相关规划文件、其他辅助资料等。若本次项目不属于新建项目，其前期工程资料可能有项目可行性研究报告、建设方案、技术规范书、技术应答书、技术建议书、上期工程设计资料等。

4）准备勘察工具。

由于物联网工程项目涉及的领域较多，不同项目的勘察所采用的勘察工具也不尽相同，一些常用的物联网工程勘察工具如图2-3-2所示。

表2-3-1 《勘察记录表》样例模板

<table>
<tr><th colspan="6">一、基础信息</th></tr>
<tr><td>项目名称</td><td></td><td>建设单位</td><td></td><td>勘察单位</td><td></td></tr>
<tr><td>单位负责人</td><td></td><td>职务</td><td></td><td>联系电话</td><td></td></tr>
<tr><td>单位现场负责</td><td></td><td>职务</td><td></td><td>联系电话</td><td></td></tr>
<tr><td>参与勘察人员</td><td colspan="3"></td><td>勘察日期</td><td></td></tr>
</table>

<table>
<tr><th colspan="2">二、物理信息</th></tr>
<tr><td>勘察位置</td><td></td></tr>
<tr><td>机房情况</td><td>1. 机房类型：□数据中心机房 □电信机房 □控制机房 □屏蔽机房
2. 机房名称：＿＿＿＿＿＿＿＿＿＿＿＿＿＿＿＿。
3. 机房位置：＿＿＿＿区、＿＿＿＿栋、＿＿＿＿层。
4. 机房的长＿＿米，宽＿＿米，净高＿＿米，面积＿＿平方米。
5. 机房上梁位置情况：＿＿＿＿＿＿＿＿＿＿＿＿＿＿＿＿。
6. 机房内柱子位置情况：＿＿＿＿＿＿＿＿＿＿＿＿＿＿＿＿。
7. 机房承重：＿＿＿＿kN/m²，是否满足标准要求：□是 □否</td></tr>
</table>

<table>
<tr><th colspan="2">三、基础设施设备情况</th></tr>
<tr><td>机房内设备及线缆情况</td><td>1．机柜信息
<table><tr><td>机柜名称</td><td>数量</td><td>尺寸</td><td>占用情况</td></tr><tr><td></td><td></td><td></td><td></td></tr></table>2．设备信息
<table><tr><td>设备名称</td><td>规格参数</td><td>数量</td><td>位置</td><td>端口占用情况（如有）</td></tr><tr><td></td><td></td><td></td><td></td><td></td></tr></table>3．线缆信息
<table><tr><td>线缆名称</td><td>规格参数</td><td>数量</td><td>长度</td><td>使用情况</td></tr><tr><td></td><td></td><td></td><td></td><td></td></tr></table>4. 机房采用的走线方式：□上走线 □下走线</td></tr>
<tr><td>综合通道</td><td>1. 室内桥架规格为＿＿＿＿＿＿＿＿＿＿＿。
2. 室外管网采用＿＿＿＿＿＿管，规格大小为＿＿＿＿＿＿。</td></tr>
</table>

<table>
<tr><th colspan="5">四、网络现状</th></tr>
<tr><td>网络设备</td><td>规格参数</td><td>存放地点</td><td>所属网络类型</td><td>可用情况</td></tr>
<tr><td></td><td></td><td></td><td></td><td></td></tr>
</table>

<table>
<tr><th colspan="7">五、现有应用系统</th></tr>
<tr><td rowspan="2">系统名称</td><td rowspan="2">采用的技术方式</td><td colspan="4">主要设备情况</td><td rowspan="2">与其他系统对接情况</td></tr>
<tr><td>设备名称</td><td>规格参数</td><td>部署位置</td><td>可用情况</td></tr>
<tr><td></td><td></td><td></td><td></td><td></td><td></td><td></td></tr>
</table>

<table>
<tr><th colspan="2">六、其他综合问题</th></tr>
<tr><td>是否有影响物联网工程施工的其他因素</td><td></td></tr>
<tr><td>是否有与其他施工单位交叉作业，各自界面是否确定</td><td></td></tr>
<tr><td>用户方有无其他特殊要求详细说明</td><td></td></tr>
<tr><td colspan="2">其他说明：</td></tr>
</table>

备注：在勘察准备阶段，只需在本表格中拟定所需勘察的条目即可，其中具体的内容需要等到进入现场实地勘察后，再填写完善。

图2-3-2　常见的物联网工程勘察工具

① 激光测距仪。

激光测距仪是利 用调制激光的某个参数实现对目标的距离测量的仪器，其测量范围一般为3.5~5000m。当发射的激光束功率足够时，测程可达40km左右甚至更远。激光测距仪可昼夜作业，如果测量空间中有对激光吸收率较高的物质时，其测距的距离和精度会下降。

常用的激光测距仪有手持式激光测距仪、望远镜式激光测距仪两种，具体情况见表2-3-2。

表2-3-2　激光测距仪分类

类　别	测量范围	适用场景	备　注
手持式激光测距仪	测量距离一般在200m内，精度在2mm左右	多用于室内，精度要求较高的场合	除了能测量距离外，一般还能计算测量物体的体积
望远镜式激光测距	测量距离比较远，一般测量范围在3.5~2000m，也有最大量程为10km左右的测距望远镜	主要用于户外中、长距离的测量	由于测距望远镜的准直性要求，3.5m以下为盲区，大于2000m以上的激光望远镜一般采用YAG激光

特别说明：激光测距仪所采用的是连续输出激光，视觉上为红色光谱范围，是强度很高的光源辐射器件。所以激光对人体，特别是人眼有严重的不可逆的伤害，使用时需特别小心，建议使用者注意激光防护。

国际上对激光有统一的分类和安全警示标志，激光器分为四类（Class1~Class4），一类激光器对人是安全的，二类激光器对人有较轻的伤害，三类以上的激光器对人有严重伤害，使用时需特别注意，避免对人眼直射。

② GPS。

GPS即全球定位系统（Global Positioning System），是一种以人造地球卫星为基础的高精度无线电导航的定位系统，它在全球任何地方以及近地空间都能够提供准确的地理位置、车行速度及精确的时间信息。在物联网工程勘察中，使用GPS主要的作用是进行无线基站的定位和线路的测距等。

③ 钳流表。

钳流表即钳形电流表，是由电流互感器和电流表组合而成。电流互感器的铁芯在捏紧扳手时可以张开，被测电流所通过的导线可以不必切断就可穿过铁芯张开的缺口，当放开扳手后铁芯闭合。相比于普通电流表在测量电流时需要将电路切断停机后才能将电流表接入进行测量而言，钳形电流表可以在不切断电路的情况下就可以进行电流的测量，这样做要方便得多。

在物联网工程的勘察中，使用钳流表主要的作用是测量机房内主要线缆的电流。在使用钳流表时，需要注意以下事项：

a）进行电流测量时，被测载体的位置应放在钳口中央，以免产生误差。

b）测量前应估计被测电流的大小，选择合适的量程，在不知道电流大小时，应选择最大量程，再根据指针位置适当减小量程，但不能在测量时转换量程。

c）为了使读数准确，应保持钳口干净无损，如有污垢时，应用汽油擦洗干净再进行测量。

d）在测量5A以下的电流时，为了测量准确，应该绕圈测量。

e）钳形表不能测量裸导线电流，以防触电和短路。

f）测量完后一定要将量程分档旋钮放到最大量程位置上。

④ 指北针。

指北针是一种用于指示方向的工具，广泛应用于各种方向判读。它与指南针的原理一样，磁针的北极指向地理的北极，利用这一性能可以辨别指示方向。指北针与指南针相比，精确度更高，且可以配合地图一起使用来确定路线，可以精确找出需要选择的方向，因此，在户外或者野外，指北针使用得更多。

在物联网工程项目的勘察中，指北针主要用来测量方位和转角。比如在对线路的测量时，选取一段直行的杆路方向为基准方向，测出指北针与杆路的夹角并标识在相应的杆路图边；在对机房进行勘察时，可以以机房的一边为基准方向，也可以以设备的摆放方向为基准方向进行测量。

⑤ 勘察纸和笔。

勘察纸和笔主要是用来记录勘察时的相关数据和信息，以及在绘制草图时，也需要使用到勘察纸和笔。

⑥ 皮尺、卷尺。

皮尺和卷尺都是用来测物体长度的。比如在机房的勘察中，可使用皮尺或卷尺来测量机房的长、宽、高等，以确定机房能不能摆放下本期建设需要增加的设备以及布线的长度等。若到现场后发现没有带皮尺或卷尺，也可以通过数地砖的方法估计机房的长、宽。因为一般地砖的规格是300mm×300mm、500mm×500mm、600mm×600mm、800mm×800mm等。当然数地砖这种方法只是临时救急的方法，且只能用于对设备布放要求不是很高的线路专业勘察机房时使用。

⑦ 照相机。

照相机主要是用来对勘察现场拍照的，特别是针对那些难以通过用绘制草图来展现的复制部分，可以使用拍照的方式来展现。随着科技的发展，现阶段很多手机拍照也非常清晰，对于有些勘察对图片清晰度要求不是特别高的场景，也可以采用手机代替照相机。

⑧ 量地绳。

量地绳顾名思义就是用于测量大地的绳子，一般有50m和100m两种型号，且绳子上面有刻度。在使用量地绳进行勘察测量时，一般的做法是一人在前面将绳子的一端拖放至目标位置，另一人在后面负责数据的读取并上报记录。这种测量方式常用于直埋光缆的勘察测量。值得说明的是：在没有测距仪的时候，采用皮尺、量地绳等进行勘察测量是测距的主要方式，不过现在几乎已经被淘汰了。

5）其他配套工作内容。

其他配套工作内容主要包括申请现场勘察的差旅经费、准备差旅日常行李等。针对较远的现场勘察，需要申请交通、食宿费用，以及招待费、勘察必需的材料或资料购置费等；准备差旅日常行李包括日常生活用品、常用药品、急救品、防晒用品等。

（2）勘察实施

在勘察实施阶段，需要联系好客户方对接人员，并带齐所需的勘察资料及勘察工具等进入现场实地勘察。在勘察的过程中，除了要对相关的信息进行收集、数据的测量外，还需要及时记录相关数据信息，填写勘察记录表，并针对不便于记录的信息可以采用绘制草图和拍照的方式对现场情况进行收集展现。

（3）勘察汇报

勘察汇报阶段的工作主要包括勘察资料的处理和勘察结果的会审两个部分。

勘察资料的处理是指对勘察的结果资料（勘察记录表、现场绘制的草图、其他数据信息资料等）进行汇总、整理与分析，最终形成勘察报告。

勘察结果的会审是指对所形成的勘察报告提交相关负责人及领导审核并签字，如有必要还需制作勘察汇报演示文稿（如PPT文档）进行演讲汇报。

（4）后续工作

后续工作是指完成了勘察实施并通过审核后对后续事宜的处理。比如勘察工具的归还、勘察成果资料存档、差旅报账、总结经验等。

3. 工程勘察相关标准

在整个工程勘察所涉及的各个阶段中，都有相应的标准规范做指导和约束。例如，在工程勘察项目的招投标阶段，相应的标准规范有《中华人民共和国标准勘察招标文件》《工程勘察资质标准》；在工程勘察的实施阶段，有《工程勘察通用规范》；在工程勘察的成果验收阶段，有《工程勘察设计收费标准》等。其中《工程勘察资质标准》将工程勘察资质分为：工程勘察综合资质、工程勘察专业资质、工程勘察劳务资质共三个类别。

（1）工程勘察综合资质

工程勘察综合资质是指包括全部工程勘察专业资质的工程勘察资质。需要说明的是工程勘察综合资质只设甲级。

（2）工程勘察专业资质

工程勘察专业资质包括：岩土工程专业资质、水文地质勘察专业资质和工程测量专业资质。其中，岩土工程专业资质包括岩土工程勘察、岩土工程设计、岩土工程物探测试检测监测等岩土工程（分项）专业资质。

需要说明的是岩土工程、岩土工程设计、岩土工程物探测试检测监测专业资质设甲、乙两个级别；岩土工程勘察、水文地质勘察、工程测量专业资质设甲、乙、丙三个级别。

（3）工程勘察劳务资质

工程勘察劳务资质包括工程钻探和凿井。需要说明的是工程勘察劳务资质不分等级。

4. 工程勘察行业发展趋势

我国工程勘察设计行业起步于建国初期，发展至今已有70余年。随着国民经济的快速增长、房屋建筑类固定资产投资规模的增加以及相关法律、法规、政策等的不断完善，勘察设计行业取得了长足的发展。近年来，我国工程勘察设计发展良好，企业数量、从业人数整体上升，盈利状况较为可观。

根据《2019年全国工程勘察设计统计公报》数据显示，2019年全国共有23 739个工程勘察设计企业参加了统计，与2018年相比增加了2.4%。其中，工程勘察企业2325个，占企业总数9.8%；工程设计企业有21 327个，占企业总数89.8%。

通过来自住建部——前瞻产业研究院的相关数据显示：

1）在从业人员方面，2010～2019年，我国工程勘察设计行业从业人数逐年增长。2019年具有勘察设计资质的企业年末从业人员有463.1万人，如图2-3-3所示。其中，勘察人员为15.8万人，与2018年相比增加了8.0%；设计人员有102.5万人，与2018年相比增加了10.7%。

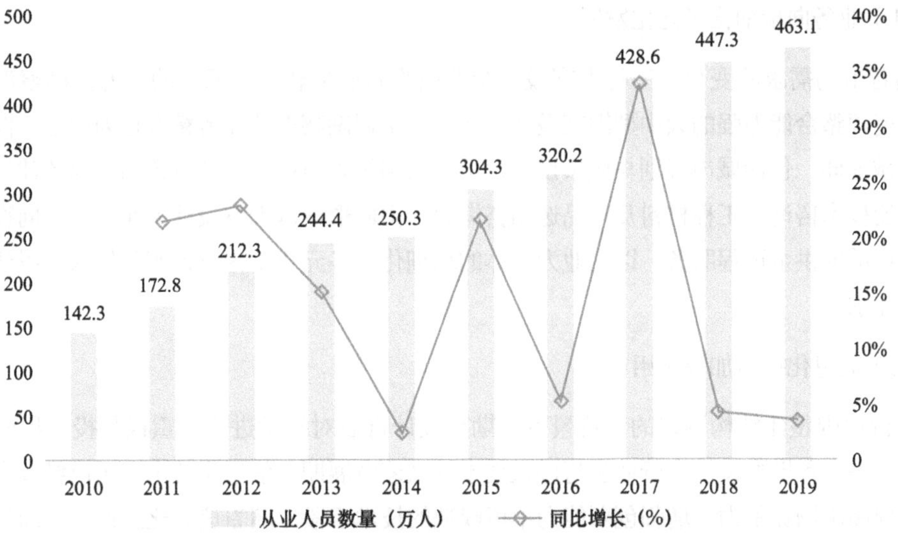

图2-3-3　2010～2019年工程勘察设计行业从业人员数量及同比增长

2）在盈利状况方面，自2012年以来，我国工程勘察设计行业营业收入及利润总额均波动上升，盈利状况较为良好。2019年全国具有勘察设计资质的企业营业收入总计64 200.9亿元，如图2-3-4所示。其中，工程勘察收入986.9亿元；工程设计收入5094.9亿元；工程总承包收入33 638.6亿元；其他工程咨询业务收入796.0亿元。具有勘察设计资质的企业2019年营业利润2803.0亿元，利润总额2721.6亿元，净利润2285.2亿元。

图2-3-4　2012～2019年工程勘察设计行业营业收入及利润总额变化情况

在国家宏观经济保持中高速增长、城镇化进程快速推进、区域经济规划稳步实施、智能建筑、智慧城市等大力发展与信息技术应用等因素的带动下，城市建筑、道路交通及其他智能化建设需求将继续处于较高水平，我国物联网工程勘察设计行业在未来将有望保持良好的发展趋势。

（1）业务向精细化多元化发展

随着市场需求的变化，工程勘察设计企业面临着业务转型与调整的压力。勘察设计资源丰富、资源整合能力强的大中型勘察设计企业将以工程勘察设计业务精专化为中心，向工程咨询等领域延伸，包括城市规划与城市设计、项目前期策划与咨询、造价咨询、绿色建筑技术咨询、节能技术咨询、工程材料及产品选用咨询等。由此形成以勘察设计为龙头，面向物联网工程全产业链提供全过程服务，以企业为主体的精细化、多元化工程咨询服务体系，以适应客户多样化需求。

（2）信息化技术加快应用

在行业内整体结构调整的大背景下，勘察设计行业对技术进步的重视与投入程度将越来越高。未来工程勘察设计全行业也将进入技术的高速发展期。信息化技术应用已经成为勘察设计企业提高市场竞争力、增强创新能力不可或缺的技术手段，随着信息化工作的不断推进，信息化技术在深度和广度上都有了很大的提升。

（3）行业整合将进一步加剧

随着国家城市化进程的不断推进，我国智慧城市的建设水平也得到了较大提升。大型的物联网工程项目也在逐步增多，项目复杂程度和对品质的要求越来越高，对物联网工程项目的设计在创意和技术上也提出了更高的要求，将考验工程勘察设计企业的整体竞争能力。因此，大型的勘察设计企业通过并购、增设异地分支机构等，进一步向集团化、综合性、全程化、全产业链方向发展，扩大业务规模和市场份额；运用资本市场手段进行跨区域、跨行业、跨国界的市场扩张将成为常态，部分实力雄厚的勘察设计企业积极拓展工程总承包业务。而中小勘察设计企业将聚焦核心业务，向特色化、精专化方向发展，或将成为兼并重组的对象。随着行业市场一体化程度不断加深，工程勘察设计行业集中度也将不断提升。

任务实施

任务实施前必须先准备好以下设备和资源。

序　号	设备/资源名称	数　量	是否准备到位（√）
1	计算机	1台	
2	Office软件	1套	
3	勘察工具，如卷尺、钳流表、照相机、勘察纸和笔	1套	
4	仓储环境监控系统改造设计合同、上期设计和施工资料等	1套	

1. 明确勘察任务

通过熟悉仓储环境监控系统改造设计项目合同或委托书，以及与客户进行沟通，明确项目勘察的具体任务，包括本次项目具体要勘察哪些内容、总体工期要求、分项勘察进度要求等，都要进行明确。

2. 制定勘察计划

通过分析仓储环境监控系统改造设计项目的基本情况，结合勘察任务要求，制定勘察计划，包括对勘察人员、勘察进度、拟勘察的具体内容等进行计划安排。同时参考本书表2-3-1的《勘察记录表》样例模板，制定本次项目的勘察记录表。

3. 勘察准备

仔细分析本次项目勘察的具体内容及要求，收集并熟悉相关资料：项目所涉及的标准规范、相关的规划文件、可行性研究资料、技术资料、上期工程的设计资料、设备和产品资料等，并准备好现场勘察所需用到的勘察工具，同时提前与客户方联系，约好可以去现场勘察的时间和具体地点等。

4. 现场勘察

根据事先与客户约好的时间，携带完备的相关资料和勘察工具，按时到达约定地点，进入现场进行实地勘察。在现场勘察的过程中，可以结合项目上期的设计和施工资料以辅助勘察，并及时记录相关的测量数据和收集到的信息，同时还需及时填写事先准备好的勘察记录表。针对某些不便于直接记录的、较为复杂或特殊的现场情况，需要采用拍照和绘制草图的方式来收集相关的数据信息。

5. 勘察结果分析与整理

针对现有的仓储环境监控系统进行现场勘察的结果资料，需要对其进行汇总、分析与整理，最终形成《仓储环境监控系统现场勘察报告》，并提交相关方审核。

《仓储环境监控系统现场勘察报告》的内容可参考图2-3-5的目录大纲进行编写，也可根据实际需要进行适当的调整。

《勘察报告》目录大纲

1 前言……1
1.1 工程概况……1
1.2 勘察目的及任务……1
1.3 勘察依据……1
1.4 勘察方案……1
1.5 勘察工具……1
2 勘察实施……1
2.1 物理信息情况……1
2.2 基础设施设备情况……1
2.3 网络现状情况……1
2.4 现有应用系统情况……1
2.5 其他综合问题……2
3 结论与建议……2
附图表：……2
1．平面草图……2
2．现场照片……2
3．现场填写完善的勘察记录表……2

图2-3-5 勘察报告主要内容

任务小结

物联网工程勘察是获得和掌握项目现场第一手数据信息资料的必备工作。通过执行勘察准备、勘察实施、勘察汇报、后续工作等一系列流程后，形成一套完善的勘察成果资料，为项目后期的设计和施工提供强有力的支撑。

本任务的相关知识点与技能点小结如图2-3-6所示。

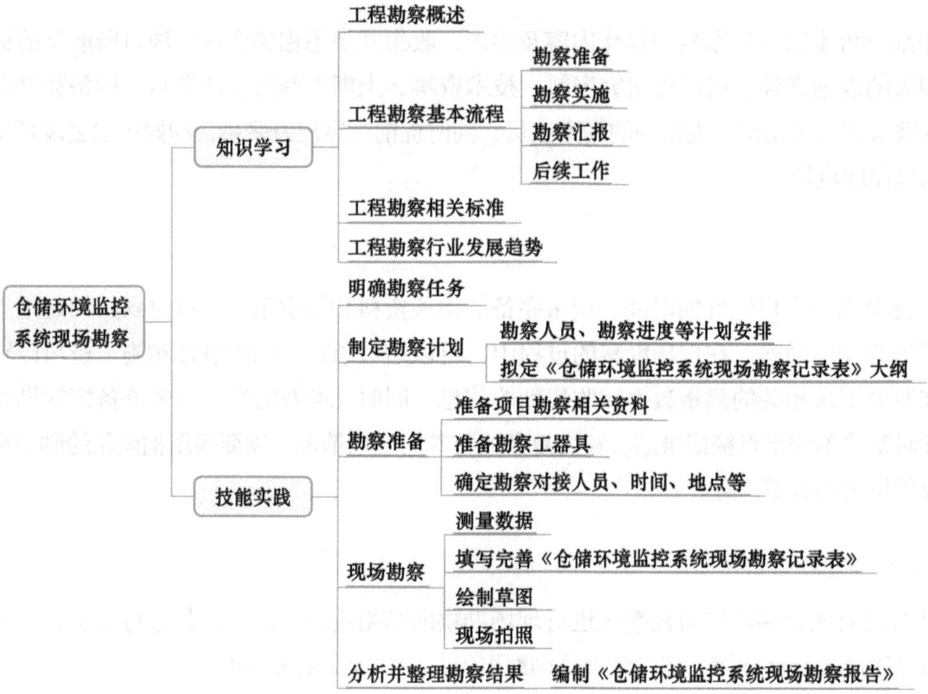

图2-3-6　知识与技能小结思维导图

任务拓展

现阶段，物联网工程已经广泛存在于人们的工作与生活中，请自选一个身边的已建设好并投入运行的物联网工程，比如智慧校园、智慧小区、智慧园区、智能交通等，分析对其进行现场勘察需要提前完成哪些工作，以及与本任务所述的仓储环境监控系统现场勘察有哪些细节上的区别，并一一列出。

Project 3

项目 3

智慧社区——小区安防系统方案设计

引导案例

随着科技的高速发展和生活水平的不断提高，人们对社区和居住条件提出了更高的要求。智慧社区作为智慧城市的重要组成部分，可实现对社区居民“吃、住、行、游、购、娱、健”生活七大要素的数字化、网络化、智能化、互动化和协同化，为居民提供了更加安全、便利、舒适、愉悦的生活环境。而小区作为社区的基本组成单元，其智慧化建设已显得尤为重要。

智慧小区是物联网、移动互联网、云计算及高速数据网络技术的综合应用。其重点是实现任何时间、任何地点、以任何主体向任何对象传播任何信息的应用系统。针对智慧小区的建设，安防系统是必不可少的内容。智慧小区安防系统的建设内容主要有：出入口门禁系统、智能访客系统、视频监控系统、入侵报警系统、电子巡更系统、燃气泄漏报警系统等，如图3-0-1所示。

为了实现智慧小区的安全防范功能，需对小区所需建设的安防系统进行总体规划、设计、实施等。本项目将从智慧小区安防系统的总体方案设计、详细方案设计、施工图图纸绘制、施工图设计会审与设计交底等几个方面展示物联网工程项目的设计流程，以及如何有效地完成物联网工程项目的具体设计，并输出设计交底资料，为后续项目的施工提供依据。

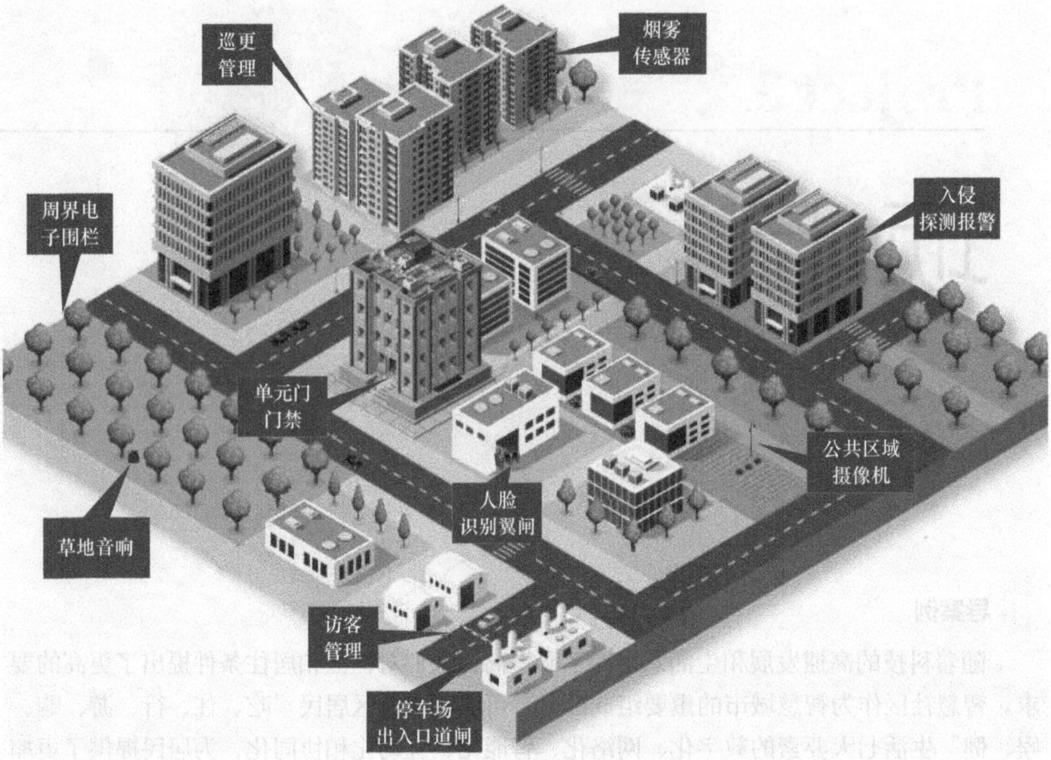

图3-0-1 智慧小区安防系统示意图

任务1 小区安防系统总体方案设计

职业能力目标

- 能根据项目建设需求及规划要求，确定项目总体设计思路及设计原则
- 能根据项目建设内容，设计和绘制系统总体架构图、总体网络架构图等
- 能根据项目需求，完成建设项目总体设计方案的编制

任务描述与要求

任务描述：

L公司的LB先生接手了一个智慧社区——小区安防系统方案设计的项目，且前期已完成了该项目的需求调研与分析、勘察等工作，现需对该项目的建设内容进行总体规划与设计，并输出小区安防系统建设总体设计方案，为后续项目的详细设计指引方向并奠定基础。

任务要求：

- 根据项目规划及建设需求，确定项目总体设计思路及设计原则
- 通过分析项目前期相关资料，结合本次项目设计思路及设计原则，采用Visio软件完成
- 小区安防系统建设总体架构图和总体网络架构图的设计和绘制
- 编制完成《小区安防系统建设项目总体设计方案》

扫码看视频

知识储备

1. 总体设计概述

（1）总体设计的定义

总体设计主要是指基于工程项目系统分析的基础上，根据可行性论证和用户需求对整个系统的划分、软硬件的配置、数据的存储规模以及整个系统实现规划等方面进行合理安排，从而实现对工程项目的整体设计，以确定工程项目建设的整体框架结构。

（2）总体设计的目的

经过需求分析阶段的工作，已经清楚了项目或系统必须“做什么”，接下来则是需要确定项目该“怎么做”。而总体设计的基本目的就是回答“项目或系统应该如何实现？”这个问题。因此，总体设计又称为概要设计。随着设计层次向下进行，系统性能参数将得到进一步细化与确认，并随时可以根据需要加以调整，从而保证了设计结果的正确性，缩短了设计周期。设计规模越大，先对项目进行总体设计、再进行详细设计这种方法的优势越明显。

（3）总体设计的任务

在对项目或系统进行总体设计时，其任务主要有以下几点：

1）划分子系统。

物联网工程项目的系统一般可按照功能或逻辑划分为若干个子系统。在划分子系统时，需要遵循如下原则：

① 对项目的系统进行划分，应分解为规模较小、功能较为简单的子系统。

② 子系统内部数据和功能高凝聚，子系统与子系统之间数据和功能相对独立，信息依赖性弱。

③ 充分考虑企业组织结构和管理工作的需要。

④ 有利于总的系统的分阶段实现。

在进行子系统的划分时，目前实际工程行业有多种方法，其中，最常见的方法有如下三种：

① 选择已实施的物联网系统，按照其子系统的划分或同类项目的划分，并结合拟建项目

的建设内容来确定子系统。

② 参照建设单位现行组织机构和其业务活动来划分子系统。

③ 根据用户需求分析中得到的信息以及功能来划分子系统。

2）确定子系统之间的关系。

物联网工程项目的各子系统既相互独立，又相互关联。为了避免信息孤岛，实现数据的互通与共享，集约共建、节约投资，系统间联动等，各系统之间需要有关联。因此，为了实现上述目标，总体设计阶段还需确定各子系统之间的关系。

3）软硬件配置。

通过项目前期的需求调研与分析、勘察等工作，结合项目定位、投资预算等，确定项目所采用的软、硬件配置应在哪个档次，大体上应具备哪些功能、性能等。

4）数据存储规模。

物联网工程项目中有些重要的数据信息需要进行存储，在总体设计阶段需要明确哪些数据应进行存储、存储的时间是多长（一周、半个月、一个月等），进而明确大致的存储需求，以确定匹配的存储设备。

5）系统实现规划。

在总体设计阶段，需要根据前期用户的需求，结合本次项目拟建设的内容等，确定项目建设的总体目标，以对系统的实现效果等进行规划。

2. 总体设计内容

在对物联网工程项目进行总体设计时，设计的核心内容主要有系统总体技术架构、总体网络架构等。且在对这些内容进行设计时，应充分考虑项目政策、预算、工期、技术等约束条件，并遵循如下设计原则：

1）设计内容应符合有关国家和行业的通用标准、协议和规范，保证系统运行稳定可靠、数据安全。

2）在采用的技术方面，其设计应体现先进、实用的特点，优先采用先进技术产品和设备，确保本项目建设结束并投入运行后，能在相当一段时间内技术不落后。

3）项目设计应具有开放性、可扩展性和安全性，具备开放的结构（通信协议、数据结构开放）和标准的接口，便于与其他系统组网，实现系统的扩展、集成与资源共享。

4）能够实现最优的系统性能价格比，充分利用有限的资金实现完善的系统功能。

（1）系统总体架构

针对物联网体系架构，IEEE、ISO/IEC JTC1、ITU-T、ETSI等组织均有不同的研究成果输出，全国信息技术标准化技术委员会（SAC/TC 28）也提出了GB/T 33474—2016物联网参考体系结构。因此，在对实际物联网工程项目进行系统总体架构设计时，需要在遵循现有标准中物联网技术框架及相关物联网系统参考体系结构的基础上，充分考虑项目的自身特点进行设计。物联网工程系统总体架构示意如图3-1-1所示。

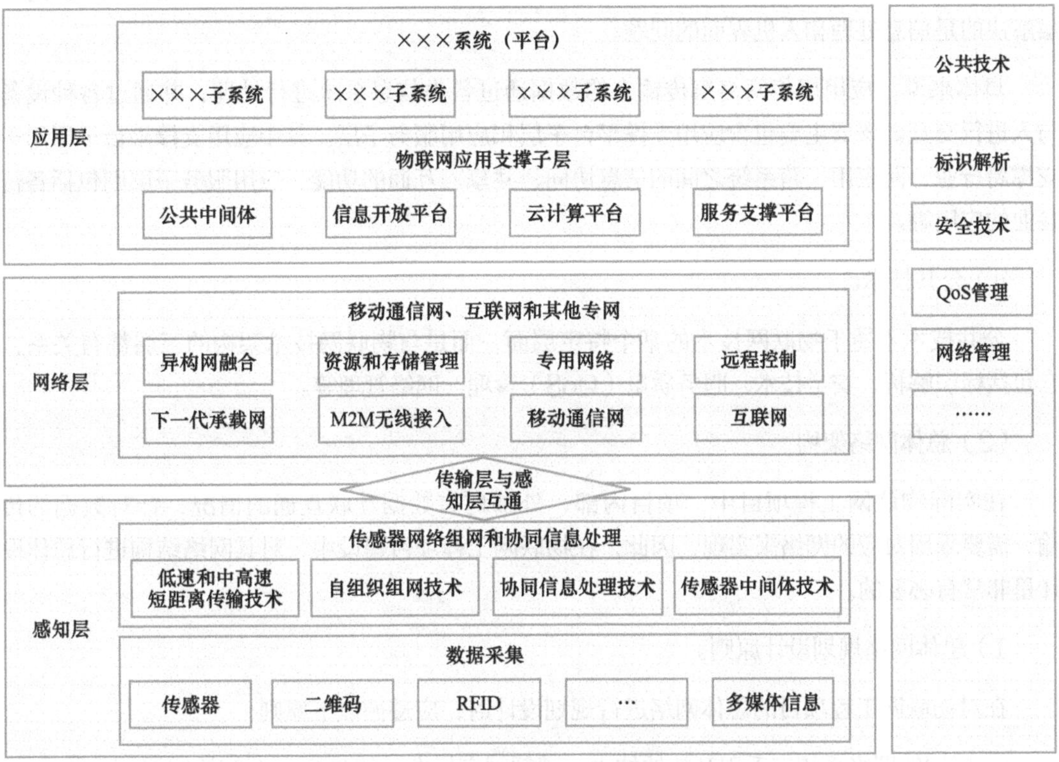

图3-1-1　物联网工程系统总体架构示意图

物联网工程系统总体架构一般包含三层：感知层、网络层、应用层，还包括一些公共技术。

1）感知层。

物联网系统的感知层主要是完成数据采集、处理和汇聚等工作，同时完成传感节点、路由节点和传感器网络网关的通信和控制管理等。

值得一提的是，在大部分物联网工程项目中，感知层主要涉及系统的前端设备，如数据采集、组网和协同信息处理设备；但也有部分物联网工程项目除了将系统的前端设备归到此层外，还将项目中的基础设施如综合布线、机房及配套设施也归到此层，并称之为“基础设施层”。

2）网络层。

物联网系统的网络层是在现有网络的基础上建立起来的，与目前主流的移动通信网、互联网、企业内部网、各类专网等网络一样，主要承担着数据传输的功能。

在物联网工程中，要求网络层能够把感知层感知到的数据无障碍、高可靠性、高安全性地进行实时并准确地传送出去。它解决的是感知层所获得的数据在一定范围内，尤其是远距离的传输问题，实现了更加广泛的互联功能。

3）应用层。

应用是物联网发展的驱动力和目的。应用层的主要功能是把感知和传输来的数据信息进行分析和处理，以做出正确的控制和决策，实现智能化乃至智慧化的管理、应用和服务。这一层解决的是信息处理和人机界面的问题。

具体来说，应用层将网络层传输来的数据通过各类信息系统进行处理，并通过各种设备与人进行交互。该层主要包含应用支撑平台子层和应用服务子层。其中应用支撑平台子层用于支撑跨行业、跨应用、跨系统之间的信息协同、共享、互通的功能；应用服务子层则包括各行各业的应用等。

4）公共技术。

公共技术不属于物联网技术的某个特定层面，而是与物联网技术架构的三层都有关系，它包括标识解析、安全技术、服务质量（QoS）管理、网络管理等。

（2）总体网络架构

在实际物联网工程项目中，项目内部、外部均有数据互联互通的情况，针对数据的传输，需要采用对应的网络来实现，因此，在物联网工程项目建设中，对其网络结构进行总体设计是非常有必要的。

1）总体网络规划设计原则。

在对物联网工程项目的总体网络进行规划设计时，应遵循以下原则：

① 规划的网络系统应采用开放的技术，遵循国家标准，部分系统还要遵循国际标准。

② 规划的网络系统应稳定可靠，保证网络系统具备高平均无故障时间和低平均故障率。

③ 规划的网络系统应考虑网络防病毒、防黑客、数据可用性等安全问题。

④ 规划的网络系统应选用合适的产品和技术，保证系统良好的兼容性和可扩展性。

⑤ 规划的网络系统应尽可能体现多样性，即所规划的物联网网络必须根据物联网节点类型的不同，划分成多种类型的网络。

⑥ 规划的网络系统应保证互联性，即物联网网络必须能够平滑地与互联网连接。

2）网络拓扑结构。

网络拓扑结构是指传输媒体互联各种设备的物理布局，即用某种方式把网络中的计算机等设备连接起来。常见的网络拓扑结构主要有：星形结构、树形结构、网状结构、环形结构、总线型结构、混合型结构。在对物联网工程项目的总体网络拓扑结构进行规划设计时，需要在确立网络的物理拓扑结构基础上进行。而物理拓扑结构的选择应充分考虑地理环境分布、传输介质与距离、网络传输可靠性等因素。

一般情况下，针对小型的物联网工程项目的网络拓扑结构，最好选择易于网络通信设备管理和维护的星形结构；而对于中、大型物联网工程项目的网络拓扑结构，则建议选择易于扩展和可靠性较高的树形或网状结构。

当然，针对物联网工程项目中的网络拓扑结构的选择不能一概而论，需要充分考虑项目自身的特点，结合项目对其网络功能和性能等方面的需求，选择合适的网络拓扑结构对物联网工程项目的总体网络架构进行规划和设计。

3）网络层级架构。

物联网工程项目的总体网络规划设计与其网络规模大小息息相关。网络规模较大的项目往往采用分层设计，通过分层设计将网络系统划分为几个较小的、独立的、互联的层，使整个网络的复杂性降低，更容易排除故障，可以隔离风暴传播问题和广播路由环的可能性，有助于分配和规划带宽，有利于信息流量的局部化，同时网络更新级别不会影响其他级别，易于管理和扩展。

目前，在实际的物联网工程项目中，所采用的网络层级架构主要有二层网络架构和三层网络架构两种，如图3-1-2所示。

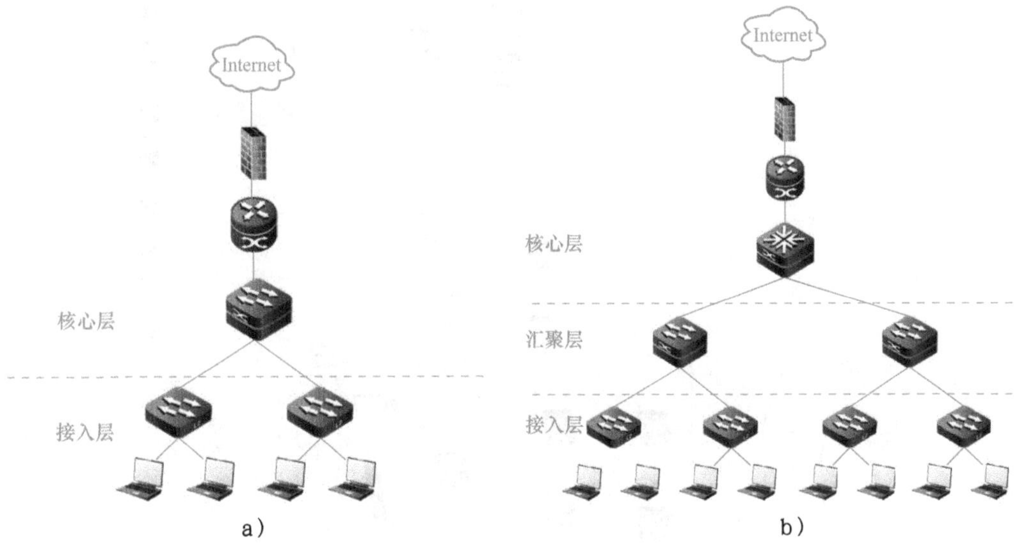

图3-1-2　网络层级架构

a）二层网络架构　b）三层网络架构

二层网络架构主要包含接入层、核心层共两层，又称为扁平化架构，一般用于小型规模的工程项目中；三层网络架构主要包含接入层、汇聚层、核心层共三层，一般用于中、大型规模的工程项目中。

在对物联网工程项目的总体网络架构进行设计时，需要根据项目规模大小、业务及管理等具体情况，合理地规划其网络拓扑结构及层级架构，以体现整个工程项目建设了哪些网络，以及各网络之间的相互关系等。某智慧小区的总体网络架构如图3-1-3所示。

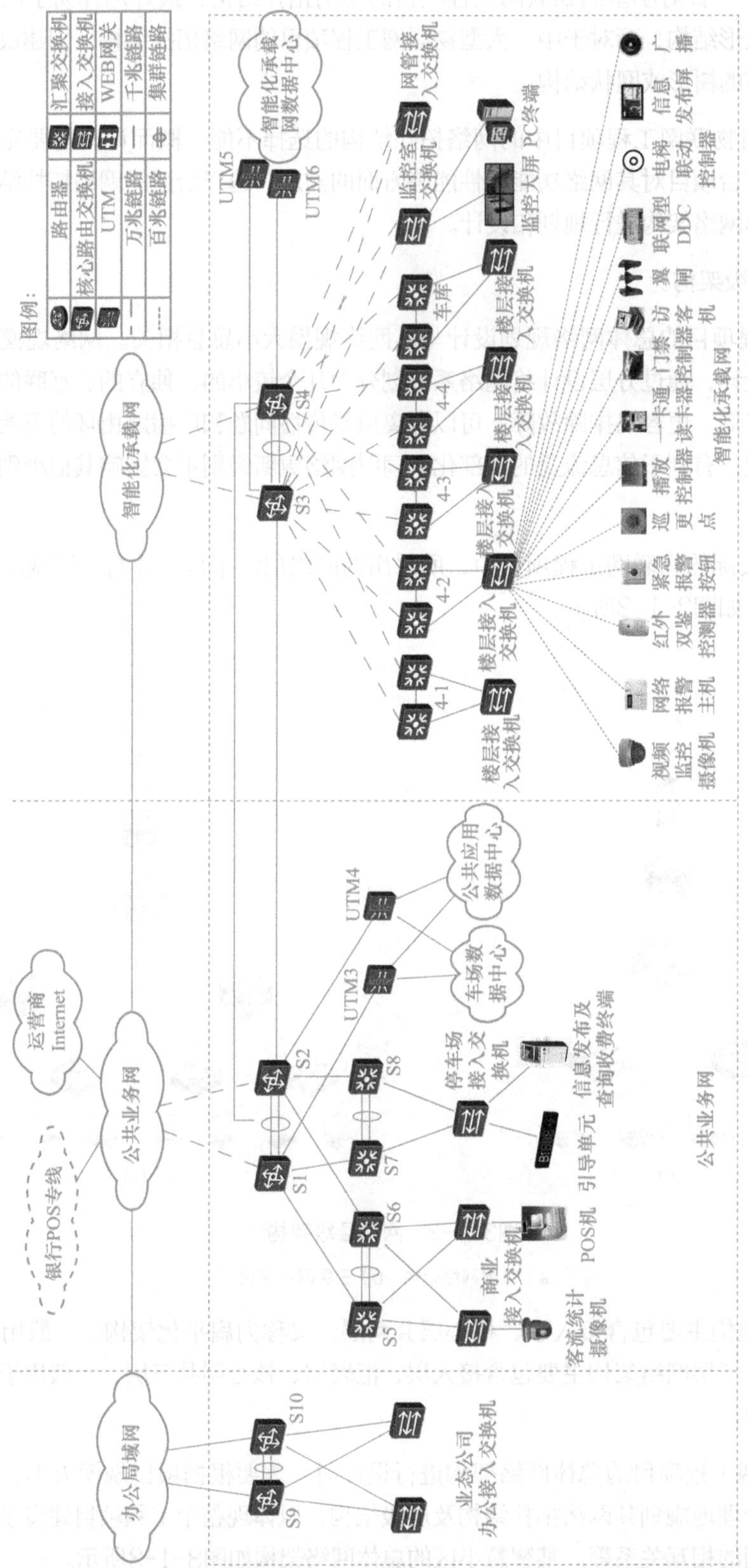

图3-1-3 某智慧小区总体网络架构图

一般情况下，系统前端设备到接入交换机部分，可采用百兆链路，使用双绞线进行连接；接入交换机到汇聚交换机部分采用千兆链路，使用单模或多模光缆进行连接；汇聚交换机到核心交换机部分采用千兆或万兆链路，使用光缆进行连接。特殊情况或布线较困难的地方，可采用无线网络。对于大中型网络考虑链路传输的可靠性时采用冗余结构，特别是网络拓扑结构的核心层和汇聚层。

针对网络中设备之间的连接链路，无论是采用双绞线还是光缆，或是其他线缆，均需考虑线缆的类型、带宽、传输距离、传输速率、价格等因素，以符合实际场合的需要。

此外，在绘制总体网络架构图时，若项目规模较大、网络结构较复杂，可先设计各区域间的网络连接结构，待详细设计阶段再完善各区域的网络拓扑图，如图3-1-4所示。

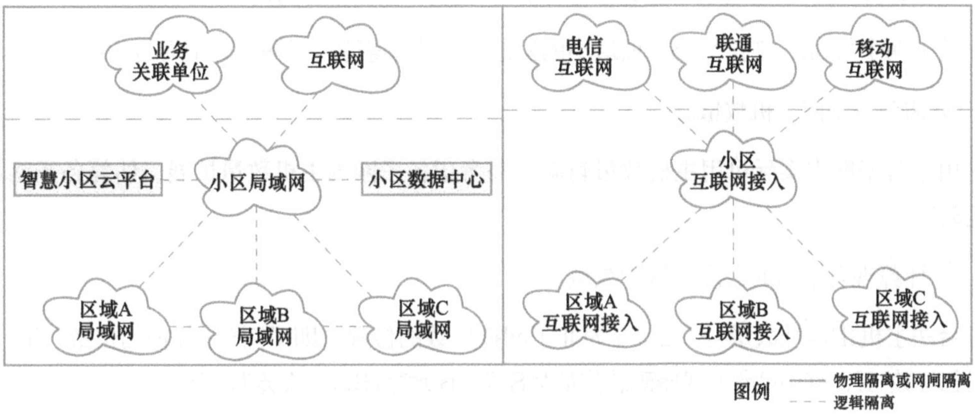

图3-1-4　某大型小区总体网络架构图

4）IP地址规划。

在对物联网工程项目的各网络IP地址进行规划时，需注意排除一些特殊的IP地址。特殊的IP地址如下：

① 受限广播（用于IP地址请求阶段）所有位全为1，255.255.255.255。

② 直接广播（子网广播）主机位全为1，如192.168.1.255/24。

③ 本地环回测试地址127.0.0.1。

④ DHCP故障分配地址169.254.x.x。

⑤ 所有组播主机224.0.0.1，所有组播路由器224.0.0.2。

⑥ 私网地址如10.0.0.0/8、172.16.0.0/12、192.168.0.0/16。

在进行物联网工程中的IP地址规划时，需遵循如下原则：

① 基本原则。

建议每个VLAN分配一个C类地址，每个VLAN不超过1000台主机，否则广播域大，后期安全问题突出。

② 可汇总原则。

规划的各段IP地址能进行路由汇总，简化路由条目。

③ 易管理原则。

看到IP地址就知道这是终端还是交换机，处于哪个区域。

在实际物联网工程项目的IPv4子网划分过程中，可按如下步骤进行：

① 确定子网个数。

根据项目网络拓扑图，结合项目实际情况，确定项目需要多少个子网（一般可按接入区域来确定子网数量），再根据子网数量确认子网掩码中为1的位数。

若子网个数为6，则$2^X \geqslant 6$，取最小的X值，所以解得待定子网掩码中为1的位数X=3。

② 估算各子网主机数量。

由于各子网中实际可用主机数量有限，需考虑各子网内主机数量扩展，估算各子网最终主机数量。

③ 计算现有子网的合法主机IP数量。

合法主机IP地址数量=2^Y-2。Y为非子网掩码数的位数，即子网掩码为0的位数，Y=子网掩码总位数-X，其中C类子网掩码总位数为8位，B类为16位，A类为24位。

若合法主机IP地址数量≥子网最终主机数量，则待定子网掩码中为1的位数X为最终子网掩码位数。计算时先按C类、B类、A类地址进行测试，当C类无法满足时再考虑B类、A类。

④ 计算各子网的子网号。

各子网之间增量值=2561- 子网掩码。各子网号分别为XXX. XXX. XXX. 0、XXX. XXX. XXX.（0+增量值）等。

⑤ 计算每个子网段的广播地址。

每个子网段中的最后一个地址就是子网段的广播地址。

⑥ 计算合法主机IP地址。

把每个网段中的IP地址，除掉子网号与广播地址之外，都是可用的合法的IP地址。

物联网工程项目子网划分需要根据项目实际情况进行，在分配主机IP地址时，应先从两端的子网分配起，充分利用IP地址。当某子网实际主机数小于子网实际可用IP地址数量时，也要把整个子网的IP地址分配给这个子网。

总而言之，在进行物联网工程项目的网络规划设计时，除了需要遵循相应的设计原则外，还需考虑其网络拓扑结构、网络层级架构、IP地址规划等，同时还需要考虑一些网络基本要素，例如网络覆盖范围、连通性、吞吐能力、网络生命周期、安全性、网络延迟、综合成本等，以规划设计出符合项目需求的网络。

3. 总体设计方法与步骤

物联网工程项目的总体设计不是一蹴而就的，需要经历多个步骤才能完成，如图3-1-5所示。

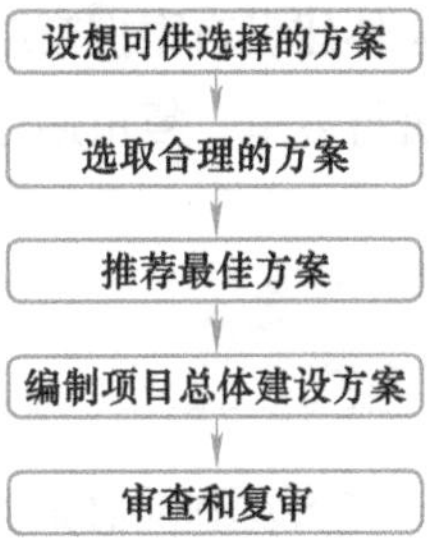

图3-1-5 物联网工程项目总体设计基本流程

物联网工程项目的总体设计需遵循如下方法与步骤：

（1）设想可供选择的方案

设计人员根据项目需求、建设内容和实现目标等，设想本次项目可采用哪些方案来进行实现。

设想可供选择的方案的一种常用方法是：根据项目现有条件和预期想要达到的效果，设想各种可能的方案，并考虑经济、技术、市场等因素，抛弃行不通的一些方案，得到可供选择的方案。

（2）选取合理的方案

从前一步得到的一系列可供选择的方案中选取若干个合理的方案，通常至少选取低成本、中等成本、高成本的三种方案。在判断哪些方案合理时应充分考虑在项目可行性研究阶段、需求分析阶段等确定的工程规模和目标，并且针对每一个合理的方案，设计人员都需准备相关资料，如：各方案的具体实现方式、优缺点对比、成本/效益分析等。

（3）推荐最佳方案

设计人员应综合分析、对比各种合理方案的利弊，给用户推荐一个最佳方案，并为推荐的方案制定详细的实现计划。

客户和有关技术专家应认真审查设计人员所推荐的最佳方案，如果该方案确实符合用户的需要，并且是在现有条件下完全能够实现的，则可采纳该方案作为后续的实施方案。需要说明的是，在有些情况下，虽然设计人员和技术专家一致认为从经济、技术、市场等各个方面考虑，所推荐的方案为最佳方案，但是客户出于某些特殊原因，比如产品实施后的展现效果不美观等，不采纳设计人员所推荐的最佳方案，转而选择其他合理的方案。这种情况下，只要客户的诉求合理，且不影响整个项目的大局，则应遵从客户的意见。

（4）编制项目总体建设方案

在通过与客户沟通确定了项目所采用的具体方案后，则是撰写项目总体建设方案。总体建设方案是在进行项目总体设计后所必须形成的成果文件，将会作为项目最终交付文件的部分内容。

物联网工程项目的总体建设方案的内容一般主要由总体设计目标、总体设计原则、总体设计思路、系统总体架构、总体网络架构、总体建设内容及规模等几个部分组成。

（5）审查和复审

针对设计人员所编制的项目总体建设方案，需对其进行审查和复审。首先是将该编制好的总体建设方案提交给设计人员的主管领导进行技术审查，审查通过后，再交由客户方相关人员进行复审，复审通过后，方可进入下一阶段的设计工作，即项目的详细设计。

任务实施

任务实施前必须先准备好以下设备和资源。

序号	设备/资源名称	数量	是否准备到位（√）
1	计算机	1台	
2	Office软件	1套	
3	Visio软件	1套	
4	小区安防系统建设需求调研及分析资料、勘察资料，项目合同或委托设计任务书等	1套	

1. 熟悉项目相关资料

在进行小区安防系统总体方案设计之前，需要先熟悉项目前期的需求调研与分析资料、勘察资料、项目的合同或委托设计任务书等，以明确项目具体需要建设哪些内容及需要达到的建设效果和目标等，进而确定总体设计的具体内容和目标等。同时，在对项目进行总体设计之前，还需熟悉项目所采用的相关技术，为项目的总体设计提供技术支撑。

2. 设想并选择最佳方案

根据项目的建设需求及现有的相关技术，设想本次项目实施的相关方案，并与项目组人员讨论沟通后，从中选取至少三种较为合理的方案，再通过与客户协商后得出最佳方案，以指导本次项目的总体设计。

3. 编制总体设计方案

在编制小区安防系统建设项目的总体设计方案时，需包含但不限于如下内容：

（1）总体设计目标

总体设计目标主要阐述本项目设计以什么为载体、利用了哪些技术、执行了哪些操作、达到了什么样的效果等。

小区安防系统建设的“总体设计目标”可描述如下：

小区安防系统建设项目以小区建筑为平台，利用物联网技术、通信与网络技术、计算机技术、自动化控制技术，通过高效的传输网络，将多元信息服务与管理、物业管理与安防、业务应用系统集成，并选择它们之间的最优化组合，为小区的服务、管理、运营提供信息技术的智能化手段，打造一个安全、高效、舒适、便利的建筑环境。

（2）总体设计思路

总体设计思路主要是从项目的业务、管理、建设、运营、风险规避及管控等方面所进行的宏观规划。

小区安防系统建设的总体设计思路可描述如下：

1）统一规划、统一标准规范、统一流程，支撑项目的规范建设与运营。
2）满足本期功能需求的同时，预留可扩展资源，以满足长期可持续和可扩展的能力。
3）集约共建、资源共享，减少重复投资。
4）面向运营和管理，整合数据及应用，支撑小区智慧化服务。
5）项目风险规避和管控，保障建设安全，推动项目高效、可控地建设。

（3）总体设计原则

总体设计原则主要描述本项目的相关设计应遵循哪些具体的原则。例如业务主导原则、统一设计原则、安全与高效原则、便捷与绿色原则、设计标准化原则、主要技术原则等。

小区安防系统建设的“总体设计原则”可描述如下：

1）业务主导原则。
本次设计应围绕小区安防系统建设的定位，以及小区业主、来访人员的日常生活和物业人员的智慧化办公的业务需求，有针对性地采用先进、成熟、适用的技术，并充分考虑应用功能的先进性和发展前景，在业务规范、系统架构、系统功能、技术等方面达到国内先进水平。
2）统一设计原则。
小区安防系统的总体设计应采用开放式架构，遵循统一的技术标准和接口规范，通过服务开放为协同服务、资源信息共享服务、智慧化管理服务等预留接口，并充分预留与其他系统的接口。可以实现与其他架构、系统、软件产品集成和互操作。同时，工程应合理利用现有资源，有效保护已有投资。
3）安全与高效原则。
采用人防、物防、技防等安全措施打造小区“立体化”的安全体系。
4）便捷与绿色原则。
应用多种传感技术提升小区大范围的信息感知能力，以宽带网络和无线网络为基础提供信息服务的高速通道，以人性化的系统设计提升用户的满意度，通过节能环保技术和设计的优化，打造小区绿色安逸的生活环境。
5）设计标准化原则。
在严格遵循国家建筑及公共安防行业、信息化行业的有关法律法规和技术规范的基础上，进行小区安防的设计。
6）主要技术原则。
在满足小区安防系统建设需求的基础上，尽量采用国际、国内现有的主流且先进的技术，保证相关应用系统之间的互联互通与联动。此外，系统还应具备良好的可扩展性、开放性和广泛的适应性。

（4）系统总体架构

针对小区安防系统建设的总体架构设计，可参考图3-1-1物联网工程系统总体架构示意图，结合本次项目的建设需求，融合相应的技术，采用Visio软件对该项目的系统总体架构图进行绘制。

小区安防系统建设项目的系统总体架构设计可参考如下所述：

小区安防系统建设项目的系统总体架构从下到上分为基础设施系统、通信网络系统、安防系统，涵盖信息的采集、传输、存储、处理、应用、反馈及自动控制等信息化全过程，并通过标准规范体系和信息安全及运行维护体系进行规范和支撑，形成端到端、可管理、可运营的完善整体系统架构。小区安防系统建设总体架构如图3-1-6所示。

图3-1-6　小区安防系统建设总体架构图

“基础设施层”是小区的基础配套设施集合，是整个项目的基本保障，包括各应用子系统的前端设备、综合布线、数据中心机房及配套设施。

“网络层”涉及项目的各类通信网络系统，主要包括互联网、移动通信网络、小区局域网。其中，互联网主要是指光纤到户FTTH，弱电设计与施工单位只考虑小区电信机房到楼栋楼层部分的光缆布线，其他部分则由运营商建设；移动通信网络的建设则全由运营商负责建设。

“应用层”主要涉及项目建设的各安防应用子系统，包含出入口门禁系统、智能访客系统、视频监控系统、入侵报警系统、电子巡更系统、燃气泄漏报警系统。

此外，为了保障项目后期的顺利运行及使用，本项目还建设了标准规范体系、安全及运维管理系统。

（5）总体网络架构

在设计小区安防系统建设项目的总体网络架构时，可参考图3-1-3某智慧小区总体网络架构图和图3-1-4某大型小区总体网络架构图，结合本次项目的建设需求，融合相应的技术，采用Visio软件对该项目的总体网络架构图进行绘制。

小区安防系统建设项目的总体网络架构设计可参考如下所述：

根据小区安防系统建设项目的总体网络规划，本次项目拟建设互联网、移动通信网络、小区局域网共三张网络。

互联网接入主要用于满足小区内业主、物业管理公司等使用宽带、有线电视、语音电话的需求。各电信运营商均在小区统一规划的电信机房内建设互联网接入设备；弱电设计与施工单位负责机房到小区各楼栋楼层弱电井的光缆布线；楼层弱电井至每户的线缆敷设及设备则由运营商建设，实现光纤到户；各业主可选择并接入选定的电信运营商，各业主内部的局域网由业主自行建设。

移动通信网络覆盖主要用于满足小区范围内移动用户的数据通信，实现小区公共区域、住宅家庭、电梯、楼梯间、停车场等位置的移动信号全覆盖，为业主提供优质的通话质量。该网络的建设由各运营商全权负责。

小区局域网主要用于小区各应用系统、管理维护系统平台等数据承载以及摄像机、门禁巡更、应急报警等安防前端及各类业务终端的接入。本项目中的小区局域网采用核心层—接入层的扁平化二级架构，并采用星形结构组网互联，运行静态路由协议。同时该局域网为整个小区提供对外接口，接入互联网满足内部管理人员访问互联网的需求以及通过互联网接入访问内部授信区域等的业务需求。

如上所述，本项目的网络设计主要是对互联网、小区局域网进行规划与设计，总体网络架构如图3-1-7所示。

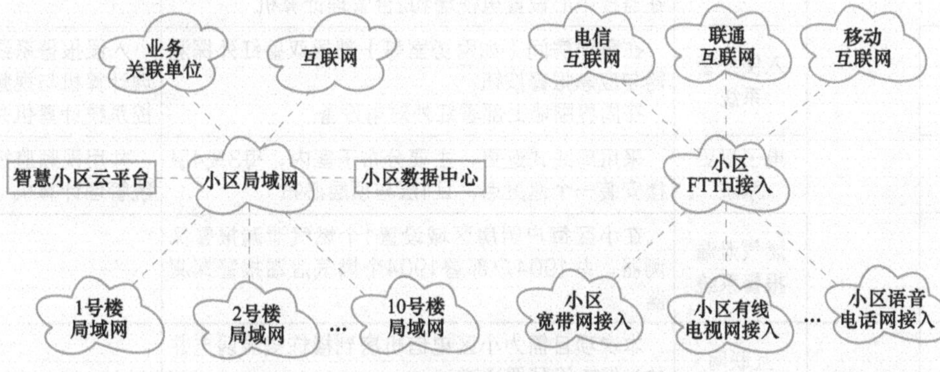

图3-1-7　小区安防系统建设总体网络架构图

（6）总体建设内容及规模

总体建设内容及规模主要是概括地说明本次项目建设了哪些类别的系统、共建设了多少个子系统，以及建设界面的划分等，并列出总体建设内容表，该表的格式可参考表3-1-1。

表3-1-1　总体建设内容表

序　　号	系统分类	系统名称	建设内容	备　　注
1				
2				
…				
n				

备注：如果项目设计中未对系统进行分类，也可删除该表中的“系统分类”列，直接写系统名称。针对该表中的“建设内容”栏的填写，需包含但不限于系统所采用的技术方式、主要设备名称及数量、前端点位布置等。

小区安防系统建设项目的总体建设内容及规模的描述可参考如下所述：

根据小区安防系统建设项目业务需求的梳理分类，本项目建设包含三大类建设内容共10个系统，包含基础设施类系统、通信网络类系统、安全防范类系统。

本方案具体建设内容见表3-1-2。

表3-1-2　小区安防系统建设内容

序号	系统分类	系统名称	建设内容	备注
1	安全防范系统	出入口门禁系统	在小区人行主出入口设置2套4通道人行翼闸； 在小区每栋单元楼门口设置门禁系统1套； 分别在室外车行出入口和地下车库出入口设置一进一出停车场管理系统，共计8套	火灾时能通过消防联动系统打开火灾区域的所有门禁
2		智能访客系统	在小区每栋单元楼门口安装1套可视对讲主机，每户安装1套室内分机，共建设8套可视对讲主机，1904套室内分机	
3		视频监控系统	采用纯数字的网络架构，前端摄像机分辨率不低于1080P，布点原则为在小区主出入口、十字路口、丁字路口、周界围墙、室内车库、电梯内、消防楼梯等公共区域布置摄像头；后端采用IPSAN进行统一存储，存储时间不低于30天，并在监控中心设置电视墙和2台管理计算机	能与入侵报警系统中的周界防范系统联动
4		入侵报警系统	在重要房间（如财务室等）部署双鉴红外探测器与应急报警按钮； 在周界围墙上部署红外对射设备	入侵报警系统管理计算机与视频监控系统计算机共用
5		电子巡更系统	采用离线式巡更，主要分布于室内，每3或4层楼安装一个巡更点，且1层与顶层必布	共用视频监控系统管理计算机
6		燃气泄漏报警系统	在小区每户厨房区域设置1个燃气泄漏报警探测器，共1904户部署1904个燃气泄漏报警探测器	
7	通信网络	互联网	本次项目需为小区电信机房到楼栋楼层弱电井的光缆布设预留通道	
8		小区局域网	在数据中心机房新建1台核心交换机，并在小区每栋单元楼设置1台接入交换机	
9	基础设施	综合布线	负责前端数据信息点位的布设与线缆布放，室内楼层水平桥架、车库桥架、室外管网	
10		机房配套	负责28m^2的数据中心机房和34.8m^2的消防安防控制室的装修、消防、照明、空调、电源、防雷及接地系统建设	

针对上述小区安防系统建设的总体设计目标、总体设计思路、总体设计原则、系统总体架构、总体网络架构、总体建设内容及规模的描述，不同的项目，其相关内容的描述不尽相同，即使是同一个项目，其描述也可能略有差异，但是其表述的框架、思路和整体方向基本类似。

此外，在有些项目的总体设计方案中，还会对项目的总体业务架构、管理架构等进行分析与规划设计，但这些内容不是必须内容，可根据项目实际情况及需求判别其是否需要对这部分内容进行规划与设计，然后才是在总体设计方案中进行合理的设计与描述。

4. 总体设计方案审查和复审

针对已经编制好的《小区安防系统建设项目总体设计方案》，各组可交叉阅览进行审查，然后交予各组事先选好的项目负责人进行复审。针对审核过程中的相关意见，应做好记录并形成相应的文档，反馈给设计人员。

任务小结

物联网工程项目的总体设计需根据项目需求，结合相关技术进行综合考虑。该阶段的输出成果为“总体设计方案”，是设计交底资料的重要组成部分，并为项目后续的详细设计提供指导和依据。

本任务的相关知识点与技能点小结如图3-1-8所示。

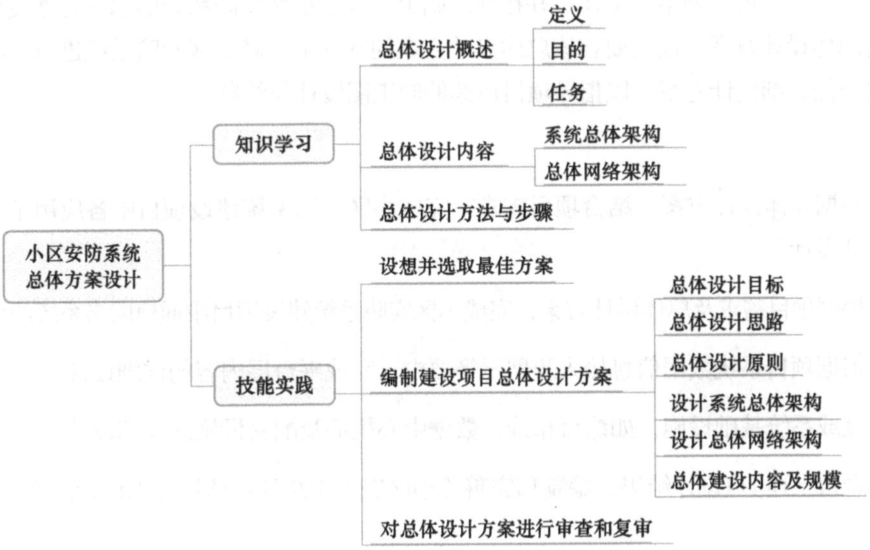

图3-1-8　知识与技能小结思维导图

任务拓展

在实际物联网工程项目中，有些项目的总体设计还需要对其管理架构和业务架构进行分析，请查阅相关资料，结合小区安防系统的前述总体设计方案，采用Visio软件绘制小区安防系统建设项目的整体管理架构图和业务管理架构图。

任务2 小区安防系统详细方案设计

职业能力目标

- 能根据项目总体设计方案，结合项目建设需求，对项目拟建设的各子系统进行详细设计
- 能根据所建设的各子系统具体情况，完成其配套基础设施的详细设计
- 能根据设计结果，完成详细设计方案的编制

任务描述与要求

任务描述：

LB先生负责了一个智慧社区——小区安防系统方案设计的项目，且前期已经完成了该项目的需求调研与分析、勘察等工作，并在此基础上完成了小区安防系统的总体方案设计，输出了相应的总体设计方案。现需要在该总体设计方案的基础上，对小区安防系统进行详细设计，并输出对应的详细设计方案，以指导项目后续的施工图设计与绘制。

任务要求：

- 根据总体设计方案，结合项目需求，完成小区安防系统建设项目中各应用子系统的详细设计
- 根据项目需求及总体设计方案，完成小区安防系统建设项目中通信网络系统的详细设计
- 根据项目系统数据信息接入及展示等要求，完成平台层内容的详细设计
- 完成系统基础设施，如综合布线、数据中心机房及配套设施的详细设计
- 融合上述4点设计结果，编制和完善《小区安防系统建设项目详细设计方案》

知识储备

1. 详细设计概述

（1）基本概念

详细设计又称为过程设计，是在总体设计阶段已经确定了系统的整体框架结构后，对所建设的各子系统进行功能、架构、网络拓扑、部署等的设计与描述。

扫码看视频

具体来讲，详细设计就是在总体设计的基础之上考虑项目或系统“怎样实现”的问题，即将总体方案详细化，直到项目或系统中的每个子系统或模块给出足够详细的过程性描述。

（2）基本流程

在对物联网工程项目进行详细设计时，首先是分析项目建设需求，收集并熟悉项目相关的技术资料及标准规范，再结合项目前期资料，对项目的建设内容进行详细设计，形成详细设计方案文档，并对该详细设计方案进行审查与复审。

物联网工程系统详细设计的基本流程如图3-2-1所示。

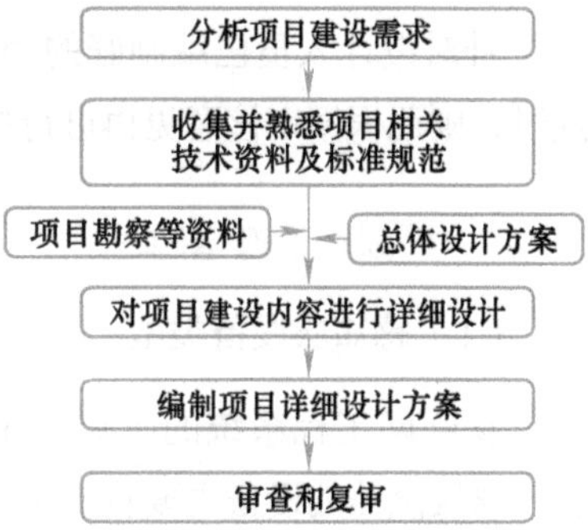

图3-2-1　物联网工程系统
详细设计基本流程

1）分析项目建设需求。

在对物联网工程项目进行详细设计之前，需要先熟悉项目的前期资料，如项目合同或委托设计任务书、可行性研究报告（若有）、项目基本情况介绍资料和前期图纸等，以明晰项目的建设需求，为后续收集相关技术资料和标准规范指引方向，为项目的详细设计提供指导。

2）收集并熟悉项目相关技术资料及标准规范。

物联网工程项目一般是通过采用物联网、云计算、大数据等技术将相关的软硬件系统进行集成，以达到预期的功能，实现各种服务。因此，在进行物联网工程项目的详细设计之前，需要先了解上述相关技术，同时还需要收集和熟悉项目所建设内容的系统整体解决方案和设计、施工、验收的标准规范。

针对项目所建设内容的系统整体解决方案的收集和熟悉，设计人员可与设备或系统厂商进行沟通，或者通过其他方式自行查阅相关资料，以熟悉各子系统的具体功能、系统架构、设备类型及相关参数、设备的配置及相关计算、设备部署及安装方式等。

针对项目建设内容所涉及的相关设计、施工、验收标准规范，设计人员需要事先进行收集并熟悉，以为其详细设计提供指导和依据，使得后期项目实施完成后能顺利通过验收并投入运行。

3）对项目建设内容进行详细设计。

根据项目建设需求，通过熟悉项目所涉及的相关技术及标准规范，结合项目前期勘察资料和总体设计方案，对项目建设内容进行详细设计。具体包括对项目建设各子系统的系统功能、系统架构、设备部署及安装方式、与其他系统的对接等进行详细设计。

4）编制项目详细设计方案。

根据详细设计方案的编制要求，对前述设计内容进行整理与汇总后，形成项目详细设计方案，作为设计交底资料的部分内容。

5）审查和复审。

针对设计人员已编制好的项目详细设计方案，需对其进行审查与复审。若审查或复审不通过，则还根据审核意见再进行修改，直到审查通过为止。

2. 感知层设备基础

（1）感知层设备类型

物联网工程系统的感知层主要承担着数据信息的采集、短距离传输及简单的处理等功能，该层涵盖的设备主要有传感器、执行器、物联网网关等。

（2）感知层设备安装方式

在物联网工程实施过程中，针对感知层设备的现场安装，根据其设备的外形及现场实际情况，安装方式有多种。常见的设备安装方式有壁挂式安装、吸顶式安装、嵌入式安装、落地式安装、悬挂式安装、吊装、立杆式安装等，如图3-2-2所示。

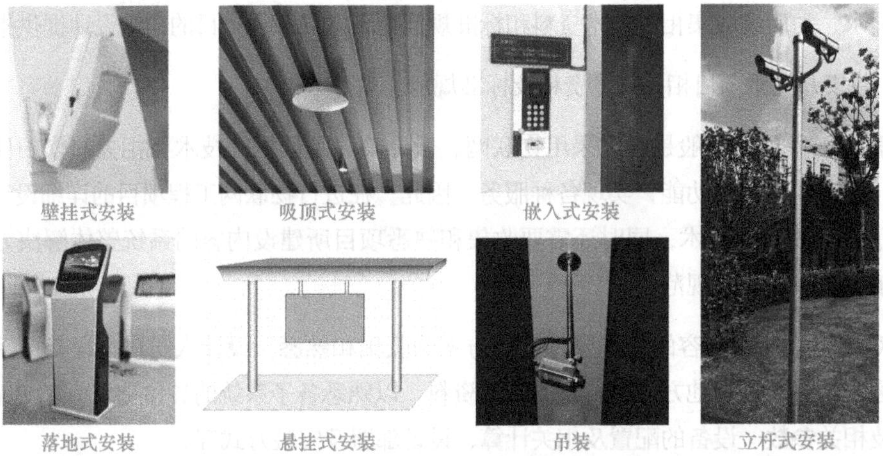

图3-2-2　感知层设备安装方式

（3）感知层设备选型原则

在实际物联网工程项目中，针对其感知层的设备选型，需遵循如下原则：

1）设备功能符合项目建设需要。

为了达到项目的建设目标，需要建设各子系统以实现相关的功能，而每个子系统的功能实现又得益于其软、硬件设备和系统，因此，在选择系统设备时，首先需重点考虑的就是所选择的设备的基本功能是否符合项目建设需要，进而确定设备的具体类型。

2）设备性能参数满足项目设计需求。

在确定了设备的具体类型后，就是对这些设备的性能参数如设备的测量范围、灵敏度、精度、接口、可靠性、稳定性等进行分析，看其是否符合设计需求。

3）经济合理性。

在保证满足系统功能和性能要求的前提下，尽可能选购价格符合预算要求的设备。

4）标准性和开放性。

由于一个物联网工程项目往往由多个系统组成，使得其所采用的设备或软件也可能来自多个厂商，因此，在进行系统设备的选型时，尽量保证所选择的设备能够支持业界通用的开放标准和协议，以便能够和其他厂商的设备有效地互通。

（4）感知层设备应用设计内容

在对实际物联网工程项目进行设计时，设计人员无需考虑设备自身的设计，只需要考虑设备组网、安装的设计，以及设备在工程中的应用方式等。因此，针对物联网工程系统感知层设备的设计，其主要设计内容如下：

1）确定设备类型。

通过需求调研与分析，梳理系统功能，确定系统设备类型。

2）确定设备数据通信方式。

包括数据的短距离传输和长距离传输。其中，短距离传输是指感知层中的传感器网络组网和协同信息处理，涉及的短距离传输技术主要有ZigBee、蓝牙、WiFi、红外、RF433/315、Z-wave等无线传输方式和RS485、RS232、RS422、USB、CAN等有线传输方式；长距离传输主要涉及移动通信网（如3G、4G、5G）、互联网（如以太网络）和其他专网（如NB-IoT、LoRa、SigFox等）。

3）确定设备部署位置及安装要求。

根据前期的需求调研与分析、现场环境勘察情况，明晰系统前端点位布置原则，进而确定系统前端设备部署位置及具体的安装要求。

4）确定设备主要技术指标。

根据项目建设目标，综合考虑设备安装位置、现场环境、客户要求等因素确定设备主要技术指标。

5）确定设备的供电要求。

根据项目建设需求，确定设备是否需要UPS后备电源保障等。

6）确定设备选型。

根据上一步确定的系统设备主要技术指标，向厂商发起设备咨询。咨询内容包括设备参数、价格、组网模式、安装环境要求、工作原理等。需要说明的是，如果不是单一来源采购，在设计阶段，所确定的设备相关参数必须是市面上至少三家厂商能满足，以保证设计不具有倾向性。

7）确定设备数量。

根据设备安装现场实际情况，结合设备性能参数，确定设备所需数量。

8）确定设备清单。

根据项目设计方案和设计图纸，梳理设备清单。设备清单内容需包含主设备、配套设备、安装配件和辅材的名称、技术参数、数量、单位、价格等。

3. 数据通信网络设计

在项目的总体设计阶段，已经确定了整个项目需建设哪些网络，以及这些网络之间的相互关系，接下来在详细设计阶段，则是对所需建设的各个网络分别进行详细设计。网络详细设计的内容一般应包含如下几点：

（1）网络组织设计

网络组织设计包括对网络的系统架构、中继链路、局点设置、网络拓扑等进行设计。

网络系统架构的设计主要是确定该网络采用二层还是三层网络架构，以及各层在本次项目中所提供的核心功能。

网络中继链路的设计主要是计算和确定各层设备连接所用的带宽需求。

网络局点设置主要是确定各层网络设备应部署的具体物理位置。

网络拓扑结构的设计主要是绘制带有实体设备的网络拓扑图，如某智慧园区的公众WLAN网络拓扑图如图3-2-3所示。

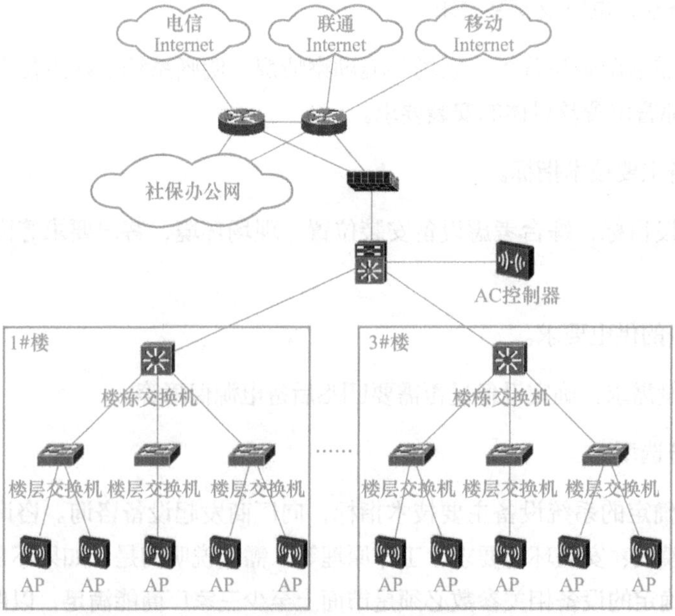

图3-2-3 某智慧园区的公众WLAN网络拓扑图

（2）路由设计

网络传输数据时路由的选择是基于路由协议的。路由协议主要运行于路由器上，是用来确定到达路径的，工作在网络层。

一般情况下，按照使用进行划分，路由协议分为静态路由协议和动态路由协议两种，各自的优缺点见表3-2-1。

表3-2-1 静态路由协议与动态路由协议对比

对比项	优点	缺点	备注
静态路由协议	配置简单、不需要占用CPU资源、负载均衡、路由备份	需要手动配置和维护，工作量大，且不会自动适应拓扑变化	需要管理员手动配置、维护路由表
动态路由协议	可以自动适应网络状态的变化，且可以自动维护路由信息而不需要网络管理员的参与	需要占用路由器资源（如占用CPU时间、内存、链路带宽等），且验证和排除故障较难	能够自动地建立路由表，且能够根据实际情况的变化适时地进行调整

此外，路由协议还按范围划分为：IGP（内部网关协议）、EGP（外部网关协议），其中IGP包含RIP、IGRP、EIGRP、OSPF、IS-IS等，而EGP主要是BGP，具体见表3-2-2。

表3-2-2 路由协议按范围划分表

大类划分	协议名称	适用场合
IGP（内部网关协议）	RIP（Routing Information Protocol，路由信息协议）	适用于小型同类网络的一个自治系统内的路由信息的传递
	IGRP（Interior Gateway Routing Protocol，内部网关路由协议）	已被EIGRP取代，现在几乎不用了
	EIGRP（Enhanced Interior Gateway Routing Protocol，增强型内部网关路由协议）	适用于中大型网络
	OSPF（Open Shortest Path First，开放式最短路径优先）	属于链路状态路由协议，适用于中大型网络
	IS-IS（Intermediate System to Intermediate System，中间系统到中间系统）	属于链路状态路由协议，标准IS-IS不适合用于IP网络，集成化IS-IS协议是ISP骨干网上最常用的IGP
EGP（外部网关协议）	BGP（Border Gateway Protocol，边界网关协议）	多用于不同ISP之间交换路由信息，以及大型企业、政府等具有较大规模的私有网络

在实际物联网工程项目的网络设计中，如果所设计的网络规模不是很大，一般采用静态路由协议。

（3）VLAN设计

VLAN即虚拟局域网，是一组逻辑上的设备和用户，这些设备和用户并不受物理位置的限制，可以根据功能、部门及应用等因素将它们组织起来，相互之间的通信就好像它们在同一个网段中一样。

在物联网工程项目中，很多时候都需要进行VLAN划分和设计，比如一个智慧园区的项目，该园区中有多个单位或公司，各单位内部需要进行相互通信，单位与单位之间又需要有所隔离，而整个园区的网络又是统一规划建设的，因此这个时候进行VLAN划分就显得尤为重要。一般情况下，VLAN划分可按如下原则进行：

1）根据不同的业务进行划分。

2）根据用户所处网络的物理结构（比如楼层、楼栋等）进行划分。

3）根据不同的部门或单位进行划分。

（4）IP地址规划

在网络的设计中，需要对用户VLAN和网络中的各设备分配IP地址。IP地址规划原则如下：

1）IP地址的规划与划分应该考虑到网络的后续规模和业务上的发展，能够满足未来发展的需要，既要满足本次工程对IP地址的需求，也要充分考虑未来业务发展，预留相应的地址段。

2）IP地址的分配需要有足够的灵活性，能够满足各种用户接入需要。地址分配是由业务驱动，按照业务所涉及的用户和设备数量分配各地址段。

3）IP地址的分配必须采用VLSM技术，保证IP地址的利用效率。

（5）QoS设计

QoS即服务质量，指一个网络能够利用各种基础技术，为指定的网络通信提供更好的服务能力，是网络的一种安全机制，是用来解决网络延迟和阻塞等问题的一种技术。QoS设计原则如下：

1）保持网络轻载。

2）建立DiffServ sensitive（差分服务模型）的流量分析和容量规划系统以尽量获得准确的每个类别的业务带宽需求。

3）合理给予不同的业务类型不同的资源预留倍数。

4）避免Dos/Worm（拒绝服务/病毒）冲击。

（6）网络安全

在对物联网工程项目的网络安全进行设计时，首先需要根据建设需求，结合网络安全等级保护基本要求GB/T 22239—2019，对项目的网络安全进行定级。在与客户沟通确定好了项目的网络安全等级后，根据各等级的安全保护要求，设计合理的安全保护措施，以保障项目网络及数据信息的安全。

在GB/T 22239—2019中，等级保护对象根据其在国家安全、经济建设、社会生活中的重要程度，遭到破坏后对国家安全、社会秩序、公共利益以及公民、法人和其他组织的合法权益的危害程度等，由低到高被划分为五个安全保护等级，具体见表3-2-3。

表3-2-3 网络安全等级定义

受侵害的客体	对客体的侵害程度		
	一般损害	严重损害	特别严重损害
公民、法人和其他组织的合法权益	第一级	第二级	第三级
社会秩序、公共利益	第二级	第三级	第四级
国家安全	第三级	第四级	第五级

在实际工程建设中，一般情况下，各等级的具体适用情况见表3-2-4。

表3-2-4 网络安全等级适用场景

网络安全等级类别	等级描述	适用场景
第一级	用户自主保护级	普通互联网用户
第二级	系统审计保护级	通过互联网进行商务活动，需要保密的非重要单位
第三级	安全标记保护级	地方各级国家机关、金融单位机构、邮电通信、能源与水源供给部门、交通运输、大型工商与信息技术企业、重点工程建设等单位
第四级	结构化保护级	中央级国家机关、广播电视部门、重要物资储备单位、社会应急服务部门、尖端科技企业集团、国家重点科研单位机构和国防建设等部门
第五级	访问验证保护级	国防关键部门和依法需要对计算机信息系统实施特殊隔离的单位

此外，在物联网工程的实际建设及运维使用中，其网络安全等级保护的设计和实施需要遵循“定级→备案→建设和整改→等级测评→检查”五个步骤，且在测评中，得分为70分及以上才算基本符合要求（测评结论：得分≥90为优、80≤得分<90为良、70≤得分＜80为中、得分<70为差）。

4. 物联网平台及应用服务

（1）物联网云平台

1）物联网云平台功能。

物联网云平台作为无线传感网络与互联网之间重要的本地化中央信息处理中心，需要具备以下功能。

① 信息采集、存储、计算、展示功能。

物联网云平台需要支持通过无线或有线网络采集传感网络节点上的物品感知信息，并对信息进行格式转换、保存和分析计算。相比互联网相对静态的数据，物联网将更多涉及基于时间和空间特征、动态的超大规模数据计算，并且不同行业的计算模型不同。这些应用所产生的海量数据对物联网云平台的采集、存储、计算能力都提出了巨大挑战。

② 灵活拓展应用模式。

物联网云平台不可能是一个封闭自运行的应用系统，需要具备第三方行业应用的集成能力，即要能提供给第三方合作开发者灵活拓展的云端应用开发API接口，从而能够满足不同行业应用的差异化功能要求。

2）物联网云平台构成。

针对物联网云平台的云计算特征，考虑引入云计算技术构建物联网云平台。物联网云平台主要包括以下四个部分。

① 云基础设施。

通过引入物理资源虚拟化技术，使得物联网云平台上运行的不同行业应用以及同一行业应用的不同客户间的资源（存储、CPU等）实现共享。例如不必为每个客户都分配一个固定的存储空间，而是所用客户共用一个跨物理存储设备的虚拟存储池。

提供资源需求的弹性伸缩，例如在不同行业数据智能分析处理进程间共享计算资源，或在单个客户存储资源耗尽时动态从虚拟存储池中分配存储资源，以便用最少的资源来尽可能满足用户需求，减少运营成本的同时提升服务质量。

引入服务器集群技术，将一组服务器关联起来，使它们在外界从很多方面看起来如同一台服务器，从而改善物联网云平台的整体性能和可用性。

② 云平台。

这是物联网云平台的核心，实现了网络节点的配置和控制、信息的采集和计算功能。在实现上可以采用分布式存储、分布式计算技术，实现对海量数据的分析处理，以满足大数据量且实时性要求非常高的数据处理要求。

根据不同行业应用的特点，计算功能从业务流程中剥离出来。设计针对不同行业的计算模型，然后包装成服务提供给云应用调用，这样既实现了接入云平台的行业应用接口的标准化，又能为行业应用提供高性能计算能力。

③ 云应用。

云应用实现了行业应用的业务流程，可以作为物联网云平台的一部分，也可以集成第三方行业应用（包括但不限于智能家居、远程抄表、水质监控等），在技术上应通过应用虚拟化技术，让一个物联网行业应用的多个不同用户共享存储、计算能力等资源，提高资源利用率，降低运营成本，而多个租户之间在共享资源的同时又相互隔离，保证了用户数据的安全性。

④ 云管理。

由于采用了弹性资源伸缩机制，用户占用的云平台资源会随时间不断变化，因此需要平台支持资源动态变化管理，并灵活配置云平台的资源。

3）物联网云平台设计内容。

针对物联网云平台的设计，需要考虑如下主要内容：

① 感知设备管理。

物联网云平台可实现感知设备的接入和管理，并能查看感知设备上传的数据信息等，也可以设计相应的策略对感知设备进行控制。

② 软硬件部署环境。

在设计物联网云平台时，需要考虑其软硬件部署环境，具体包括网络、服务器、存储备份、信息安全、系统功能软件及大数据分析等环境因素。其中信息安全部分包括数据加密、安全认证、权限管理等。系统功能软件部分包括应用模块、规则引擎等。

③ 数据库设计。

在对物联网云平台进行设计时，需考虑其数据库的设计，具体包括数据模型、数据管理、数据分析、报表展示、数据维护等内容。

④ 平台接口。

在设计物联网云平台时，还需考虑该平台与其他系统或平台的对接接口情况。

（2）物联网应用服务子系统

物联网工程的应用服务子系统是物联网技术应用于不同行业的具体体现，也是体现各个项目个性化的地方。比如智慧园区建设的应用服务子系统和智慧小区建设的应用服务子系统就不尽相同，具体见表3-2-5。

表3-2-5　智慧园区和智慧小区建设内容对比

系统分类	智慧园区建设内容	智慧小区建设内容	备　注
基础设施	综合布线、数据中心机房及配套设施	综合布线、数据中心机房及配套设施	基本相同
通信网络	移动通信网络、园区局域网	移动通信网络、小区局域网	大体相同
	互联网、有线电视网、语音网	光纤到户FTTH	不同之处
服务平台	园区公共服务平台	小区公共服务平台	都有平台的建设，但名称不同
应用子系统	人行出入口管理系统、周界防范系统、视频监控系统、电子巡更系统、智能访客系统、商铺安防系统、供配电监控系统、公共照明监控系统、电梯状态监控系统、门禁控制系统、入侵报警系统、停车场出入口管理系统、楼宇自控系统、能耗管理系统、给排水监测系统、送排风监控系统、自动灌溉监控系统、沼气浓度监测系统、积水监测系统、公共广播系统、信息发布系统、物业管理系统、统一身份识别系统、智能化集成管理系统	人行出入口管理系统、周界防范系统、视频监控系统、电子巡更系统、智能访客系统、商铺安防系统、供配电监控系统、公共照明监控系统、电梯状态监控系统、门禁控制系统、入侵报警系统、停车场出入口管理系统、楼宇自控系统、能耗管理系统、给排水监测系统、送排风监控系统、自动灌溉监控系统、沼气浓度监测系统、积水监测系统、公共广播系统、信息发布系统、物业管理系统、统一身份识别系统、智能化集成管理系统	大体相同
	考勤管理系统、电梯控制系统、消费子系统、智能一卡通系统、会议系统、排队叫号及服务评价系统	公共资产管理系统、小区健康服务系统、物流服务系统、家居安防系统	不同之处

针对物联网工程项目的应用子系统的设计，需考虑如下几点内容：

1）系统功能。

在物联网工程项目的设计方案中，针对项目所建设的各个子系统，均需阐述其具体功能。且这些功能必须根据项目建设需求、项目现场环境实际情况，结合市场上系统及设备主流的技术情况等进行设计与描述。

2）系统架构。

在项目设计方案中，每个子系统的设计内容都尽量使用Visio软件绘制出其系统架构图，并阐述设计该系统架构的思路，以及给出系统架构中各个部分的详细描述。

3）建设方案。

针对项目所建设的各个子系统的建设方案部分的描述，必须包含系统所采用的技术方式、前端点位部署原则，以及系统主要设备的类型、重要参数、数量等。

4）系统部署。

系统部署部分主要阐述该子系统与其他子系统的对接或联动情况，以及是否需要为项目后期建设预留扩展接口等。

5. 物联网工程系统配套基础设施

（1）综合布线

综合布线系统是一个用于语音、数据、图像、多媒体等业务信息传递的标准结构化布线系统，主要由工作区子系统、水平子系统、管理子系统、垂直干线子系统、设备间子系统、建筑群子系统六个部分组成，如图3-2-4所示。

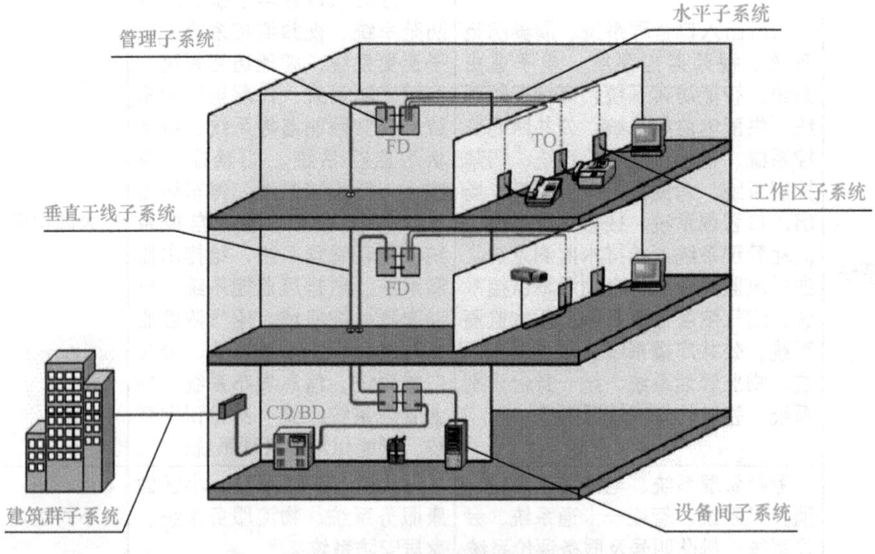

图3-2-4　综合布线系统组成

在上图中，TO为工作区信息插座，FD为建筑物内楼层配线设备，BD为建筑物内设备间配线设备，CD为建筑群配线设备。

综合布线系统典型应用中，水平子系统信道应由4对对绞线电缆和电缆连接器构成，垂直干线子系统信道和建筑群子系统信道应由光缆和光缆连接器件组成，如图3-2-5所示。

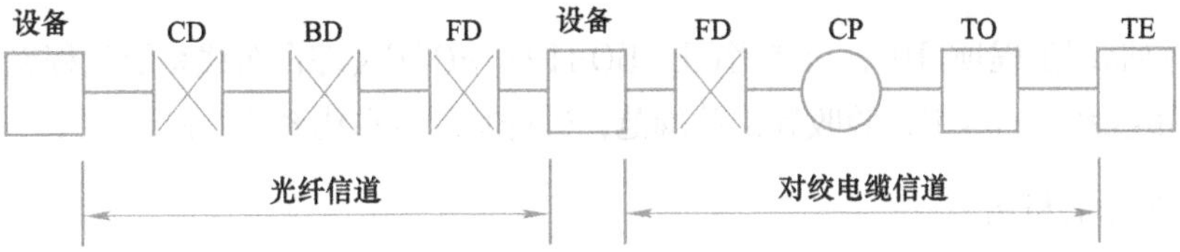

图3-2-5　综合布线系统应用典型连接与组成

上图中的CP为集合点，也可以不设置CP。根据GB 50311—2016《综合布线系统工程设计规范》的规定，当无CP时，TO到FD的连接线缆长度不能超过90m，而整个“对绞电缆信道”的最大长度不应大于100m。

针对综合布线系统中缆线的布放，必须穿导管或走桥架与管道，原则如下：

1）在工作区，无论是沿墙暗敷、明敷、吊顶内敷设、埋地敷设等，缆线都需穿放于导管内，导管的材质（如PVC、KBG等）、管径大小（如管外径为20mm、25mm等）等需根据实际情况进行选择。

2）在水平子系统和垂直干线子系统部分，缆线需穿放于桥架内，分别为水平桥架和垂直桥架，即常说的“室内桥架”。设计时需根据现场实际情况及内放缆线的大小和数量对桥架的材质、类型、大小尺寸等进行确定。

3）在建筑群子系统中，缆线一般会走室外，因此，此部分缆线一般需穿放于专用的管道（如波纹管、蜂窝管等）内，即俗称的“室外管网”。在设计时，也需要根据现场实际情况及内放缆线的大小和数量对桥架的材质、类型、大小尺寸等进行确定。

在上述设计过程中，为了选择适宜大小的导管、桥架、管道，需先完成如下计算：

1）管径利用率。

$$管径利用率=\frac{d}{D}$$

式中，d为缆线外径；D为管道内径。

2）截面利用率。

$$截面利用率=\frac{A_1}{A}$$

式中，A_1为穿在管内的缆线总截面积；A为管径的内截面积。

并且缆线布放在导管、桥架、管道内的管径和截面利用率应符合以下规定：

① 弯导管的管径利用率应为40%～50%。

② 导管内穿放大对数电缆或4芯以上光缆时，直线管路的管径利用率应为50%～60%。

③ 导管内穿放4对对绞电缆或4芯以下光缆时，截面利用率应为25%～30%。

④ 桥架内的截面利用率应为30%～50%。

通过根据上述公式和相关规定计算，为项目各场景配置适合管径和尺寸大小的导管、桥架和管道。

在实际物联网工程项目中，可参考GB 50311—2016《综合布线系统工程设计规范》，并结合综合布线系统的施工、验收等相关规范，进行其综合布线系统的设计。

（2）数据中心机房

数据中心机房是为集中放置的电子信息设备提供运行环境的建筑场所，可以是一栋或几栋建筑物，也可以是一栋建筑物的一部分，甚至也可以是一个房间等，包括主机房、辅助区、支持区和行政管理区等。

1）主机房主要是用于数据处理设备安装和运行的建筑空间，包括服务器机房、网络机房、存储机房等功能区域。

2）辅助区是用于电子信息设备和软件的安装、调试、维护、运行监控和管理的场所，包括进线间、测试机房、总控中心、消防和安防控制室、拆包区、备件库、打印室、维修室等区域。

3）支持区是为主机房、辅助区提供动力支持和安全保障的区域，包括变配电室、柴油发电机房、电池室、空调机房、动力站房、不间断电源系统用房、消防设施用房等。

4）行政管理区是用于日常行政管理及客户对托管设备进行管理的场所，包括办公室、门厅、值班室、盥洗室、更衣间和用户工作室等。

在一般的物联网工程项目中，对其机房的设计，主要是指对其弱电机房、安防控制室进行设计。其中弱电机房包含上述的主机房和支持区内容，而安防控制室则属于上述的辅助区内容。

根据GB 50174—2017《数据中心设计规范》的规定，数据中心机房分为A、B、C三个等级，其中A级等级最高，C级最低。在进行实际工程项目的数据中心机房设计时，首先就是确定项目机房建设的等级，等级不同，建设内容也有所差异。机房等级的确定可参考表3-2-6进行。

表3-2-6　数据中心机房等级划分依据

数据中心机房等级	划分依据
A级	（1）电子信息系统运行中断将造成重大的经济损失 （2）电子信息系统运行中断将造成公共场所秩序严重混乱
B级	（1）电子信息系统运行中断将造成较大的经济损失 （2）电子信息系统运行中断将造成公共场所秩序混乱
C级	不属于A级或B级的数据中心应为C级

在确定好项目机房等级后，则可参考GB 50174—2017《数据中心设计规范》中所述的不同等级的数据中心机房建设要求进行项目数据中心机房的具体设计。

一般情况下，数据中心机房的建设内容包含选址及设备布置、建筑与结构、空气调节、电气、网络与布线、智能化系统、消防系统等。在设计时，需根据客户要求及项目建设需求等，对上述全部内容或部分内容进行设计。

（3）选址及设备布置

1）机房选址。

数据中心机房的选择应考虑电力供给、通信、交通、环境、房间尺寸大小等，例如应避开强电磁场干扰，远离产生粉尘、油烟、有害气体及生产或储存具有腐蚀性、易燃、易爆物品的场所等。

主机房的使用面积应根据电子信息设备的数量、外形尺寸和布置方式确定，并应预留今后业务发展需要的使用面积。机房使用面积可按下式确定：

$$A=SN$$

式中，A为主机房的使用面积（m^2）；S为单台机柜（架）、大型电子信息设备等的占用面积，可取2.0～4.0（m^2/台）；N为主机房内所有机柜（架）、大型电子信息设备等的总台数。

辅助区和支持区的面积之和可为主机房面积的1.5～2.5倍。

用户工作室的使用面积可按4～5m^2/人计算；硬件及软件人员办公室等有人长期工作的房间，使用面积可按5～7m^2/人计算。

2）机房设备布置。

针对机房中设备的布置，当机柜（架）内的设备为前进风/后出风冷却方式，且机柜自身结构未采用封闭冷风通道或封闭热风通道方式时，机柜（架）的布置宜采用面对面、背对背方式。且主机房内通道与设备间的距离应符合下列规定：

① 用于搬运设备的通道净宽不应小于1.5m。

② 面对面布置的机柜（架）正面之间的距离不宜小于1.2m。

③ 背对背布置的机柜（架）背面之间的距离不宜小于0.8m。

④ 当需要在机柜（架）侧面和后面维修测试时，机柜（架）与机柜（架）、机柜（架）与墙之间的距离不宜小于1.0m。

⑤ 成行排列的机柜（架），其长度超过6m时，两端应设有通道；当两个通道之间的距离超过15m时，在两个通道之间还应增加通道。通道的宽度不宜小于1m，局部可为0.8m。

（4）建筑与结构

数据中心机房宜单独设置人员出入口和货物出入口，有人操作区域和无人操作区域宜分开布置，且数据中心机房内通道的宽度及门的尺寸应满足设备和材料的运输要求，建筑入口至主机房的通道净宽不应小于1.5m。

数据中心机房内的装修设计需包含天、地、墙的设计。当机房内需要铺设防静电活动地板时，活动地板的高度应根据电缆布线和空调送风要求确定，并应符合下列规定：

1）活动地板下的空间只作为电缆布线使用时，地板高度不宜小于250mm。

2）活动地板下的空间既作为电缆布线，又作为空调静压箱时，地板高度不宜小于500mm。

（5）空气调节

数据中心机房的空气调节部分设计主要包含机房内空调系统负荷的计算、气流组织设计、空调设备的选择等。且空调系统无备份设备时，单台空调制冷设备的制冷能力应留有15%~20%的余量。

（6）电气

针对数据中心机房电气部分的设计，主要包含项目设备供配电、机房照明、防雷与接地系统的设计。

1）设备供配电。

针对项目中的重要设备，需要设置不间断电源系统。不间断电源系统应有自动和手动旁路装置。确定不间断电源系统的基本容量时应留有余量。不间断电源系统的基本容量可按下式计算：

$$E \geqslant 1.2P$$

式中，E为不间断电源系统的基本容量（不包含备份不间断电源系统设备）（kW）；P为电子信息设备的计算负荷（kW）。

2）机房照明。

主机房和辅助区一般照明的照度标准值应按照300~500lx设计，一般显色指数不宜小于80。支持区和行政管理区的照度标准值应按现行国家标准GB 50034—2004《建筑照明设计标准》的有关规定执行。且主机房和辅助区内的主要照明光源宜采用高效节能荧光灯，也可采用LED灯。

此外，数据中心机房的照明系统设计还应符合下述要求：

① 照明灯具不宜布置在设备的正上方，工作区域内一般照明的照明均匀度不应小于0.7，非工作区域内的一般照明照度值不宜低于工作区域内一般照明照度值的1/3。

② 主机房和辅助区应设置备用照明，备用照明的照度值不应低于一般照明照度值的10%；有人值守的房间，备用照明的照度值不应低于一般照明照度值的50%；备用照明可为一般照明的一部分。

③ 数据中心应设置通道疏散照明及疏散指示标志灯，主机房通道疏散照明的照度值不应低于5lx，其他区域通道疏散照明的照度值不应低于1lx。

3）防雷与接地系统。

数据中心机房内所有设备的金属外壳、各类金属管道、金属线槽、建筑物金属结构等必须进行等电位联结并接地，且等电位联结网格应采用截面积不小于25mm^{2}的铜带或裸铜线，并应在防静电活动地板下构成边长为0.6～3m的矩形网格。

（7）网络与布线

数据中心机房网络应包括互联网络、前端网络、后端网络和运管网络，其布线应符合GB 50311—2016《综合布线系统工程设计规范》的规定。

（8）智能化系统

数据中心机房智能化系统的设计包含环境和设备监控系统、安全防范系统、总控中心的设计。

（9）消防系统

数据中心机房需设计消防系统，一般情况下，A级数据中心的主机房宜设置气体灭火系统，也可设置细水雾灭火系统。当A级数据中心内的电子信息系统在其他数据中心内安装有承担相同功能的备份系统时，也可设置自动喷水灭火系统。B级和C级数据中心的主机房宜设置气体灭火系统，也可设置细水雾灭火系统或自动喷水灭火系统

6. 安防系统相关设计标准规范

在工程项目的建设中，离不开各种标准规范，比如工程设计须遵循设计规范、施工须遵循施工规范，验收须遵循验收规范等。在进行物联网工程项目的安防系统设计时，可参考如下规范：

- GB 50348—2018《安全防范工程技术规范》
- GA 308—2016《安全防范系统验收规则》
- GA/T 74—2017《安全防范系统验通用图形符号》
- GB 50198—2011《民用闭路监视电视系统工程技术规范》
- GB 50395—2015《视频安防监控系统工程设计规范》
- GB 50394—2019《入侵报警系统工程设计规范》
- GAT 368—2016《入侵报警系统技术要求》
- GB 12663—2019《入侵和紧急报警系统 控制指示设备》
- GB 50396—2007《出入口控制系统工程设计规范》
- ISO 14443 TYPE A/B《非按触式IC卡读写标准》

以上只是罗列了部分安防系统有关的设计标准规范，设计人员可根据项目实际情况进行适当的增、减。

任务实施

任务实施前必须先准备好以下设备和资源。

序　号	设备/资源名称	数　量	是否准备到位（√）
1	计算机	1台	
2	Office软件	1套	
3	Visio软件	1套	
4	AutoCAD软件	1套	
5	天正电气软件	1套	
6	小区安防系统建设需求调研及分析资料、勘察资料；项目合同或委托设计任务书；前期的建筑、电气、装饰等图纸资料；小区安防系统总体设计方案等	1套	

1. 熟悉项目相关资料

熟悉小区安防系统建设需求调研与分析资料、勘察资料，项目合同或委托设计任务书，项目前期的建筑、电气、装饰等图纸资料，小区安防系统总体设计方案等，收集和熟悉各建设内容所涉及的系统软、硬件等技术资料，明确项目建设的各子系统及市场上对该类系统的整体解决方案。

2. 项目建设内容详细设计

根据小区安防系统总体设计方案，结合项目前期调研、勘察及图纸资料，以及项目建设内容所涉及的系统相关技术资料等，对小区安防系统所建设的各子系统功能、系统架构、设备部署及安装方式、与其他系统的对接等内容进行详细设计。

下面将以小区安防系统中比较有代表性的安防系统如视频监控系统、入侵报警系统中的周界防范系统为例，阐述其详细设计的过程，其他应用子系统的详细设计方法则类似。此外，还有必要对本次项目建设的小区局域网的详细设计进行阐述，具体如下：

（1）视频监控系统

1）确定系统所采用的主要技术方式。

视频监控系统有模拟、模数混合、纯数字式的网络架构几种方式，在本项目中，通过对比分析前述几种视频监控系统架构，结合本项目的实际情况及调研甲方的需求，最终确定采用纯数字式的网络架构。

此外，针对视频监控系统的存储，目前市面上主要有NVR、IP-SAN、CVR三种方式，通过对这三种存储方式进行对比分析，得出表3-2-7中的结果。

表3-2-7　视频监控系统主要存储方式对比

存储方式	描　　述	适用场合
NVR	网络硬盘录像机，其最主要的功能是通过网络接收IPC（网络摄像机）设备传输的数字视频码流，并进行存储、管理，从而实现网络化带来的分布式架构优势	主要用于中小型监控系统的存储
IP-SAN	基于IP以太网络的SAN存储架构，以块作为存储，即磁盘阵列+硬盘的方式，数据迁移和远程镜像容易，只要网络带宽支持，基本没有距离限制，易部署、成本低、扩展性高	一般可作为大型监控系统的存储
CVR	该存储模式可支持视频流经编码器直接写入存储设备，省去存储服务器，简化网络结构；独有的流媒体文件系统保护技术提供了更加稳定、高效的管理方式；其采用高效的磁盘碎片免疫技术能极大程度提高系统性能和避免磁盘碎片	一般可作为大型监控系统的存储

根据表3-2-7并结合项目自身的特点和甲方需求，最终决定采用IP-SAN的存储方式对本项目的视频数据进行存储。

2）明确系统功能。

本系统设立的监控中心具有控制该区域监控的权限，能调看、控制任一路前端图像和报警信息，可以录制所有的图像和声音等功能，由监控中心管理人员负责控制权限的管理。通过数字管理平台，得到授权的专网用户可通过内部网络远程查看实时视频和录像资料及调用其他管理中心的数据资源，具体功能描述如下：

① 实时视频浏览。

实现通过网络的实时视频浏览。要求可以在远程计算机上实时监控，也可实现在远程通过硬件解码器在监视器、电视墙上观看实时视频。浏览客户端可采用B/S或C/S架构。可实现对电视墙投放视频的灵活控制。

② 多画面监视。

PC客户端上要求可以实现对多个监控点的显示，电视墙上要求可实现将指定的一个或多个监控点实时图像显示在指定的一个或多个显示器上，最大支持64个画面显示，支持1、4、6、9、10、12、13、16、25、36、49、64个画面分割显示、全屏放大显示，提供多种分辨率，适应各种应用需求。

③ 多画面轮巡。

可将一组图像设置在一个播放控件窗口或一个电视墙屏幕上，并可设置轮巡间隔时间，以实现多个画面轮流显示。

④ 设置功能。

要求实现图像参数的手动和自动设置并实时调整的功能。

⑤ 字幕叠加。

视频画面要求可叠加反映该段视频时间、地点等信息的字幕，选择实现字母位置可调。

⑥ 云镜控制。

支持对云台和镜头的远程实时控制。云台控制应包含云台的上下左右转动，巡逻功能，预置位设置功能，云台转动的步进值应可设置。同时须支持雨刮、辅助灯光开关功能。镜头的控制应包括变倍、调焦、光圈。此外，PC客户端在全屏显示状态下亦可进行云镜控制。

⑦ 录像。

中心存储是指平台所提供的海量存储功能，应可设置用户存储空间满自动覆盖或停止录制。支持定时录制、手动录制和报警录制等多种模式。根据预先设定的存储时间，不间断地存储图像和相关数据，方便进行历史信息查询，为突发事件提供确切证据。

⑧ 回放。

提供方便的录像检索、查询手段，可根据日期、时间、事件、摄像机通道检索回放等信息检索并回放图像，回放时可实现播放、快放、慢放、单帧放、拖曳、暂停等功能，可选择实现多路图像同步回放功能。可任意操作回放状态，支持快速检索，同步定位，支持循环播放，录像文件剪辑。支持多路回放，便于比较录像资料。同时支持远程回放。

⑨ 图像对比识别。

软件平台应具有视频移动侦测的功能，可对图像进行，每路图像均可任意设置视频移动侦测报警区域，视频移动侦测的区域和灵敏度可调，本次管理中心可根据设置时间段进行预警管理，在设置中的时间段如果有人员出入，监控画面根据图像对比识别功能进行报警。

⑩ 报警联动功能。

监控管理中心平台系统的报警模块可接收多种报警输入方式，包括移动侦测，探头输入报警，以及视频丢失报警等，输出的方式可以是联动图像录像、联动声光报警、联动报警图像上墙、报警抓图等，并能将报警信息上传上级中心进行处理，可远程控制报警主机撤防、布防以及提示报警信息。采用外接报警主机形式实现外接探头报警，支持市面主流报警主机，报警输入输出支持常开或常闭。可选性的报警上传机制方便用户构建合适的报警中心。用户可配置报警联动计划，系统根据计划自动完成报警联动任务。

⑪ 系统日志。

日志模块完整清晰的记录系统运行的各种情况和事件，按日志种类分为报警主机操作日志、报警主机报警日志、登录日志、网络日志，按种类和日期时间进行查询，方便用户了解系统运行状况，特别是报警日志，用户可随时快速高效地查询前端设备发生的报警信息。

⑫ 电视墙。

系统每个中心客户端都可支持电视墙功能，用户可定义电视墙的组合方式、轮切时间等。

支持分组方式浏览和滚动方式浏览两种浏览方式，输出的端口数目由解码卡决定。在分组方式浏览中，每个输出端口满足四路图像的输出，以组为单位循环浏览；在滚动方式浏览中，对于每个输出端口可分为不同的分割画面显示循环切换。

⑬ Web访问。

系统的发布面向IE用户，可通过Web浏览器经过授权后远程观看。针对用户权限管理，提供多级用户管理机制，用户可定义组，然后根据组的权限，将各用户归纳入组中，实现批量定制权限。监控中心管理平台统一配发所有权限，客户端读取所配置权限；允许多个用户同时登录同一通道；在监控中心管理平台能够对所有通道进行录像设置、设移动侦测区域或进行探头布防等设置操作。

⑭ 电子地图。

电子地图是视频监控系统一个很重要的功能，为操作人员提供直观的管理界面，视频监控系统单机可支持任意张数的电子地图，每张电子地图可单独设置其关心的摄像机、报警探头等相关设备，操作用户可直接在电子地图上浏览摄像头图像，回放该摄像头资料，控制其报警输出的开关以及报警探头的布防。

3）绘制系统架构。

考虑到小区前端监控点位数量较多且地域分布较分散。为保证实时视频图像的质量、同时保证图像的远程调用，采用IP全数字监控平台。前端根据现场环境，采用IP摄像机到交换机通过小区局域网互联，存储和录像调用采用IP-SAN。

小区视频监控系统架构如图3-2-6所示。

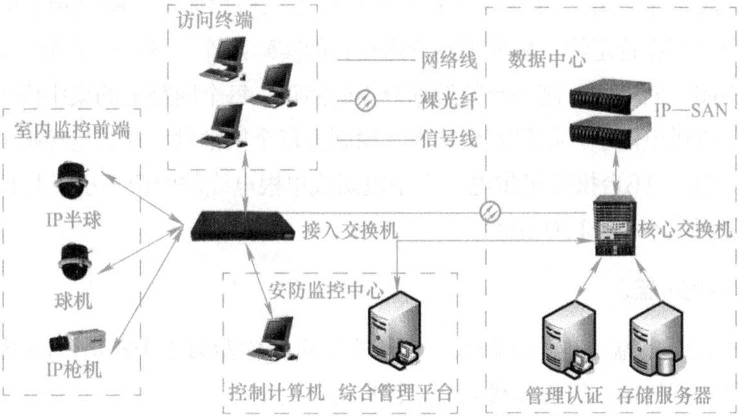

图3-2-6　视频监控系统架构图

本项目的视频监控系统主要由前端、传输网络、数据中心、监控中心、访问终端共五个部分组成。

① 前端主要是指视频监控系统的前端摄像机，分布于需要监控的项目现场。

② 传输网络是连接前端设备到监控中心、数据中心和访问终端的媒介，本次视频监控系统的数据主要通过小区局域网进行传输。

③ 数据中心用于对前端采集传输来的视频数据进行存储、分析与处理等。

④ 监控中心主要用于视频图像的展示、云台控制及系统管理等。

⑤ 访问终端是系统的信息服务对象。

4）设备部署及安装方式。

视频监控系统的设备部署主要包括前端摄像机、监控中心和数据中心有关视频监控系统设备的部署。

① 前端摄像机。

视频监控点位设置：本项目主要在小区主出入口、十字路口、丁字路口、周界围墙、室内车库、电梯内、消防楼梯等公共区域部署摄像机。在室外区域主要采用球形摄像机，室内人员聚集和对美观要求比较高的地方如单元楼一层入户大厅、电梯内采用半球形摄像机，在车库、消防楼、周界围墙处采用枪式摄像机。摄像机采用全高清的数字监控设备，分辨率不低于200万像素。

施工安装要求：针对前端摄像机的施工安装，一般室外可采用立杆、壁挂安装；室内可采用吸顶、壁挂安装，或是吊装等，应根据现场实际情况而定。在进行室外摄像机的安装时，除了需注意其防水、防尘、防潮外，还需要注意防雷。室内摄像机的安装则无需单独增加防雷器。当被监控目标区域的照度低于摄像机的最低照度指标的10倍时，需增加补光设备进行补光。

视频监控前端设备取电：本项目的视频监控设备在楼层弱电井配电箱中取电，要求电源线与弱电线缆应分别穿管走线。根据现场管路较长的实际条件，室内选用大功率开关电源集中方式供电，并按照不同楼层、区域及数量划分不同回路。每个回路上的集中供电开关电源需满足该回路上摄像机供电需求并提供冗余功率，原则上每个集中供电开关电源根据前端摄像机类型的不同最多为10～15台摄像机供电，主干电源线单根电缆截面积不小于$1.5mm^2$，分支电源线单根电缆截面积不小于$1.0mm^2$。

② 视频信号的传输。

由于本次智能化前端点位均未超长，即与交换机传输距离小于80m的室内摄像机，采用非屏蔽六类网线进行传输，且传输线缆需穿管敷设。

③ 监控中心。

监控中心有关视频监控系统的部分主要是监控显示系统，用于显示前端各个监控点的视频图像，消防安防监控中心配置8+2的液晶监视器（即19″液晶监视器8台和42″液晶监视器2台）、2人坐的操作台1套、2台PC工作站。

④ 数据中心。

数据中心有关视频监控系统的部分主要是IP-SAN存储、流媒体服务器等。本项目共建设107个前端监控点（包括91个视频监控点和8套停车场系统的16个摄像机点），摄像机视频图像分辨率为1080P，单路视频图像码流为5Mbit/s，存储时间为30天，其视频图像存储计算方式如下：

单路图像每小时存储的容量=5Mbit/s×3600s÷8=2250MB

单路图像每天存储的容量=2250MB×24=54 000MB

整个系统30天的存储容量=54 000MB×107×30=173 340 000MB≈166TB

即本次共需有效存储空间为166TB。由于系统的利用率为75%，则所需磁盘的实际裸容量应为166TB/0.75≈222TB。

本次项目存储系统采用监控中心IP-SAN集中存储方式建设，按照视频图像1080P画质存储30天，实际配置不低于222TB。

5）与其他系统的对接情况。

视频监控系统需预留与周界防范系统对接的接口，后期与周界防范系统进行对接联动，以达到周界防范系统报警后能自动弹出该防区的视频画面的效果。

（2）周界防范系统

1）确定系统所采用的主要技术方式。

针对周界防范系统，现目前市面上用得最多的是红外对射和电子围栏两种方式。本项目针对这两种方式进行了对比分析，见表3-2-8。

表3-2-8 采用红外对射与电子围栏进行周界防范系统建设的对比分析表

比较项	红外对射	电子围栏
误报率	误报率较高	误报率极低
气候影响	受气候影响	不受气候（如雾、雨、雪等）影响
现场环境	受周界弯度及地势高低影响	不受周界弯度及地势高低的影响
威慑	无	对入侵者有威慑作用
阻挡	无	本身是有形的屏障，有突出的阻挡作用
报警	均有报警功能	
对入侵者	被动防范	在入侵之前报警，主动防范
维护	维护成本高	容易维护，成本低
投资	小区需建设55对红外对射，投资为162 592.00元	小区需建设约1400m电子围栏按11个防区布防，投资为156 685.10元

通过对比分析，从技术本身来讲，本项目采用电子围栏进行周界防范系统的建设较为合适，但通过调研甲方需求，甲方对围栏的美观性要求较高，坚持选用红外对射的方式，因此本项目最终选择了红外对射的方式进行本项目的周界防范系统建设。

2）明确系统功能。

小区安全防范以周界防范系统为第一道防范手段，通过在小区边界或小区管制区域边界形成“防护墙”，能及时发现入侵人员，执行报警行为，防备人员的非法通行。

当有外围人员非法进入时，红外对射探测器报警，把报警信号通过线路传送到控制中心。通过设置小区周界电子地图，发生报警时，电子地图能对应显示报警区域。

同时本系统前端报警信号输入至对应的视频监控系统编码器，与视频监控系统形成周界报警立即弹出相应视频图像的联动报警。

3）绘制系统架构。

周界防范系统主要由前端红外对射探测器和防区模块、传输网络、报警主机、警号、报警管理软件、操作控制键盘、联动模块、供电电源部分组成，如图3-2-7所示。

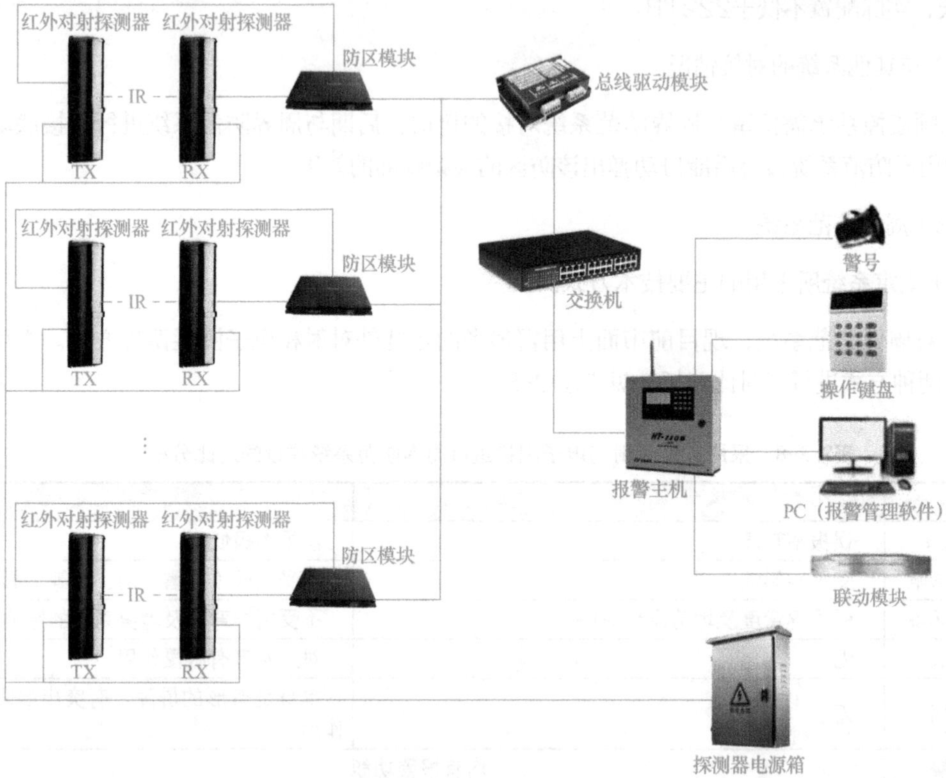

图3-2-7　周界防范系统架构图

4）设备部署及安装方式。

① 前端设备。

部署位置：周界防范系统的前端设备主要由红外对射探测器和防区模块组成，部署在小区周界围栏或围墙上。通过分析小区目前的图纸，本次需要部署四光束30m红外对射探测器49对和60m红外对射探测器6对。

施工安装要求：针对红外对射探测器的安装，可采用顶上支柱式安装和侧面墙壁式安装。

a）顶上支柱式安装的红外对射探测器，其探头的位置应高出围栏或围墙顶部25cm以上，以减少在围栏或围墙上活动的小鸟、小猫等引起的误报。

b）侧面墙壁式安装是将红外对射探测器的探头安装在围栏或围墙外部靠近顶部的侧面，这种方式能避开小鸟、小猫等的活动干扰。

设备取电：红外对射探测器的取电由小区停车场岗亭或楼栋引出220V市电，前端每100～150m设置1个电源适配器，转换为12V直流电源为红外对射探测器供电，电源线采用RVV2×1.0（RVV即“铜芯聚氯乙烯绝缘聚氯乙烯护套软电缆”；2×1.0表示2芯电缆，每根电缆芯线的横截面积是1.0mm^2。RVV电线主要应用于电器、仪表和电子设备及自动化装置用电源线、控制线及信号传输线，具体可用于防盗报警系统、楼宇对讲系统等）。

② 传输线缆。

周界防范系统外围线路采用总线制方式进行布放，信号线采用RVSP2×1.5（RVSP即“铜芯导体聚氯乙烯绝缘绞型屏蔽软电缆”；2×1.5表示2芯电缆，每根电缆芯线的横截面积是1.5mm^2。RVSP主要用于报警系统的探测器线路等），联动信号线采用RVS2×1.0。且无论是信号线，还是电源线，都必须穿管敷设，不能明敷。

若整体线路超过1.2km，则需考虑在岗亭内放置总线延长器来延长总线线路，每加一个延长器总线可以延长1.6km。

③ 控制中心设备。

控制中心主要有1台32路的网络报警控制主机、警号、操作控制键盘、管理工作站和联动模块组成。

报警主机主要是接收外围的报警信号，并把报警信号传送到消防安防监控中心对应的管理工作站上；管理工作站则主要是用来显示报警信息和保存报警记录，并对周界防范系统的电子地图进行显示。

5）与其他系统的对接情况。

周界防范系统需预留与视频监控系统对接的接口，后期与视频监控系统对接，实现联动。

（3）小区局域网

1）概述。

本次建设的小区局域网根据实际业务需求和业务分布情况，采用核心层、接入层二级网络结构。其中以5号楼一层弱电机房核心交换机为核心层、各区域节点交换机为接入层。

核心层：在5号楼一层设置1个核心机房并配置核心交换机，核心层负责网络内数据的高速路由转发，负责汇聚设备的接入，是整个网络的核心区域。

接入层：本次接入层主要设计在各个住宅楼一层、5号敬老院楼消防控制中心处设置。

2）建设原则。

根据前端视频监控摄像头数量、停车场管理系统等应用的数据流量大小，网络带宽规划如下：

① 前端设备接入带宽采用100Mbit/s。

② 每台楼栋接入交换机最大接入不超过15台高清视频，按每台摄像机占用6Mbit/s带宽计算，最大占用带宽不超过90Mbit/s，其他业务考虑占10Mbit/s带宽，共100Mbit/s，同时考虑到30%的带宽冗余，因此接入层交换机到汇聚层交换机中继带宽应不低于130Mbit/s。

③ 中心机房每个存储阵列最大存储110路高清视频，需占用带宽为6×110=660Mbit/s，考虑到30%的带宽冗余，每台存储阵列到核心交换机采用1000Mbit/s带宽。流媒体转发服务器按110路高清视频的转发估计，每路按6Mbit/s进行计算，占用带宽为6×110=660Mbit/s。考虑到30%的带宽冗余，视频转发服务器接入核心交换机中继带宽为1000Mbit/s。

3）网络架构。

本项目的小区局域网的网络架构如图3-2-8所示。

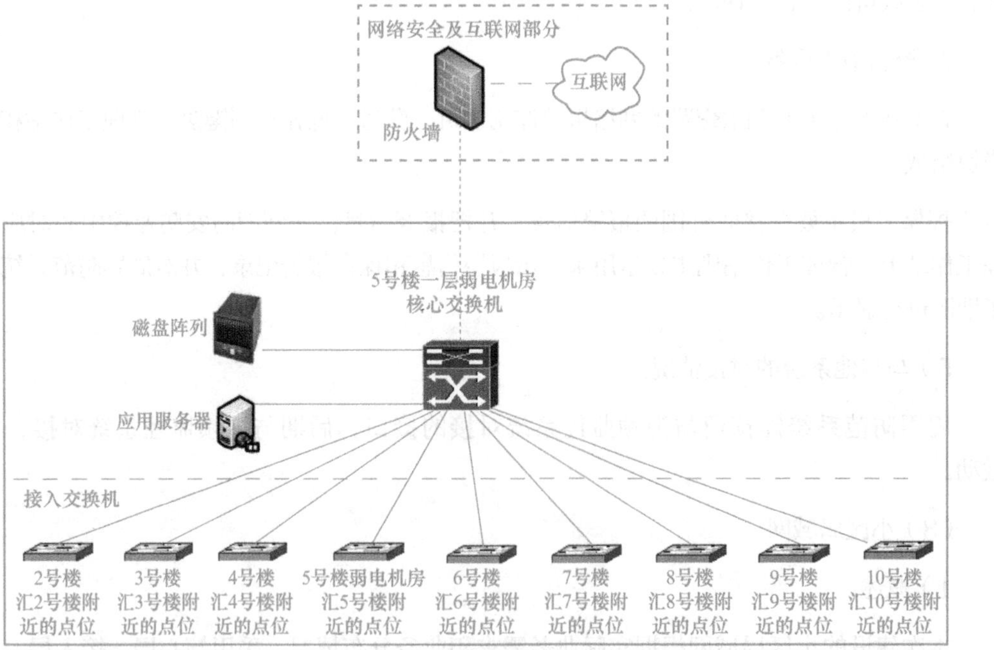

图3-2-8　小区局域网的网络架构图

4）路由设计。

根据本次小区内部通信网络承载业务类型的需求，本次项目在5号楼1层弱电机房建设1台核心交换机，后期可按照业务发展需要扩展至2台核心交换机，互为备份。

路由交换机负责VLAN的终结和三层数据包路由。并提供基本的ACL控制功能，隔离不需要互通的不同业务。由于考虑后期业务发展，核心路由交换机采用动态路由方式进行路由。

本项目考虑在各楼栋的一层设置接入交换机，并最终汇接到5号楼一层的弱电机房处的核心交换机。

5）VLAN与IP地址规划。

① 设备名称规划。

设备命名方式以楼栋位置的简拼音+设备楼层+设备型号+序号，以方便管理，通过hostname就可以确认设备位置和接入的楼层。

② 设备管理规划。

设备管理设计原则，管理VLAN与业务VLAN分离，单独启用独立的IP地址段。三层管理地址与二层管理地址分离原则。

三层管理地址预留为192.168.253.1～192.168.253.254 /24。

二层管理地址预留为192.168.252.1～192.168.252.254 /24。

服务器地址预留为172.16.254.1～172.16.254.254 /24。

③ 设备互联IP规划。

规划所有设备互联地址使用192.168.254.1～192.168.254.254 /24。

对核心层以及出口设备互联规划：IP地址规划原则，根据层次化的设计，互联地址由出口→核心→接入由大到小分配，设备互联地址一律使用/30掩码地址。

④ 用户VLAN及IP规划

为每个VLAN分配一个子网IP地址，前端接入设备采用固定IP地址方式，在接入交换机上配置VLAN。需注意VLAN的使用和充分节约IP地址，使路由交换机上能够采用聚合进行路由的合并，减少路由表的大小。

6）QoS设计。

小区局域网采用轻载的方案，暂不考虑端到端的QoS部署。

3. 编制项目详细设计方案

针对各子系统进行详细设计的内容，可参考如下目录结构进行编制，也可以根据项目实际情况对下述内容进行适当增、减或调整。

小区安防系统建设项目详细设计方案

1 基础设施设计
  1.1 综合布线系统
    1.1.1 系统概述
    1.1.2 建设方案
    1.1.3 综合通道
  1.2 数据中心机房及其配套设计
    1.2.1 机房概述
    1.2.2 机房装修及消防
    1.2.3 机房照明、空调及电源系统
    1.2.4 机房防雷及接地系统
2 通信网络系统设计
  2.1 概述
  2.2 数据外网
    2.2.1 数据外网概述
    2.2.2 网络组织
    2.2.3 路由设计
    2.2.4 VLAN 设计
    2.2.5 IP地址规划
    2.2.6 QoS 设计
    2.2.7 网络安全
  2.3 智能化承载网
    2.3.1 智能化承载网概述
    2.3.2 网络组织
    2.3.3 路由设计
    2.3.4 VLAN 设计
    2.3.5 IP地址规划
    2.3.6 QoS 设计
3 物联网云平台设计
  3.1 云平台概述
  3.2 云平台功能
  3.3 云平台设计
    3.3.1 感知层设备管理
    3.3.2 软硬件部署环境
    3.3.3 数据库设计
    3.3.4 平台接口
4 应用系统设计
  4.1 出入口门禁系统
  4.2 智能访客系统
  4.3 视频监控系统
  4.4 入侵报警系统
  4.5 电子巡更系统
  4.6 燃气泄漏报警系统

备注：在详细设计方案中，“综合布线系统”的“综合通道”部分需包含室外管网、室内桥架等的设计，“应用系统设计”中每个子系统的描述需包含：系统概述、系统功能、系统架构、建设方案、系统部署等几部分内容。

4. 审查和复审

针对已经编制好的《小区安防系统建设项目详细设计方案》，各组可交叉阅览进行审查，然后再交予事先各组选好的项目负责人进行复审。针对审核过程中的相关意见，应做好记录并形成相应的文档，反馈给设计人员。

任务小结

项目的详细设计即是将总体设计详细化，直到给出每个建设内容或系统的详细描述，是指导项目施工图设计的详细依据，是设计交底资料的重要组成部分。

本任务的相关知识与技能小结如图3-2-9所示。

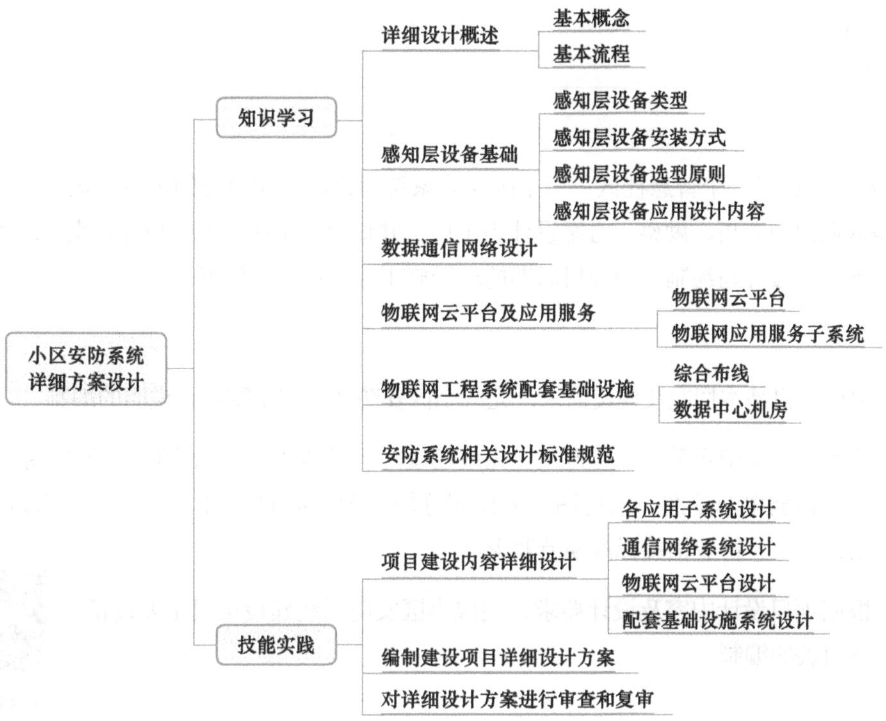

图3-2-9　知识与技能小结思维导图

任务拓展

根据建设单位需求，有些物联网工程项目需要将详细设计方案交予专业的评审机构进行评审，并出具相应的评审报告。对此，请自行查阅相关资料，根据评审要点和评审报告的写法对本节任务所编制的《小区安防系统建设项目详细设计方案》进行评审，并撰写对应的《小区安防系统建设项目详细设计方案评审报告》。

任务3　小区安防系统施工图绘制

职业能力目标

- 能根据项目基本情况及建设需求，完成项目施工图设计说明的编制
- 能根据项目需求、初步设计文件等资料，完成项目建设内容所涉及各子系统的平面图、系统图以及弱电总平图、机房图、大样图等施工图图纸的绘制
- 能根据所绘制图纸中设备的数量及系统设计要求等，编制主要设备材料表

任务描述与要求

任务描述：

LB先生负责了一个智慧社区——小区安防系统建设施工图设计的项目。该项目前期已经完成了需求调研与分析、勘察、方案设计等工作，并输出了相应的系统设计方案。现需要完成该项目的施工图设计与绘制，为项目后期的现场施工提供指导和依据。

任务要求：

- 根据项目基本情况及建设需求，完成小区安防系统施工图设计说明的编制
- 根据项目需求及系统设计方案，完成建设内容所涉及各子系统的平面图、系统图，以及项目弱电总平图、机房图、大样图等施工图图纸的绘制，且其设计深度应达到国家、地方、行业相关标准规范要求
- 根据项目设计内容及设计要求，完成小区安防系统建设项目主要设备材料表的编制

扫码看视频

知识储备

1. 施工图设计概述

施工图设计是指根据已经批准的初步设计文件，对建设项目各子系统的具体部署、设备在现场的安装位置和安装方式、各设备所使用线缆的具体情况、系统设备的组网方式等进行详细设计，并输出施工图图纸的过程。

一般情况下，完整的设计流程包括初步设计、技术设计、施工图设计三个阶段，且这三个阶段的设计工作一般均由设计院完成。鉴于建设单位一般会以设计院所提供的施工图作为招标图纸，对此，为了符合招投标要求和保证招标质量等，设计院在完成施工图设计时，不能明确规定各子系统的品牌及设备的型号，只能限定各子系统及设备的主要技术参数及相关要求。这就导致施工图设计的深度是达不到施工人员能真正按图施工的程度。因此，当施工单位或系统集成商中标后，需要根据所投标的系统品牌、设备型号及配置等，在设计院所提供的施工图基础上进行深化设计，简称“施工图深化设计”，以明确具体设备的规格、尺寸、定位、标高及管线的规格、路由等，以达到施工人员能真正据以按图施工的程度。因此，施工图设计最基本的目的是为项目施工提供依据，是设计和施工工作开展的桥梁。

2. 施工图设计主要内容

物联网工程项目的施工图设计主要是对项目建设内容所涉及的各子系统平面图、系统图，以及项目弱电总平图、机房图、大样图等施工图图纸进行设计与绘制。并且还包括配套的

图纸封面、目录、设计及施工说明、设备材料表等内容。

在进行实际工程项目的施工图设计与绘制时，有些设计内容需遵循一定的先后顺序，比如需要先完成系统的平面图设计与绘制后，才能对该子系统的系统图进行设计与绘制；需要先完成平面图、系统图、机房图等施工图图纸的设计与绘制后，才能编制完善主要设备材料表等。此外，为了保障施工图图纸的可读性，其装订顺序一般按图3-3-1所示的顺序进行装订。

封面 → 图纸目录 → 设计及施工说明 → 主要设备材料表 → 系统图 → 平面图 → 大样图 → 机房图 → 弱电总平图

图3-3-1　施工图图纸装订顺序

平面图、大样图、机房图的装订顺序不唯一，可根据项目实际情况做出相应调整。比如有些项目将平面图装订在大样图、机房图之后。值得注意的是，施工图图纸的设计绘制顺序与装订顺序可能是不一样的，需要视实际情况而定。

（1）封面

施工图设计图纸的封面具体格式根据各设计院的要求有所不同，但总的来说都需要包括设计项目名称、所属设计专业、设计阶段、设计单位、建设单位、设计日期等内容信息。某设计院的智能化工程施工图设计封面如图3-3-2所示。

有些设计院的智能化工程施工图设计封面可能还会有封二，如图3-3-3所示。

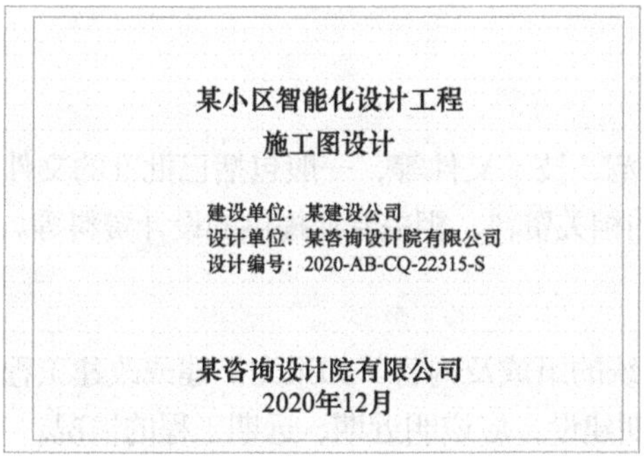
某小区智能化设计工程
施工图设计
建设单位：某建设公司
设计单位：某咨询设计院有限公司
设计编号：2020-AB-CQ-22315-S
某咨询设计院有限公司
2020年12月

图3-3-2　施工图设计封面

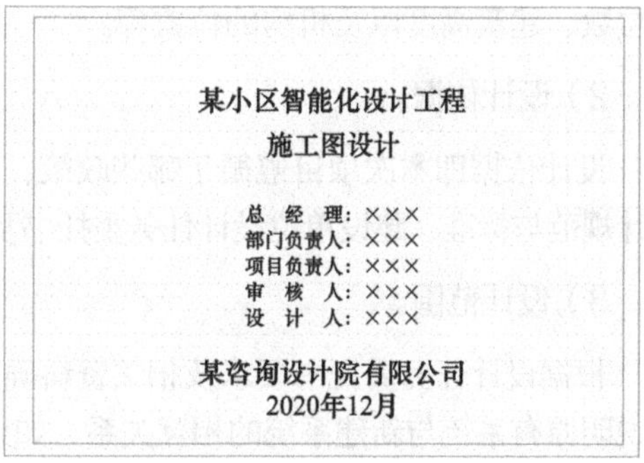
某小区智能化设计工程
施工图设计
总　经　理：×××
部门负责人：×××
项目负责人：×××
审　核　人：×××
设　计　人：×××
某咨询设计院有限公司
2020年12月

图3-3-3　施工图设计封二

（2）图纸目录

施工图设计的图纸目录反映了本项目具体有哪些施工图图纸，且需按照一定的顺序进行排列。

一般情况下，图纸目录应包含序号、图纸名称、图幅、图纸库号（图号）、备注等内容。且先列新绘制图纸，后列选用的标准图或重复利用图。

图纸排列顺序宜按设计及施工说明、设备材料表、各子系统的系统图、各子系统的平面图、大样图、机房图、弱电总平面图等的顺序进行排列，如图3-3-4所示。

图 纸 目 录

序号	图纸名称	图纸编号（复用图）	图纸编号（新图）	图幅	备注
1	智能化系统设计施工说明（一）		RD-SM-01	A2	
2	智能化系统设计施工说明（二）		RD-SM-02	A2	
3	主要设备材料表(一)		RD-CL-01	A2	
4	主要设备材料表(二)		RD-CL-02	A2	
5	智慧小区架构图		RD-XT-01	A2	
6	楼栋光纤入户系统图		RD-XT-02	A2	
7	楼栋有线电视系统图		RD-XT-03	A2	
8	外网、内网综合布线系统图/信息网络架构图		RD-XT-04	A2	
9	视频监控/防盗报警及周界防范系统图		RD-XT-05	A2	
10	楼栋智能访客对讲系统图		RD-XT-06	A2	
11	电子巡更系统图		RD-XT-07	A2	
12	停车管理系统图及联网拓扑图		RD-XT-08	A2	
13	1、2、3、4、9#楼一层弱电平面图		RD-PM-01	A2	
14	1、2、3、4、9#楼二至二十六层弱电平面图		RD-PM-02	A2	
15	5、6、7#楼一层弱电平面图		RD-PM-03	A2	
16	5、6、7#楼二至二十六层弱电平面图		RD-PM-04	A2	
17	8#楼一层弱电平面图		RD-PM-05	A2	
18	8#楼二层弱电平面图		RD-PM-06	A2	
19	8#楼三层弱电平面图		RD-PM-07	A2	
20	快递柜大样图		RD-DY-01	A2	
21	监控系统设备安装大样图		RD-DY-02	A2	
22	门禁梯控安装大样图		RD-DY-03	A2	
23	消控室及机房接地做法图（由精装单位施工）		RD-JF-01	A2	
24	消控室、机房设备/桥架/接地线缆敷设布置图		RD-JF-02	A2	
25	操作台、弱电井及机房机柜布置图		RD-JF-03	A2	
26	小区弱电总平面图		RD-ZP-01	A2	

扫码看大图

图3-3-4 图纸目录

（3）设计及施工说明

在施工图设计图纸中，“设计及施工说明”部分非常重要，主要是用文字描述本项目的基本情况及建设内容所涉及的各子系统是如何进行设计与施工的。一般包括工程概况、设计依据、设计范围、设计施工说明、标准图选用、图例说明等内容。

1）工程概况。

“工程概况”部分的内容主要阐述工程的类别、性质、组成、建筑面积、占地面积、建筑物层数、建筑高度以及机房的位置等。

2）设计依据。

设计依据即本次项目遵循了哪些政策、标准规范、技术文件等，一般包括已批准的文件、设计规范与标准、建设单位设计任务委托书及提供的相关资料、相关专业提供的设计资料等。

3）设计范围。

根据设计任务委托书要求及相关资料确定子系统的组成及内容。如果为扩建或改建工程，应说明原有系统与新建系统的相互关系；如果为分期建设，应说明近期、远期工程的情况。

4）设计施工说明。

设计施工说明部分主要阐述建设内容所涉及的各子系统的前端点位部署原则、所采用的技术方式、主要软硬件构成、重要性能参数要求、与其他系统的对接或联动要求等，以及系统设备安装及施工要求等。

5）标准图选用。

标准图选用主要是描述本工程选用标准图图集编号、页号等，此项不是必须内容，若没有选用标准图，则可以省掉该部分的描述。

6）图例说明。

此处的图例说明主要是对后续所有图纸通用的图例进行描述，需区别于各张图纸中的图例说明。

某智慧小区智能化建设工程施工图设计说明如图3-3-5所示。

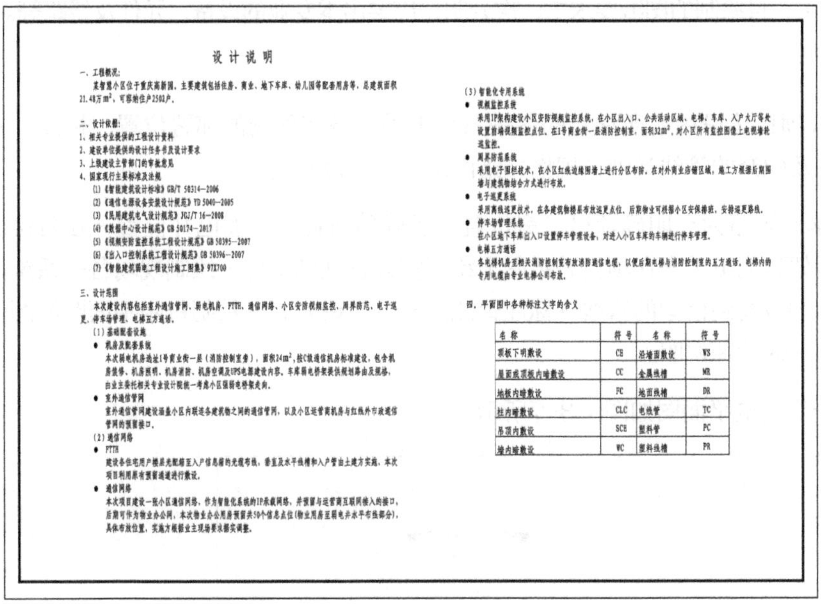

设计说明

一、工程概况：

某智慧小区位于重庆高新园，主要建筑包括住房、商业、地下车库、幼儿园等配套用房等，总建筑面积21.48万m^2，可容纳住户2502户。

二、设计依据：

1、相关专业提供的工程设计资料

2、建设单位提供的设计任务书及设计要求

3、上级建设主管部门的审批意见

4、国家现行主要标准及法规

(1)《智能建筑设计标准》GB/T 50314—2006

(2)《通信电源设备安装设计规范》YD 5040—2005

(3)《民用建筑电气设计规范》JGJ/T 16—2008

(4)《数据中心设计规范》GB 50174—2017

(5)《视频安防监控系统工程设计规范》GB 50395—2007

(6)《出入口控制系统工程设计规范》GB 50396—2007

(7)《智能建筑弱电工程设计施工图集》97X700

三、设计范围

本次建设内容包括室外通信管网、弱电机房、FTTH、通信网络、小区安防视频监控、周界防范、电子巡更、停车场管理、电梯五方通话。

(1)基础配套设施

- 机房及配套系统

本次弱电机房选址1号商业街一层（消防控制室旁），面积24m^2，按C级通信机房标准建设，包含机房装修、机房照明、机房消防、机房空调及UPS电源建设内容、车库弱电桥架提供规划路由及规格，由业主委托相关专业设计院统一考虑小区强弱电桥架走向。

- 室外通信管网

室外通信管网建设涵盖小区内联通各建筑物之间的通信管网，以及小区运营商机房与红线外市政通信管网的预留接口。

(2)通信网络

- FTTH

建设各住宅用户楼层光配箱至入户信息箱的光缆布线，垂直及水平线槽和入户管由土建方实施，本次项目利用原有预留通道进行敷设。

- 通信网络

本次项目建设一张小区通信网络，作为智能化系统的IP承载网络，并预留与运营商互联网接入的接口，后期可作为物业办公网，本次物业办公用房预留共50个信息点位(物业用房至弱电井水平布线部分)，具体布放位置，实施方根据业主现场要求据实调整。

(3)智能化专用系统

- 视频监控系统

采用IP架构建设小区安防视频监控系统，在小区出入口、公共活动区域、电梯、车库、入户大厅等处设置前端视频监控点位，在1号商业街一层消防控制室，面积32m^2，对小区所有监控图像上电视墙轮巡监控。

- 周界防范系统

采用电子围栏技术，在小区红线边缘围墙上进行分区布防，在对外商业店铺区域，施工方根据后期围墙与建筑物结合方式进行布放。

- 电子巡更系统

采用离线巡更技术，在各建筑物楼层布放巡更点位，后期物业可根据小区安保排班，安排巡更路线。

- 停车场管理系统

在小区地下车库出入口设置停车管理设备，对进入小区车库的车辆进行停车管理。

- 电梯五方通话

各电梯机房至相关消防控制室布放消防通信电缆，以便后期电梯与消防控制室的五方通话，电梯内的专用电缆由专业电梯公司布放。

四、平面图中各种标注文字的含义

名称	符号	名称	符号
顶板下明敷设	CE	沿墙面敷设	WS
层面或顶板内暗敷设	CC	金属线槽	MR
地板内暗敷设	FC	地面线槽	DR
柱内暗敷设	CLC	电线管	TC
吊顶内敷设	SCE	塑料管	PC
墙内暗敷设	WC	塑料线槽	PR

扫码看大图

图3-3-5　施工图设计说明

（4）设备材料表

设备材料表体现了本次项目所需采购的软、硬件设备及其相关要求，一般需要包括主要设备材料名称、功能及性能要求、数量、单位、备注等内容。为了表达更清晰明了，项目所采购的软、硬件设备等宜按照各子系统分别列出，且按照先设备后线缆、管材，再其他材料的顺序列出。

某小区智能化建设工程中的人行通道闸设备材料清单如图3-3-6所示。

人行通道闸设备材料清单						
序号	项目名称	品牌	技术参数	数量	单位	备注
1	智能通道摆闸（双机芯）	捷顺、科松、披克	两套单机芯组成单通道； 通道通信：TCP/IP、RS-485； 通道宽：≤1200mm； 通行方向：可设置单或双向摆动通行； 红外探测：防尾随、防夹安全防护； 消防安全：断电后摆臂呈无阻力状态； 摆臂材料：不锈钢； 箱体材料：304不锈钢	3	套	
2	智能通道翼闸(双机芯)	捷顺、科松、披克	两套单机芯组成单通道； 通道通信：TCP/IP、RS-485； 通道宽：≤750mm； 红外探测：防尾随、防夹安全防护； 消防安全：断电后门翼处于开启状态； 门翼材料：PU、亚克力； 箱体材料：304不锈钢	6	套	
3	二维码/IC卡读卡器	捷顺、科松、披克	二维码识别器，带读卡功能 供电：DC 24V； 读卡距离：0～5cm； 二维码采集方式：影像式，COMS Sensor； 采集速度：1/60s； 识别精度：二维>7.5mil，一维>5mil	36	个	
4	双向门禁控制板（含电源）	捷顺、科松、披克	通讯方式：TCP/IP； 支持卡类：IC/EM/CPU卡； 读卡器通讯方式：韦根26/34、RS485； 最大用户数量（张）：2万； 最大记录数（条）：2万； 支持多种状态报警功能、7种开门方式满足各种安全管理需要； 系统支持在线升级，故障自检测，维护更方便	9	个	

扫码看大图

图3-3-6　人行通道闸设备材料清单

（5）设计图纸

针对物联网工程项目建设内容的施工图设计，需给出对应的平面图、系统图、机房图及其他（如大样图的图纸等），且绘制的图纸要求主、次分明，应突出本专业的设备、元件及线路等。

1）平面图。

平面图主要体现项目建设内容所涉及的各子系统相关设备在现场的部署位置、标高、安装方式及要求等，以及配套的管线类别、规格、路由走向、敷设方式等。

绘制平面图的基本思路为：明确项目机房位置→明确项目各楼层弱电井位置→在各楼层公共区域绘制水平桥架到弱电井→在项目总平图上绘制室外管网到机房→绘制现场各子系统前端设备→绘制现场前端设备到桥架的管线→标注管线规格及敷设方式→绘制每张平面图的图例表格→设计及施工的其他特殊说明。

某小区办公楼一层弱电平面图如图3-3-7所示。

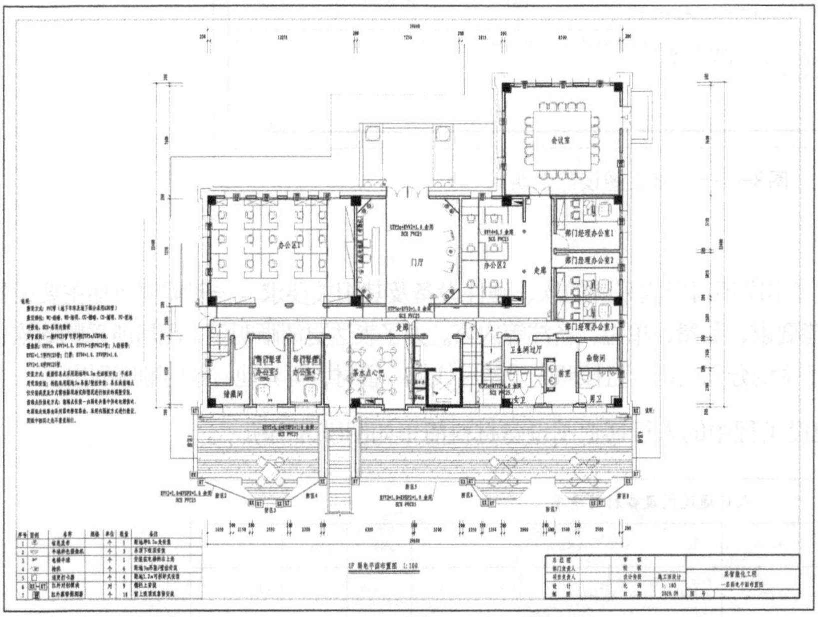

扫码看大图

图3-3-7　某小区办公楼一层弱电平面图

2）系统图。

系统图主要体现各子系统的系统架构及原理、系统主要设备配置及构成、系统设备供电方式、系统设备分布楼层或区域、设备之间的管路和线缆的规格、系统与系统之间的对接和联动关系等。某智慧小区停车场管理系统图如图3-3-8所示。

3）机房图。

物联网工程项目的机房一般包含弱电机房、安防控制室两个部分。根据项目实际情况，弱电机房、安防控制室可单独建设，也可以合建。

根据GB 50174—2017《数据中心设计规范》，数据中心机房应划分为A、B、C三个等级，且机房的设计内容应包括机房选址、装修、设备布置、照明、消防、防雷接地、供配电、空气调节、环境监控、机房布线等。

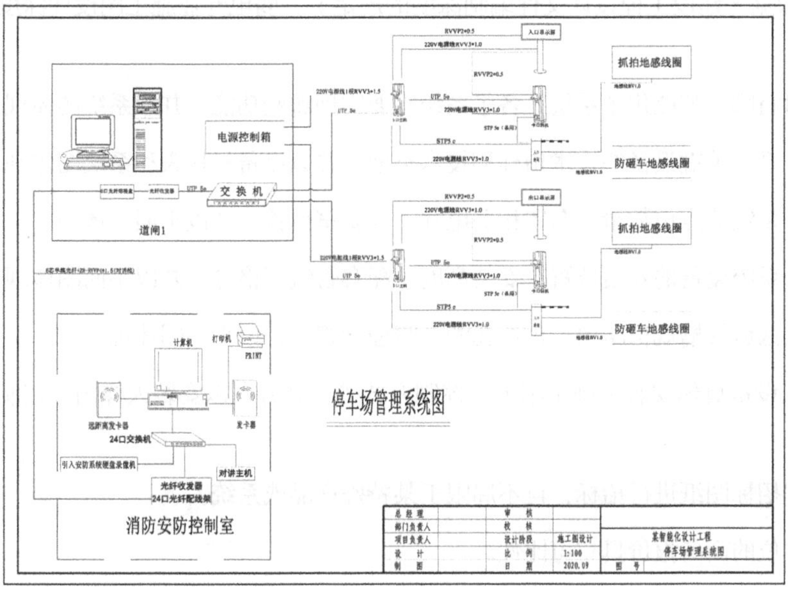

扫码看大图

图3-3-8　某智慧小区停车场管理系统图

4）其他图纸。

在物联网工程项目的施工图设计图纸中，除了上述的平面图、系统图、机房图纸外，还有一些其他图纸，如非标设备原理图、控制方式图、安装大样图等。某智慧小区对讲、门禁系统安装大样图如图3-3-9所示。

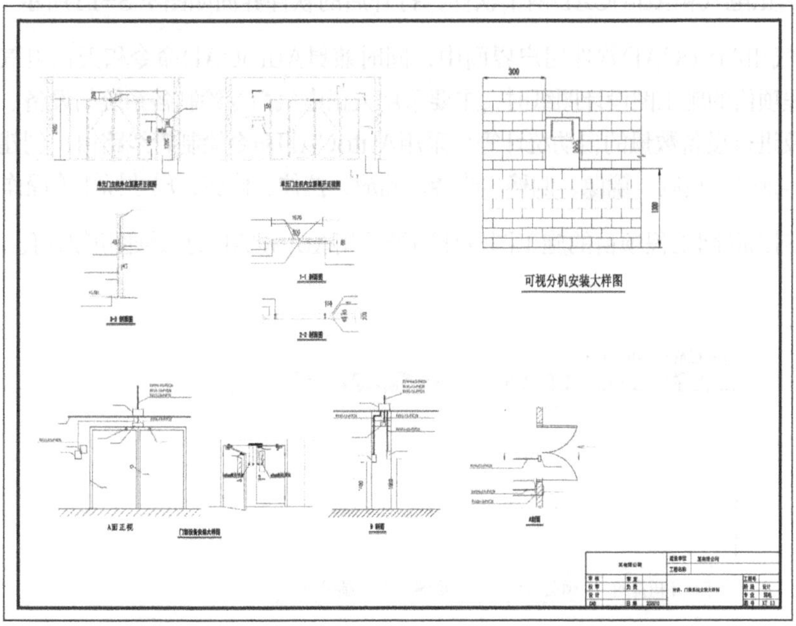

扫码看大图

图3-3-9　某智慧小区对讲、门禁系统安装大样图

3. 施工图设计深度要求

由于施工图设计图纸需要作为招标图纸并在一定程度上能够指导施工，因此，其设计深度应达到一定要求。根据《建设工程设计文件编制深度的规定》，弱电专业施工图设计深度至少应满足如下要求：

1）能够明确项目有哪些智能化子系统，各子系统需要实现哪些功能，并以系统图体现。

2）能够明确各子系统关键设备的技术指标和技术类型，并以设备材料表和系统图体现。

3）能够明确各子系统的点位数量、布置和弱电井、控制室位置，并以平面图体现。

4）能够明确各子系统设备的安装位置、安装高度、配套管线规格等，并以平面图体现。

5）能够明确公共区域线槽规格路由、预留孔洞、暗埋管路，并以平面图体现。

6）能够明确系统设备具体安装及施工细节、控制方式等，并分别以安装大样图、控制方式图体现。

7）能够作为工程招标图纸进行招标，且不局限于某特殊产品或系统。

8）能够使投标单位的商务报价具有可比性。

4. 绘制施工图常用软件介绍

绘制物联网工程项目的施工图设计图纸常用的软件有AutoCAD、天正电气等。当在计算机上安装完成了AutoCAD、天正电气两个软件后，直接通过双击桌面上安装完成后的天正电气软件图标，或在Windows菜单栏里搜索单击天正电气软件图标，即可开始打开天正电气软件，并在弹出的对话框中选中所需的AutoCAD软件版本，单击“确定”按钮，如图3-3-10所示，即可同时打开天正电气和AutoCAD两个软件，打开后的软件界面如图3-3-11所示。

在打开的天正电气和AutoCAD软件用户界面中，同时兼具AutoCAD命令和天正电气命令。在绘制物联网工程项目的施工图设计图纸时，主要采用天正电气命令绘制各系统的设备、桥架、图框、标注，以及进行设备数量的自动统计等；采用AutoCAD命令绘制管线路由、创建图块图例，以及进行图形删除、复制、镜像、偏移、旋转、缩放、拉伸、修剪、尺寸标注等操作。

一般情况下，绘制物联网工程项目的施工图设计图纸采用AutoCAD的二维图形即可。

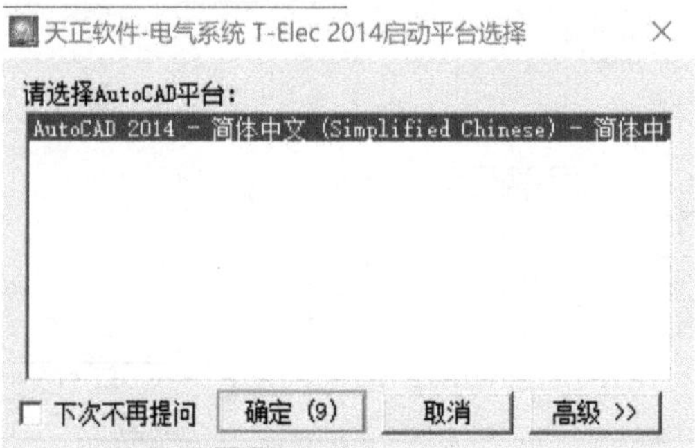

图3-3-10　打开天正电气软件自动连接到AutoCAD软件展示图

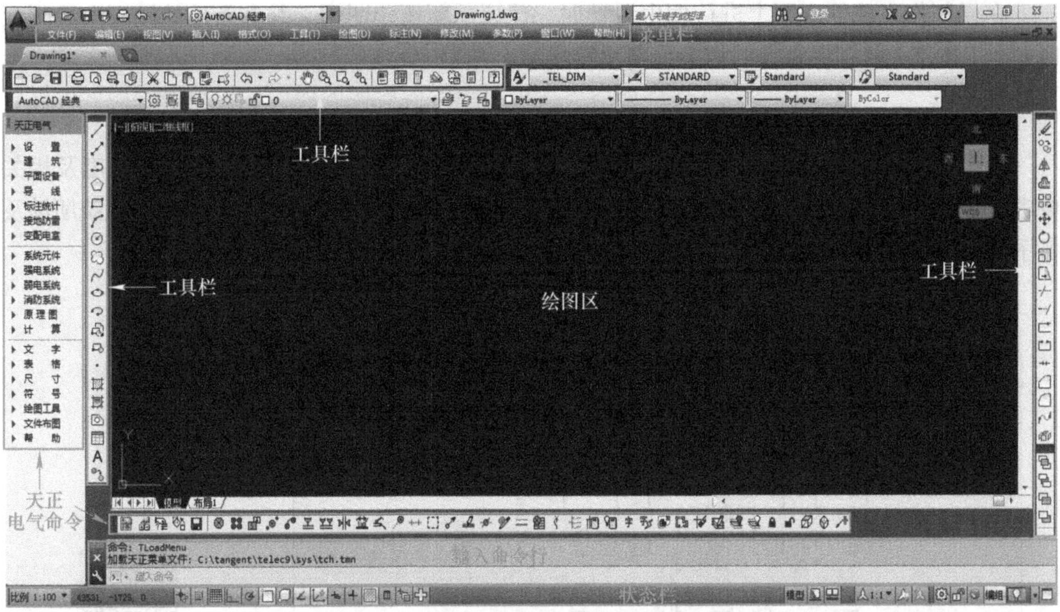

图3-3-11　天正电气和AutoCAD软件用户界面

任务实施

任务实施前必须先准备好以下设备和资源。

序　　号	设备/资源名称	数　　量	是否准备到位（√）
1	计算机	1台	
2	AutoCAD软件	1套	
3	天正电气软件	1套	
4	项目前期建筑、电气、装饰等图纸资料	1套	
5	项目合同或委托设计任务书	1套	
6	小区安防系统建设需求调研及分析资料、勘察资料、初步设计文件等	1套	

1. 熟悉项目相关资料

熟悉项目前期的建筑、电气、装饰等图纸资料，项目合同或委托设计任务书，以及小区安防系统建设需求调研及分析资料、勘察资料、初步设计文件等，明晰项目基本信息及其建设内容，编制施工图设计图纸封面、设计及施工说明。

2. 整理底图

根据项目前期的建筑、电气、装饰等图纸资料，梳理项目建设载体，通过AutoCAD和天正电气软件，整理并输出弱电工程施工图设计的底图。后期项目弱电设计的内容即在该底图上完成。底图颜色建议全部置为灰色，以与后期弱电设计的内容有所区分。

在已制作完成的底图上进行弱电设计时，建议重新新建图层，并在新建的图层上绘制项目弱电工程部分施工图设计的相关设备及管线等。

3. 绘制平面图

根据项目建设内容所涉及各子系统的前端点位部署原则，结合平面图的设计深度及相关要求，参考本任务中的“图3-3-7某小区办公楼一层弱电平面图”，绘制小区安防系统所涉及各子系统的平面图。

小区2号楼一层安防系统平面图绘制如图3-3-12所示。

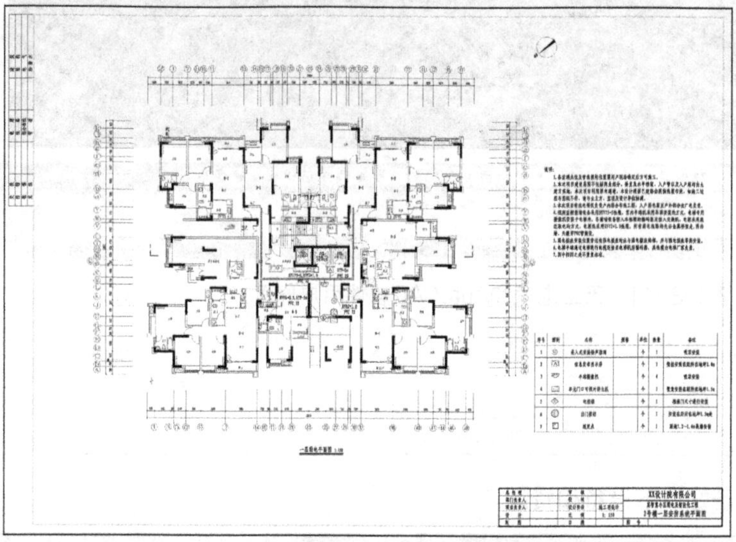

扫码看大图

图3-3-12　小区2号楼一层安防系统平面图

此外，除了绘制小区各区域的安防系统平面图外，还需要绘制整个小区的弱电系统总平面图。小区弱电总平面图绘制如图3-3-13所示。

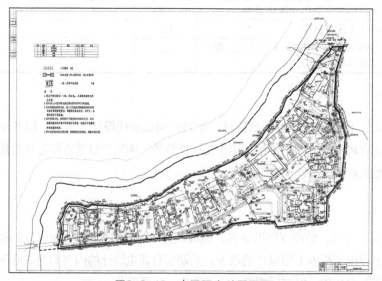

扫码看大图

图3-3-13　小区弱电总平面图

4．绘制系统图

根据小区安防各子系统所采用的技术方式，结合系统平面图设备部署情况，参考本任务中“图3-3-8某智慧小区停车场管理系统图”，绘制小区安防系统所涉及各子系统的系统图。并注意系统与系统之间的对接及联动情况，也需在系统图中体现。

小区视频监控系统图、周界防范系统图分别绘制如图3-3-14和图3-3-15所示。

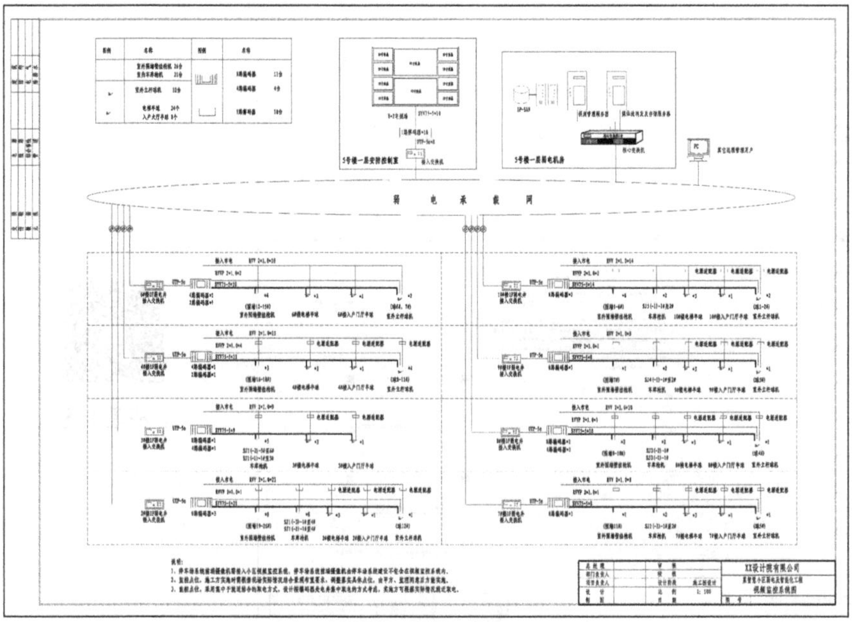

扫码看大图

图3-3-14　小区视频监控系统图

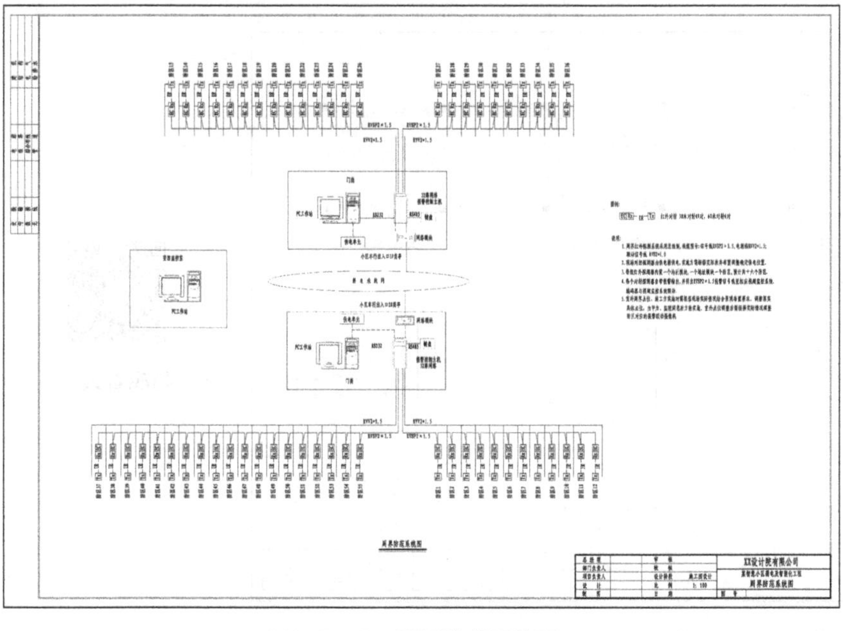

扫码看大图

图3-3-15　周界防范系统图

5. 绘制机房图纸

根据项目建设要求及初步设计文件，确定机房建设等级及其具体设计内容，并根据GB 50174—2017《数据中心设计规范》，对小区安防系统所需建设的机房进行相关内容的设计，并绘制相应的机房图纸。

小区消防安防控制室和数据中心机房的施工图设计图纸绘制如图3-3-16～图3-3-18所示。

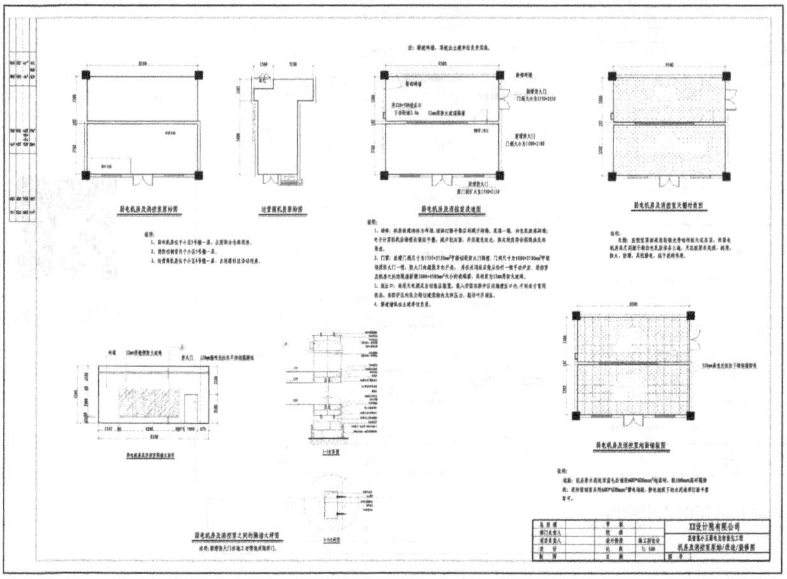

扫码看大图

图3-3-16　小区消防安防控制室和数据中心机房原始、改造、装修图

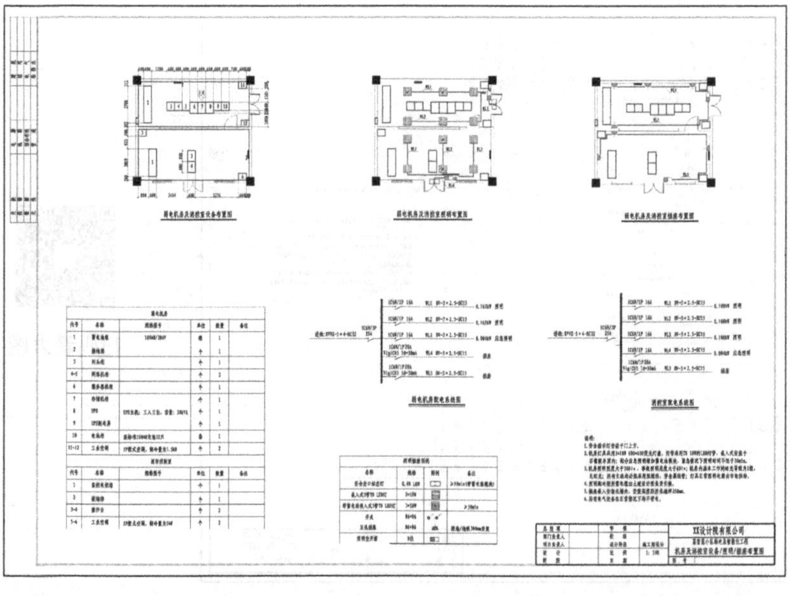

扫码看大图

图3-3-17　小区消防安防控制室和数据中心机房设备、照明、插座布置图

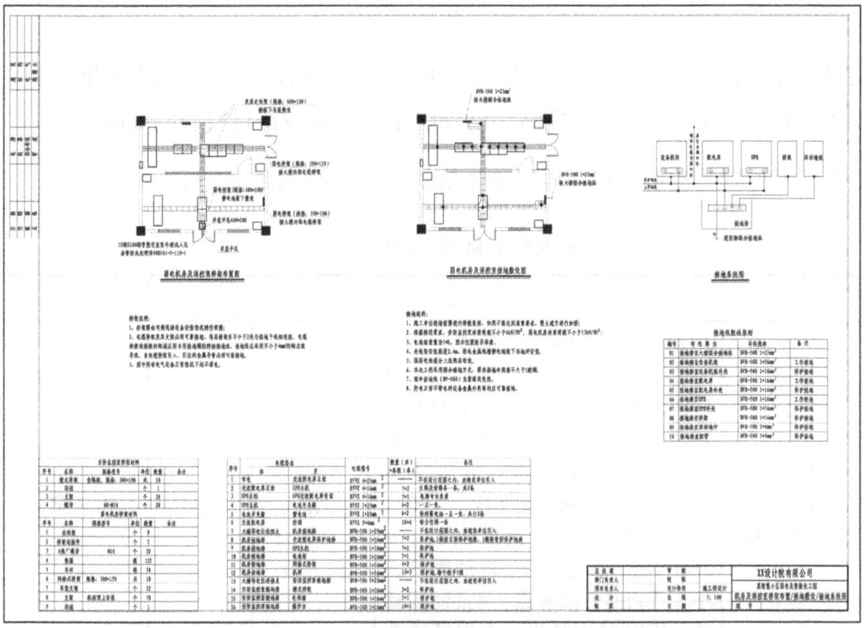

扫码看大图

图3-3-18　小区消防安防控制室和数据中心机房桥架、接地敷设、接地系统图

6. 绘制其他图纸

根据项目建设要求，参考“图3-3-9某智慧小区对讲、门禁系统安装大样图”，绘制相应系统的设备安装大样图。根据实际情况，若有必要，还需绘制部分系统的控制方式图等。

小区监控系统安装大样图绘制如图3-3-19所示。

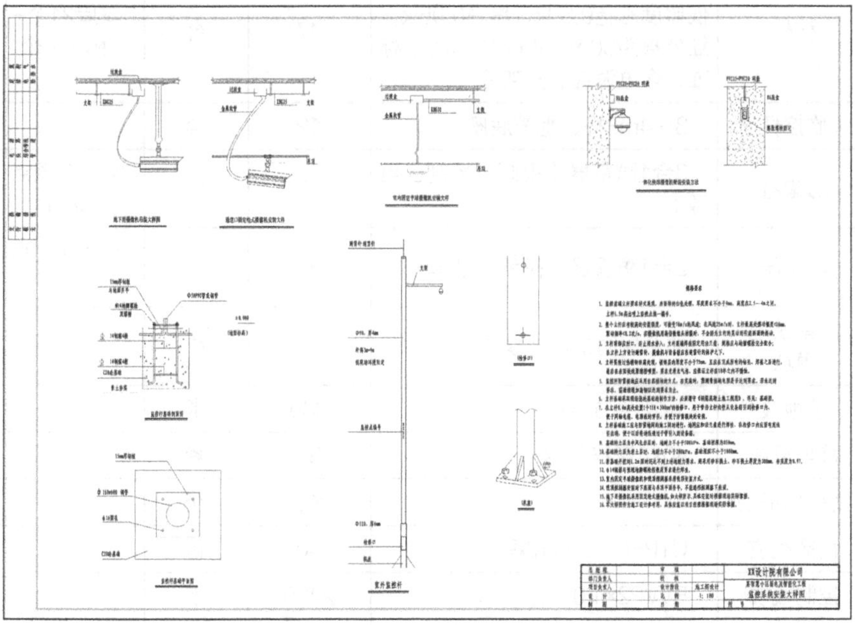

扫码看大图

图3-3-19　小区监控系统安装大样图

7. 编制主要设备材料表

根据项目的建设需求，结合已绘制完成的面图、系统图、机房图、大样图等图纸资料，统计项目所需的系统设备、管线、辅材等，完成小区安防系统主要设备材料表的编制。

小区安防系统建设中视频监控系统和周界防范系统的设备材料见表3-3-1。

表3-3-1　主要设备材料表模板

序号	系统分类	设备名称	规格程式	数量	单位	备注
1	视频监控系统	高清室外智能匀速球形摄像机	1/3"SONY CCD、带红外滤光片，1080P，黑白600TVL，最低照度彩色0.1lx，黑白0.01 lx，18倍光学变焦IP66防护、水平360° 连续旋转，水平速度0.1° ～360° /s，上下0° ～90° 旋转范围，上下速度0.1° ～150° /s，垂直180° 自动翻转，不少于256个预置点，4条巡视轨迹，IP66防水防尘，含电源镜头支架等	12	台	用于室外
2		电梯专用半球摄像机	1/3"SONY CCD，1080P，广角，含支架电源等	24	台	
3		高清红外半球式摄像机	1/3"SONY CCD，1080P，最低照度彩色0.5lx，黑白0.05lx，红外摄距10m，支持宽动态，IP66防水防尘，含电源镜头支架等	8	台	
4		枪机	1/3"SONY CCD，1080P，最低照度彩色0.5 lx，黑白0.05lx，红外摄距50m，IP66防水防尘标准，含电源镜头支架等	47	台	车库21个+围墙26个
5		监控杆	3～4mF杆、地笼底座	12	套	
6		防雷器	3合1防雷器（视频、控制、电源）	12	台	室外前端点球机
7		防雷器	2合1防雷器（视频、电源）	26	台	室外前端点枪机
8		防雷接地模块	非金属防雷接地模块	76	块	
9		接地线	1×25平方电缆	380	米	
10		接地母线	40×4镀锌扁钢	38	套	
11		角钢加扁钢		KG	76	
12		视频线缆	UTP-6，305m/箱	40	箱	
13		控制线缆	RVVP2×1.0	2400	米	
14		电源线	RVV2×1.0	12000	米	

（续）

序号	系统分类	设备名称	规格程式	数量	单位	备注
15	视频监控系统	KBG管	ϕ20	3150	米	车库
16		PVC管	ϕ32	1500	米	
17		通丝吊杆	标准	1050	套	用于KBG管，每隔3m1套
18		服务器	机架式服务器，1颗英特尔六核处理器，频率1.5GHz，8GB DDR3内存，2块300GB 10K转SAS热插拔硬盘，4个千兆以太网接口，DVD光驱，操作系统软件	3	台	视频管理、流媒体分发、存储服务器
19		磁盘阵列组	单控制器，IP-SAN 24盘位，柜体，硬盘等全套（RAID5，有效容量不低于228TB）	2	套	存储时间30天
20		平台软件	最大支持500路视频输入，含CMS、SMT、NVR、LMC、NCT五个模块，含客户端软件（10个许可证）	1	套	含客户端授权
21		解码器	1080P单路，兼容2路720P4路D1	10	台	
22		全功能网络键盘	主控键盘，带LCD显示屏及三维摇杆，RS485及曼彻斯特码输出，RS232及以太网通信功能，230V/50Hz	2	台	一主一备
23		电视墙框架	8+2框架，带设备放置柜，优质冷轧钢板	1	套	
24		操作台	2人座，优质冷轧钢板	1	套	
25		19英寸监视器	19″液晶监视器	8	台	
26		42英寸监视器	42″液晶监视器	2	台	
27		PC工作站	4GB内存，23英寸液晶显示器，i5以上CPU，硬盘500GB（含22英寸液晶显示器）、高品质头戴式计算机耳机带麦克风	2	台	
28		工程辅料	前端部分的接头、卡子、标牌等配套及辅材，以及设备间信号线、电源线等辅材等	1	批	

（续）

序号	系统分类	设备名称	规格程式	数量	单位	备注
29	周界防范系统	大型总线网络报警控制管理主机	具备4条防区扩展485总线接口和一个独立的RS232通信端口，可扩展一个RS485或以太网接口用于更多主机联网组建超大型报警系统，自带16个防区，可与监控系统联动	3	台	2台安装于岗亭，1台安装于消防安防控制室
30		红外对射探测器	四光束30m红外对射探测器49对，四光束60m红外对射探测器6对	55	套	
31		安装支架	定制	14	个	
32		32路联动设备		1	台	
33		4防区通信模块	带4个带2K线尾电阻接线防区，可编程对应自身输入防区实现报警联动输出，含12V/100W电源	14	个	
34		操作控制键盘		3	台	
35		专用电源		14	个	
36		防雷接地模块	总线防雷模块	14	个	
37		电源箱	含支架等配套	14	个	
38		警号		1	个	
39		信号线	RVVP2×1.5	2000	米	
40		联动信号线	RVS2×1.0	500	米	
41		电源线	RVV2×1.5	2000	米	探测器供电
42		PVC管	ϕ32，含开挖修复等（室外）	2000	米	
43		报警管理及电子地图软件	报警管理软件，包含电子地图软件	1	套	
44		开挖恢复		2000	米	
45		辅材	扎带、铁丝等	1	批	

8. 编制图纸目录

根据所绘制的全部图纸，按照：设计及施工说明、设备材料表、各子系统的系统图、各子系统的平面图、大样图、机房图、弱电总平面图等的顺序进行排列，编制图纸目录。

小区安防系统建设项目的施工图设计图纸目录绘制如图3-3-20所示。

图纸类别	序号	图纸名称	图纸编号	图幅	备注
设计及施工说明	1	设计施工说明	RD-SM-01	A2	
设备材料表	2	设备材料表（一）	RD-CL-01	A2	
	3	设备材料表（二）	RD-CL-02	A2	
系统图	4	光缆及网络系统图	RD-XT-01	A2	
	5	视频监控系统图	RD-XT-02	A2	
	6	周界防范系统图	RD-XT-03	A2	
	7	停车场管理系统图	RD-XT-04	A2	
	8	翼闸/巡更系统图	RD-XT-05	A2	
	9	燃气泄漏报警系统图	RD-XT-06	A2	
	10	楼宇可视对讲及门禁系统图	RD-XT-07	A2	
	11	FTTH系统图	RD-XT-08	A2	
	12	机房及弱电井内机柜上架布置图	RD-XT-09	A2	
平面图	13	2号楼一层弱电平面图	RD-PM-01	A2	
	14	2号楼二至三十层弱电平面图	RD-PM-02	A2	
	15	3号楼一层弱电平面图	RD-PM-03	A2	
	16	3号楼二至三十层弱电平面图	RD-PM-04	A2	
	17	4号楼一层弱电平面图	RD-PM-05	A2	
	18	4号楼二至二十四层弱电平面图	RD-PM-06	A2	
	19	6号楼一层弱电平面图	RD-PM-07	A2	
	20	6号楼二至二十四层弱电平面图	RD-PM-08	A2	
	21	7号楼一层弱电平面图	RD-PM-09	A2	
	22	7号楼二至二十四层弱电平面图	RD-PM-10	A2	
	23	8号楼一层弱电平面图	RD-PM-11	A2	
	24	8号楼二至二十层弱电平面图	RD-PM-12	A2	
	25	9号楼一层弱电平面图	RD-PM-13	A2	
	26	9号楼二至二十层弱电平面图	RD-PM-14	A2	
	27	10号楼一层弱电平面图	RD-PM-15	A2	
	28	10号楼二至二十层弱电平面图	RD-PM-16	A2	
	29	1号车库负三层弱电平面图	RD-PM-17	A1	
	30	1号车库负二层弱电平面图	RD-PM-18	A0	
	31	1号车库负一层弱电平面图	RD-PM-19	A0	
	32	2号车库负一层弱电平面图	RD-PM-20	A2	
	33	3号车库负二层弱电平面图	RD-PM-21	A2	
	34	3号车库负一层弱电平面图	RD-PM-22	A2	
	35	4号车库负一层弱电平面图	RD-PM-23	A2	
	36	5号车库负一层弱电平面图	RD-PM-24	A2	
大样图	37	监控系统安装大样图	RD-DY-01	A2	
	38	管网大样图1	RD-DY-02	A2	
	39	管网大样图2	RD-DY-03	A2	
	40	管网大样图3	RD-DY-04	A2	
机房图	41	机房及消控室原始/改造/装修图	RD-JF-01	A2	
	42	机房及消控室设备/照明/插座布置图	RD-JF-02	A2	
	43	机房及消控室桥架布置/接地敷设/接地系统图	RD-JF-03	A2	
	44	配电屏系统图/接地排大样图	RD-JF-04	A2	
	45	电视墙/操作台/装修大样图	RD-JF-05	A2	
总图	46	室外弱电管网总平面图	RD-ZP-01	A0	
	47	弱电系统总平面图	RD-ZP-02	A0	

图3-3-20　小区安防系统建设项目施工图设计图纸目录

上图中，图幅是指每张图纸所用的图框大小，可以是A0、A1、A2、A3、A4等。

任务小结

施工图设计是整个工程项目设计中最重要的一环，也是必不可少的内容，主要以图纸内容为主。施工图设计图纸不仅可以作为工程招标图纸，还可以在一定程度上指导施工。

本任务的相关知识及技能小结如图3-3-21所示。

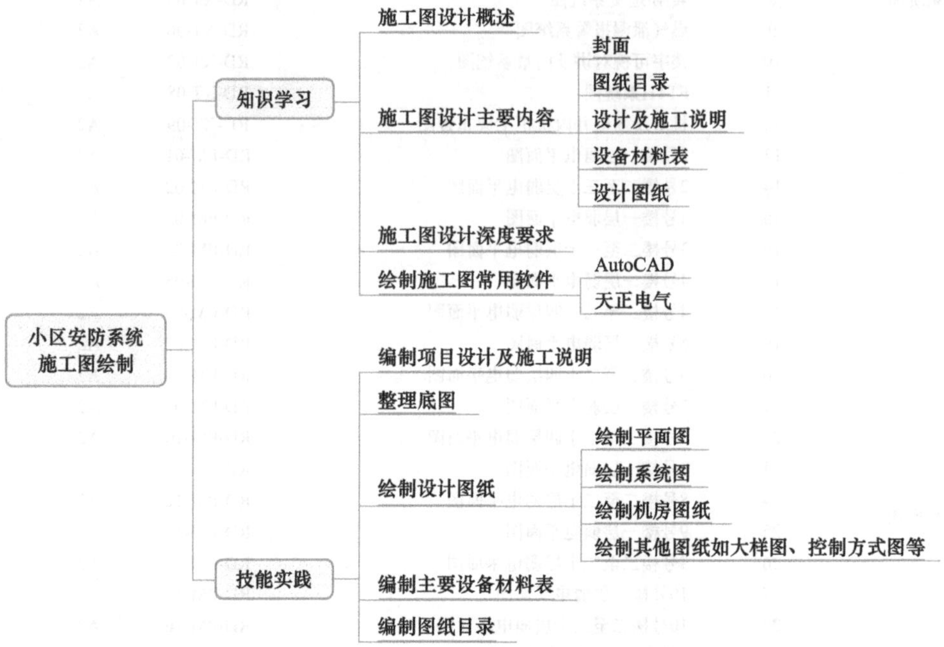

图3-3-21　知识与技能小结思维导图

任务拓展

一个工程项目建设了哪些内容、花费了多少资金，是建设单位特别关注的问题。因此，请根据本任务施工图设计图纸中所编制的主要设备材料表，查询满足规格程式中相关参数的设备或系统品牌及价格，编制造价预算表，并计算出项目弱电建设总投资。

任务4　小区安防系统施工图会审与设计交底

职业能力目标

- 能够模拟项目施工图会审真实场景，按流程完成图纸会审相关工作，并形成会议纪要
- 能够根据图纸会审纪要，完成施工图设计图纸的修改与调整

- 能够根据设计交底要求，编制项目设计交底汇报演示文稿，完成项目设计交底工作

任务描述与要求

任务描述：

L公司负责了一个智慧社区——小区安防系统的设计项目，且前期已经完成了该项目的施工图设计，现需对该项目的施工图进行图纸会审，再根据图纸会审的相关意见完成修改后，进行设计交底，以交付可执行的设计文件指导后续施工使用。

任务要求：

- 能够根据施工图设计图纸，参与并配合完成图纸会审工作，记录会议过程资料并形成会议纪要
- 能够针对图纸会审中各方提出的合理意见，对施工图设计图纸进行相应的修改
- 能根据设计交底要求，结合施工图设计资料，编制项目设计交底汇报演示文稿，完成项目设计交底

知识储备

1. 施工图会审与设计交底概述

（1）基本概念

1）施工图会审。

施工图会审是指建设单位在收到设计单位自审合格的施工图设计文件后，由建设单位组织工程参建各方对施工图设计图纸进行全面细致熟悉和审查的活动。

在施工图会审的过程中，工程各参建方需要仔细阅读设计文件，以了解工程特点及工程关键部位的质量要求，并站在实施方立场将图纸中影响工程施工、质量的问题，或对施工图纸概念不清楚的地方和图纸表达上存在漏、缺、误或各专业工种间有冲突的问题向设计单位提出并要求其解决。同时针对设计文件中实施方可能不明白的地方要求设计单位进行澄清，并对工程所选用的材料与市场、施工设备、现场环境等有矛盾的地方向设计单位提供建设性意见或参考等。

针对会审过程中各参建方的提问和设计人员的答复，需要记录在案形成文件。该文件经过规定程序后可作为与施工图同等效力的文件指导施工。

施工图会审的目的包括两个方面：一是使施工单位和各参建单位熟悉设计图纸，了解工程特点和设计意图，找出需要解决的技术难题，并制定解决方案；二是为了解决图纸中存在的问题，减少图纸的差错，将图纸中的质量隐患消灭在萌芽之中。

2）设计交底。

设计交底是指在施工图的设计图纸完成并经审查合格后，在建设单位主持下，设计单位在设计文件交付施工时，按法律规定的义务就施工图设计文件向建设单位及相关工程参建单位做出详细的说明。

设计交底的目的是设计单位对施工图设计文件进行总体介绍、说明设计意图、解释设计文件、明确设计要求，使得建设单位及相关工程参建单位加深对设计文件特点、难点、疑点的理解，掌握关键工程部位的质量要求，确保工程质量。

（2）遵循原则

物联网工程项目的施工图设计图纸会审与设计交底应遵循如下原则：

1）设计单位应提交完整的施工图设计图纸，包括与各专业相互关联的图纸也必须提供齐全、完整。对施工单位急需的重要分部分的专业图纸也可提前会审与交底，但在所有成套图纸到齐后需要再统一会审与交底。施工图会审不可遗漏，即使是在施工过程中另补的新图也应进行会审与交底。

2）在施工图会审与设计交底之前，建设单位、监理单位及施工单位和其他有关单位必须事先指定主管该项目的有关技术人员看图自审，初步审查本专业的图纸，进行必要的审核和计算工作。各专业图纸之间必须进行核对。

3）施工图会审与设计交底时，设计单位必须委派负责该项目的主要设计人员出席。进行施工图会审与设计交底的工程图纸，必须经建设单位确认，未经确认不得交付施工。

4）如有涉及设备制造厂家的工程项目及施工图，应由订货单位邀请制造厂家代表到会，并与建设单位、监理单位和设计单位的代表一起进行施工图会审与技术交底。

2. 施工图会审与设计交底的主要内容

（1）施工图会审的主要内容

由于建设单位将会组织工程各参建方对设计院所设计的施工图纸进行会审，因此，设计院需要关注会审的主要内容，以保证设计图纸尽量能一次性通过审核。一般情况下，施工图设计图纸的会审主要包括以下内容：

1）施工图设计是否按照国家、地方、行业的相关标准规范进行设计。

2）图纸表达深度是否符合相关设计深度要求。

3）施工图设计中的预算是否合理。

4）设计文件中平面图、系统图、设备材料表等之间的共通内容是否一致。

5）设计图纸与说明是否齐全，有无分期供图的时间表。

6）施工图设计中是否存在未明确或错误的地方。

7）施工图设计图纸与设备、特殊材料的技术要求是否一致。

8）工程各专业设计图纸内容是否有矛盾。

9）设计与施工主要技术措施是否相适应，针对施工图中所涉及的复杂工艺技术流程，施工单位能否实现。

10）材料来源有无保证，图纸中所要求的条件能否满足，新技术、新工艺、新材料的应用有无问题。

11）设备装置、敷设管道、电气线路等与建筑物之间或相互间布置是否合理。

12）施工安全、环境卫生等有无保证。

13）图纸是否符合监理大纲所提出的要求。

14）需要会审的其他内容。

（2）设计交底主要内容

物联网工程项目设计交底的主要内容为施工图设计图纸，如有必要，设计单位还需要向建设单位交付相应的施工图设计方案。

设计交底的施工图设计图纸应以天正电气和AutoCAD图纸的形式展现，需包含封面、图纸目录、设计及施工说明、设备材料表、平面图、系统图、机房图、大样图等内容，且其图纸设计深度应达到相关文件要求。配套的施工图设计方案一般以Word形式呈现，需包含设计方案说明、项目现状及需求分析、总体建设方案、详细建设方案、主要设备缆线安装及工艺要求、点位附表等。

在进行设计交底时，设计院应向工程相关方详细阐述如下内容：

1）贯彻执行初步设计（可行性研究报告）审查意见的情况。

2）设计意图、设备布置、施工要求，以及设计与施工验收应执行的标准、规范和技术规定。

3）设计概况、项目组成、专业图纸的组成及交付计划。

4）设计图例符号表达的工程意义。

5）设计生产（处理）能力、设备材料特点（包括设备材料选型、选材）以及对工程（施工检验方法和试运程序）提出的特殊要求。

6）辅助配套系统的设计与界区外工程的关系和衔接。

7）施工现场的自然条件、工程地质及水文地质条件等。

8）设计单位对监理单位和承包单位提出的施工图纸中的问题的答复。

9）主要工程量清单及设计预算等。

3. 施工图会审与设计交底组织程序

在项目开工之前，由建设单位项目组或监理单位组织监理、建设、设计、施工等单位的有关人员进行施工图会审和设计交底，其主要工作程序如下：

1）首先由设计单位对设计文件相关重点内容进行解读。

2）各有关单位对图纸中存在的问题进行提问。

3）设计单位对各方提出的问题进行答疑。

4）各单位针对问题进行研究与协调，制定解决办法，并写出会审纪要，且该会审纪要需经各方签字认可。

5）对会审会议上决定必须进行设计修改的，由原设计单位按设计变更管理程序提出修改设计。

经各方签字认可的会审纪要应被视为设计文件的组成部分，在施工过程中应严格执行。施工单位拟施工的一切工程项目设计图纸，必须经过施工图会审与设计交底程序，否则不得开工。已经会审与交底的施工图以下达会审纪要的形式作为确认。

施工图会审与设计交底的详细流程如图3-4-1所示。

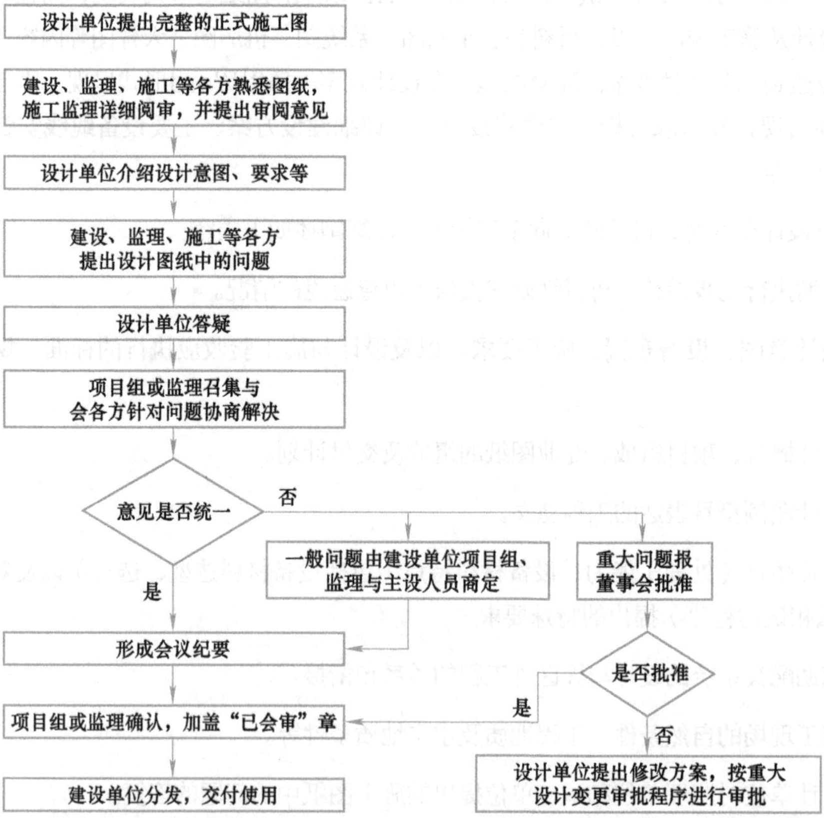

图3-4-1 施工图会审与设计交底流程

任务实施

任务实施前必须先准备好以下设备和资源。

序　号	设备/资源名称	数　量	是否准备到位（√）
1	计算机	1台	
2	Office软件	1套	
3	小区安防系统建设需求调研及分析资料、勘察资料，项目合同或委托设计任务书等	1套	
4	小区安防系统施工图设计图纸	1套	

1. 熟悉施工图设计图纸，完成图纸会审

设计单位将设计完成的施工图设计图纸交予建设单位和施工单位，提前熟悉施工图设计图纸及相关资料，并按照约定的时间参加图纸会审会议，严格按照相关流程配合完成图纸会审工作。

在图纸会审过程中，设计人员针对项目的施工图设计资料及内容进行详细阐述，并对图纸会审中各参与方提出的问题进行答疑，同时记录会议过程资料，并对其进行整理形成会议纪要，交予与会各方签字确认。会议纪要可参考表3-4-1进行制作。

表3-4-1　施工图会审的会议纪要表模板

<table>
<tr><td>工程名称</td><td colspan="2"></td><td>会审专业</td><td></td></tr>
<tr><td rowspan="4">参加人员会签栏</td><td>建设单位</td><td colspan="3"></td></tr>
<tr><td>设计单位</td><td colspan="3"></td></tr>
<tr><td>监理单位</td><td colspan="3"></td></tr>
<tr><td>施工单位</td><td colspan="3"></td></tr>
<tr><td colspan="5">会审纪要：

共　页，第　页</td></tr>
<tr><td>建设单位签章：
年　月　日</td><td colspan="2">设计单位签章：
年　月　日</td><td>监理单位签章：
年　月　日</td><td>施工单位签章：
年　月　日</td></tr>
</table>

2. 根据施工图会审纪要，修改完善施工图设计图纸

若在施工图会审的过程中，各会审参与方未提出相关实质性的修改意见，则无需进行施工图修改，直接进入下一步工作；若在施工图会审的过程中，会审的相关参与方提出了合理的修改意见，且各方签字认可，则设计单位就需对所提的相关意见进行施工图设计图纸的相应修改与完善。直到最终施工图会审的各参与方对设计单位所提交的施工图设计图纸均一致通过后，方可进入项目下一阶段的工作。

3. 编制设计交底汇报演示文稿

根据设计交底的目的及设计交底时应向工程相关方详细阐述的具体内容的要求，结合小区安防系统建设项目施工图设计图纸及相关资料，拟定设计交底汇报PPT大纲，并编制完成该PPT演示文稿。PPT用于在设计交底评审会上，设计院人员据此向建设方、监理方、施工方等与会各方介绍项目施工图设计的相关情况。

设计交底汇报PPT演示文稿的内容一般由封面、目录、项目基本情况、建设方案、设备清单、审查意见执行情况、特殊说明等几部分组成。其中针对“设备清单”部分，有些项目应甲方需求会将该部分做成“投资预算”，即在设备清单的基础上增加了项目建设各部分的投资费用及项目的总费用。

“封面”部分一般需写明项目的名称、项目设计单位、项目建设单位等。

“目录”主要是阐明本次设计交底汇报将从哪几个方面进行汇报。

“项目基本情况”应阐明本次项目所属的设计阶段、工程情况（如建设小区的总用地面积、总占地面积、总建筑面积、居住用户、停车位数量、住宅栋数及层数、现场相关条件等）、本次项目建设范围及建设界面划分等。

“建设方案”应由总体建设方案和详细建设方案两部分组成。其中总体建设方案的阐述内容一般应包含项目建设的总体设计思路、总体设计原则、总体建设内容等；详细建设方案应阐明项目建设各子系统所采用的技术方式、系统功能、系统架构、前端点位部署、建设内容及规模等。

“设备清单”部分应简明地阐述项目建设各子系统所建设的主要的设备及数量等。若是“投资预算”，则还需在设备清单的基础上增加各建设子系统的费用及项目建设的总费用等。

“审查意见执行情况”主要阐述本次的施工图设计图纸针对项目各阶段的评审意见的具体落实情况，比如是否根据之前的图纸会审意见进行了施工图相应的修改与完善。

“特殊说明”主要是阐述设计对施工过程中所提出的一些特殊要求以及与本项目施工有关的界区外工程的衔接情况。

4. 施工图设计交底

设计单位将完整版的设计交底资料提交给建设单位，并提前熟悉设计交底的相关资料，

按约定的时间按时参加设计交底会议，并向参与会议的工程相关方详细阐述设计交底的相关资料，对参与会议的相关方所提出的问题进行答疑，同时记录会议过程资料，并对其进行整理形成会议纪要，交予与会各方签字确认。

任务小结

施工图会审与设计交底是施工图设计项目必不可少的环节，只有通过了施工图会审与设计交底后的施工图设计图纸，才能作为最终可执行文件交付给建设单位和施工单位以指导项目后续的施工。设计交底是设计工作中的最后一环，后续就是为项目的施工提供相应的技术支撑。

本任务的相关知识点、技能点小结如图3-4-2所示。

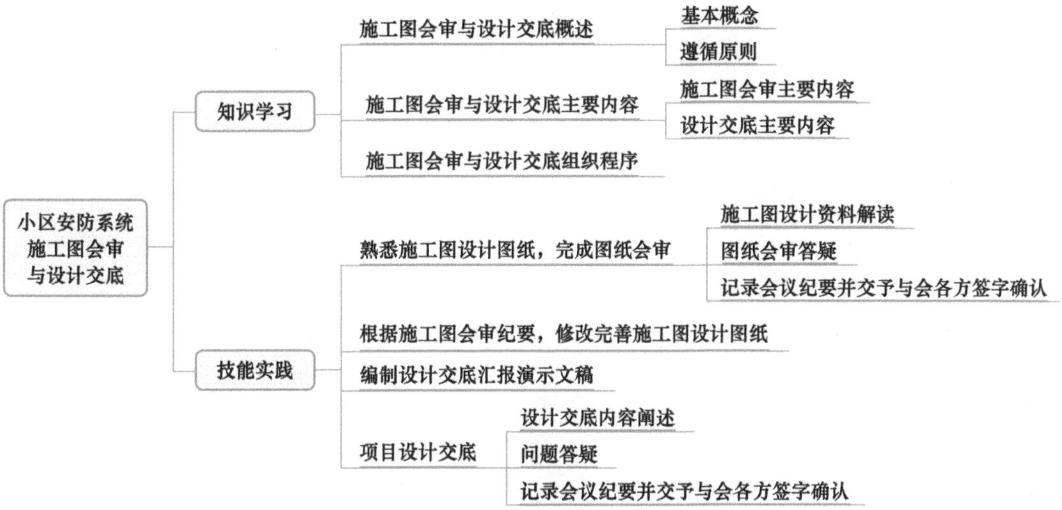

图3-4-2　知识点与技能点小结思维导图

任务拓展

为了便于项目甲方和图纸会审的各方更易于理解设计院的施工图设计图纸及设计意图，保证项目设计交底的一次性通过和后续施工的顺利开展，目前各大型设计院除了完成设计交底最基本的施工图设计图纸，还会单独编制Word版的施工图设计方案文档，请结合本任务所学内容，查询相关资料，自行拟定《小区安防系统建设项目施工图设计方案》目录大纲，并撰写完成该方案的所有内容。

Project 4

项目 4

智慧交通——停车场管理系统建设实施管理与验收

引导案例

随着《交通强国建设纲要》等一系列交通强国政策文件的颁布实施，交通数字化、智能化发展不断加速，智慧交通已成为智慧城市建设的重要组成部分。智慧交通停车场管理系统是智慧交通网络中的重要分支，目的是实现复杂环境下的停车场智能化管理。由于汽车保有量的急速增长，停车难问题日趋严重，因此，借助现代信息化、网络化技术进行停车场管理系统建设，提高停车资源的有效利用显得至关重要。

基于智慧交通的停车场管理系统主要利用物联网、云计算、大数据处理等技术，配置电动推杆、摄像机及其他设施实现停车场道闸管理；通过停车场内部的车辆探测器、停车指示灯、烟雾传感器等设备对整个停车场车位进行管理，最终能够实现对车位资源的高效管理以及停车行为的实时监控，如图4-0-1所示。

智慧交通停车场管理系统主要包含停车场道闸系统和车位管理系统两大部分，该管理系统使用中央控制系统集中监控停车场日常运行，并采用车辆牌照自动识别系统对进入停车场的车辆进行数据采集。根据采集的车辆牌照结果，引导车辆进入停车场指定的区域，并在车辆驶出停车场时进行识别。为了保障停车场管理系统建设科学有效地进行，本项目将从停车场管理系统建设的WBS分解、甘特图绘制、网络计划技术、项目验收等几个方面进行介绍。

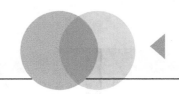

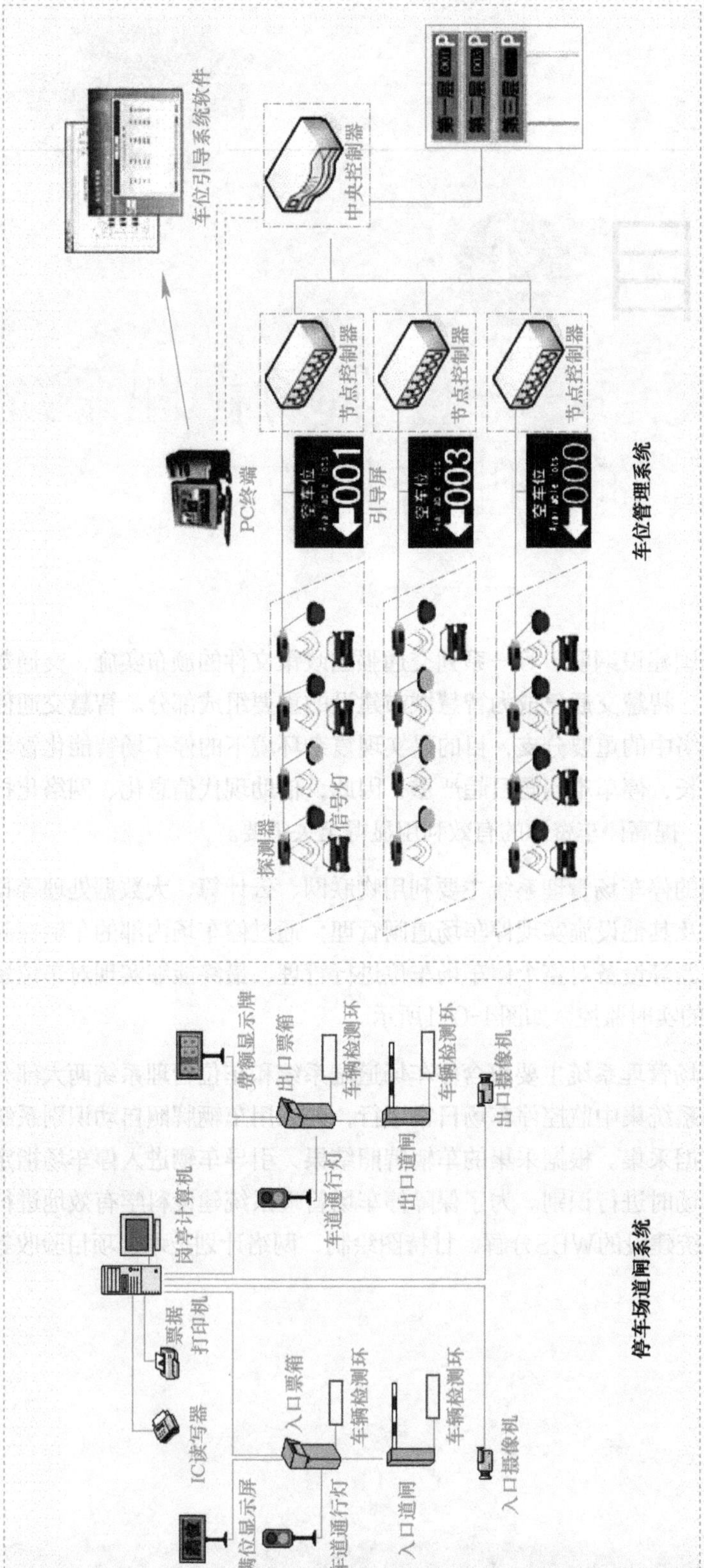

图4-0-1　停车场管理系统示意图

任务1 停车场管理系统WBS创建

职业能力目标

- 能根据项目前期资料及项目合同，识别项目的主要交付成果
- 能结合项目资源及特性等因素，确定WBS类型及创建方法
- 能按照选择的类型和方法，完成项目的WBS创建

任务描述与要求

任务描述：

LA所在的L公司中标了一个智慧交通—— 停车场管理系统建设项目。停车场管理系统建设过程主要包含需求分析、方案设计、安装调试及运行维护等阶段。根据项目实施计划需要，LA需要组织项目团队成员对停车场管理系统项目进行WBS创建。

为了完成任务，LA在接到该任务后，组织团队对项目资料进行了分析整理，根据项目前期资料收集的客户需求，结合项目的范围说明书，对项目进行任务分解。

任务要求：

- 通过熟悉项目前期资料及项目合同，识别和分析项目的主要交付成果
- 通过对项目特点进行分析，选择合适的WBS类型和创建方法
- 完成停车场管理系统建设项目的WBS创建
- 检查WBS创建的正确性和分解层次的恰当性

扫码看视频

知识储备

1. WBS的基本概念

为了实现项目目标，需要对项目从立项到收尾整个生命周期所涉及的范围进行管理和控制。所谓WBS（Work Breakdown Structure）即工作分解结构，是一种将项目最终可交付成果和项目工作进行逐层细分，最终定义出项目工作包的方法。在项目的具体实施过程中，工作分解结构是为了便于对项目的范围进行管理和控制，按层次将项目分解为便于管理的子项目，子项目再分解为更小的、易于管理的工作包，工作包是WBS最底层的可交付成果。因此工作分解结构是以项目范围为依据，从上至下、逐层分解的过程，图4-1-1显示的就是一个从上到下进行分解的过程。

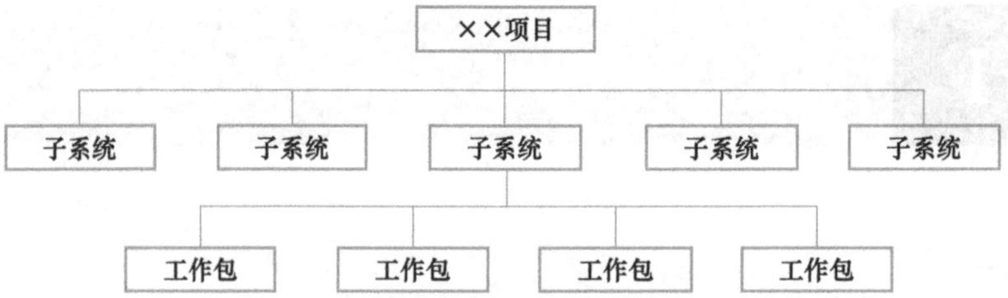

图4-1-1 工作分解结构示意图

从基本概念上来看，WBS以项目结果为导向进行分析，其目的是将工作层层分解，具体到每个人的日常活动。在对项目进行工作分解过程中，由于不同的人有不同的思维方式，所以实际分解时就会出现不同人对一个项目的分解方式不同，得到多种WBS且结果都合理的情况。因此，工作分解结构没有一个最好的分解方案，只有适合当前项目环境的工作分解结构。在实际操作中应广泛听取多方建议，得出多种方案再从中选优。

2. WBS的类型

工作分解结构围绕项目的可交付成果或项目的生命周期展开，因此在分解过程中可以将WBS分为基于可交付成果的类型和基于项目生命周期的类型。这个过程主要是确定WBS的第二层，一般来说，WBS的第二层由产品分解、服务分解、结果分解中的一种或多种构成，此外还会包含横向关联和项目管理，如图4-1-2所示。

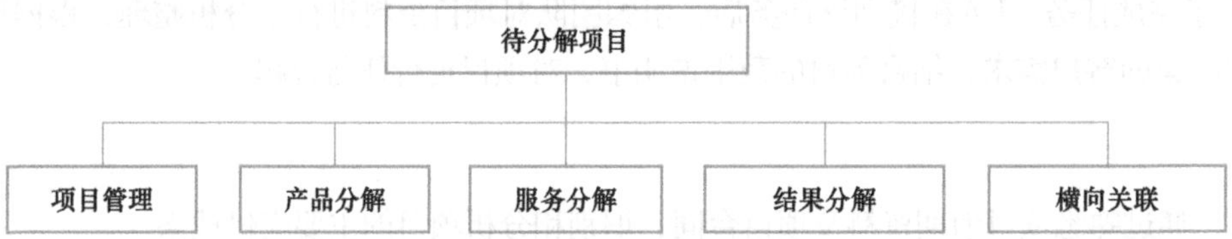

图4-1-2 WBS结构组成

其中产品分解是指有形交付的具体成果，如信息化系统项目交付的各个子系统和相关过程文档。服务分解是针对提供相应服务的项目，可采用相似或相关的功能、职能或技术进行逻辑分解。比如信息化系统运维过程，可以根据不同领域进行分解。结果分解主要是指基于项目生命周期分解的项目，主要是按照为达到项目目标所必需的过程步骤进行项目分解。比如在信息化系统建设过程中可按照需求分析、方案设计、系统集成、系统交付等阶段进行分解。项目管理是指对项目管理责任和活动的分解。

（1）基于可交付成果的类型

图4-1-3是一个按照项目可交付成果来设计的信息化系统集成项目工作分解结构，第二层到第三层皆采用项目可交付成果进行任务分解，图中各项功能的具体内容是工作分解结构设计的基础。

（2）基于项目生命周期的类型

以图4-1-2所示的信息化系统集成项目为例，图4-1-4所示是一种基于项目生命周期的类型，这种类型分解的第二层主要是围绕项目开发各个阶段进行分解设计。

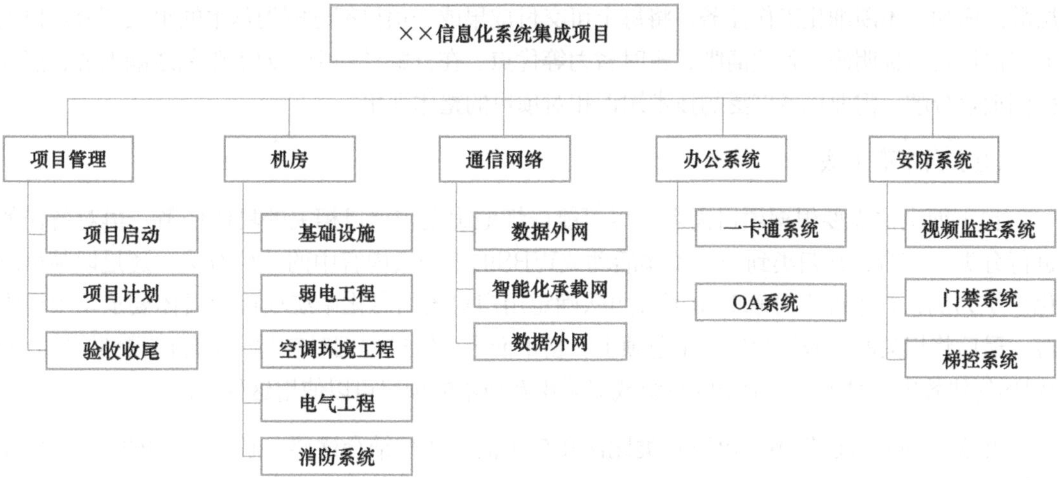

图4-1-3　基于可交付成果的WBS

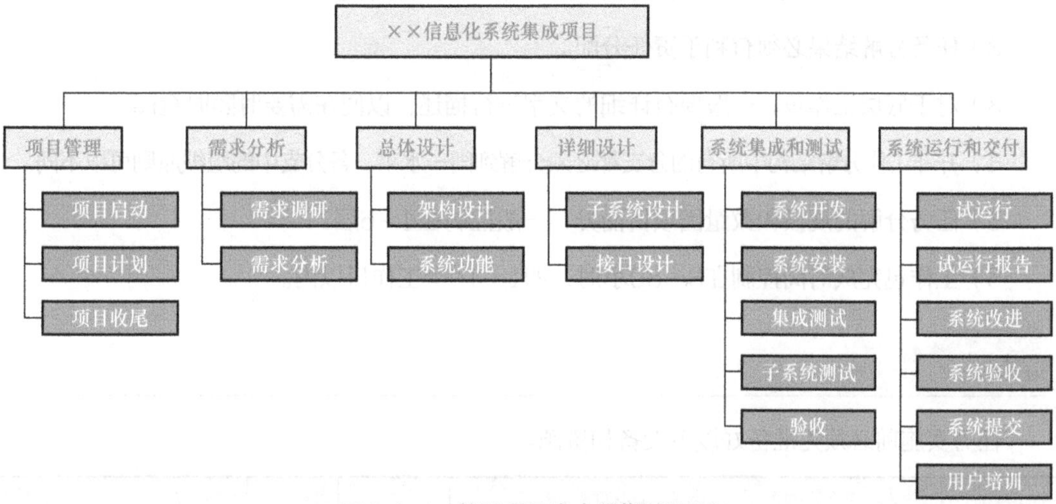

图4-1-4　基于项目生命周期的WBS

3. WBS创建方法

WBS创建方法受多种因素影响，比如项目的领域、类型、复杂度、工作类别，项目所处行业特点及项目经理的管理模式等，分解方法也多种多样。常见的WBS创建方法有类比法、自上而下法、自下而上法等。

（1）类比法

在项目实施过程中，很多企业都建有WBS和其他项目文档的知识库为项目开发人员提供参考。类比法就是以一个类似的项目作为基础进行具体项目分解的方式。比如某物联网工程公司计划开发一个停车场管理系统时，就可以使用以往开发的类似项目为基础，结合新项目环境的特殊性进行WBS分解。

（2）自上而下法

自上而下法是一种常用的WBS创建方法，即从项目的最大单位开始逐层分解，随着分解层数的增加，不断细化工作任务，将每个可交付成果或子项目都分解为基本的组成部分。自上而下法具有目标明确、条理清晰、省时省力等优点。在分解过程中，为了避免遗漏细节、消除范围理解分歧，需要具备广泛的技术知识和对项目的整体视角。

（3）自下而上法

自下而上法需要根据项目需求，尽可能详细地确定和项目相关的具体任务，再对各任务进行分类、整合，并归类到一个整体活动或WBS的上一级内容中的一种方法。还是以某信息化系统为例，自下而上分解时由项目团队确定用户对该信息化系统项目的具体要求和项目内容，最后将相关的任务都归到一个总项上。自下而上分解过程相对耗时，但是能得到比较好的WBS创建效果。对于一些全新的系统或者采用新技术的项目可以使用这种方法。

在实际的分解过程中，可以将类比法和自上而下法相结合逐层分解。在分解时，还应注意以下几项：

1）WBS创建时应尽可能详细地收集与项目相关的所有信息。

2）任务分解结果必须有利于责任分配。

3）对于底层工作包，一般要有详细的文字进行描述，以便在需要时随时查阅。

4）并非工作分解结构中所有的分支都必须分解到同一水平，各分支中的组织原则可以不同。

5）任务分解的规模和数量因项目而异，一般控制在4～6层。

6）工作包完成时间控制在8～80小时，即1～10个工作日以内。

任务实施

任务实施前必须先准备好以下设备和资源。

序　　号	设备/资源名称	数　　量	是否准备到位（√）
1	计算机	1台	
2	Office软件	1套	
3	停车场管理系统建设项目资料	1套	

1．识别项目的可交付成果及其相关工作

熟悉停车场管理系统建设需求分析、项目范围说明书等项目资料，深刻领会项目的功能、性能要求，明确项目生命周期的各个阶段、项目的可交付成果、产品、系统或者服务。需要特别注意的是，可交付成果不仅包括项目交付时提交的产品，还包括项目文档、项目管理及支持活动、必要的过程输出，如计划、记录、报告等。

通过对项目资料进行分析，停车场管理系统的主要交付成果主要有停车场道闸系统和车位管理系统两部分。停车场管理系统建设过程主要包含需求分析、系统设计、设备采购、系统集成、系统测试、试运行、系统交付等阶段。

2. 确定WBS类型

WBS类型可以采用多种形式，例如按项目的可交付成果进行分解、按项目的生命周期进行分解等。在实际分解过程中，可以根据项目自身的特性及实施方式，选择项目团队比较熟悉的方式对项目工作进行逻辑上的细化。在此根据项目的生命周期对停车场管理系统进行WBS创建。

3. 确定WBS创建的方法

WBS创建的常见方法有类比法、自上而下法、自下而上法等。在实际操作过程中，常见的方法是类比法和自上而下法相结合。以类似项目的WBS为基础，结合项目的具体特点，自上而下逐层进行分解，直至将项目分解为一个复杂性和成本花费都可计划、可控制的工作包，具体分解层次需要结合项目的规模等实际情况。分解过程中要注意避免遗漏细节，可适当采纳不同领域专家的意见。在此选择自上而下的方法对停车场管理系统进行WBS创建。

4. 按照确定的WBS类型和方法进行分解

在前几个步骤中，确定了停车场管理系统的分解类型和分解方法，接下来就可以根据停车场管理系统的生命周期，采用自上而下的方法进行任务分解。

1）将停车场管理系统建设过程的各个阶段在WBS结构图的第二层上标示出来，如图4-1-5所示。

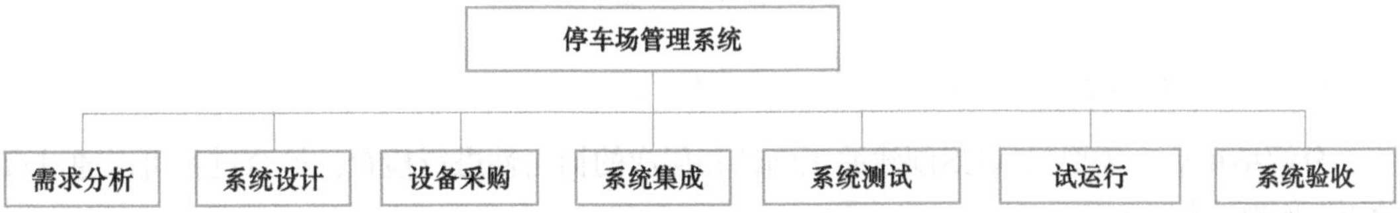

图4-1-5 停车场管理系统WBS第二层

2）根据图4-1-5所示的分解结果判断能否快速方便地估算出各阶段各自所需要的时间和费用，以及责任分配的可能性和合理性。如果不可以则进行更细的分解。

3）细分停车场管理系统建设过程的各个阶段。需求分析需要细化到需求调研及需求确认；系统设计需要细分到总体方案设计和详细方案设计；系统集成需要细分为设备集成和软件集成；系统测试需要细分为单元测试、集成测试和测试报告。将细分结果放在WBS创建的第三层如图4-1-6所示。

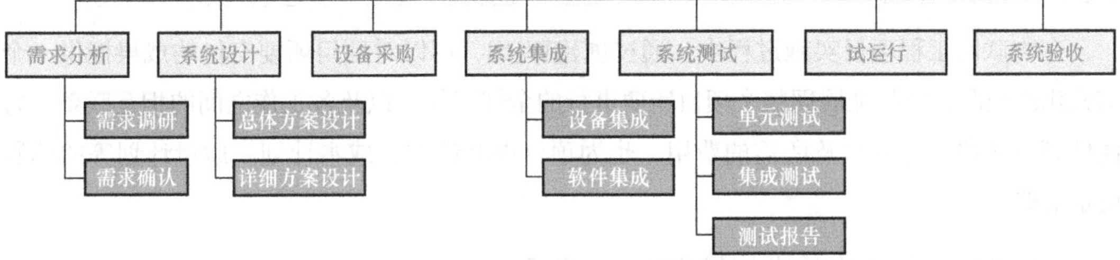

图4-1-6 停车场管理系统WBS第三层

4）继续对分解结果进行判断和细分，直到能够根据分解结果快速方便地估算出各阶段各自所需要的时间和费用，以及能够合理地进行责任分配。最终可得到停车场管理系统的WBS分解如图4-1-7所示（在分解过程中可根据实际情况对停车场管理系统的WBS进行调整）。

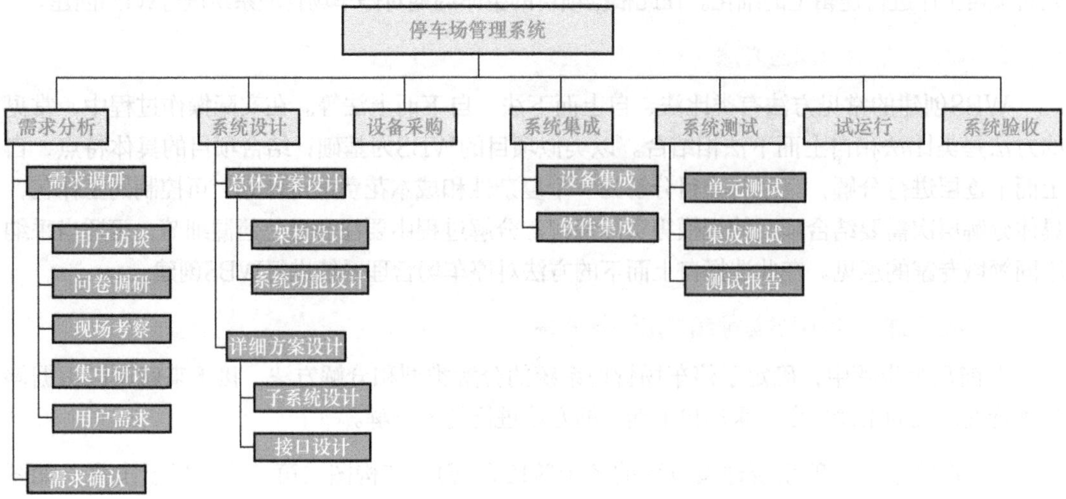

图4-1-7　停车场管理系统WBS

5. 检查WBS创建的正确性和层次的恰当性

分解结束后，需要对WBS创建的正确性和层次的恰当性进行检查。检查过程可以通过查验以下问题来解决：

1）最底层的项目分解是否充分？

2）最底层工作包是否重复？

3）每个工作包定义是否完整？

4）每个工作包是否可以恰当地编制进度和预算？

5）是否有利于质量、进度、成本计划的管控？

6）是否分解过细或者过于简略？

任务小结

在物联网工程项目实施过程中，通过创建WBS，可以对项目所要交付的成果提供一个结构化的视图，清晰地展现整个项目所要进行的全部工作，以及各工作之间的相互联系，方便估算各阶段实际完成及所需的费用，也为项目进度计划、成本计划、质量计划等的编制奠定基础。

本任务的相关知识与技能小结如图4-1-8所示。

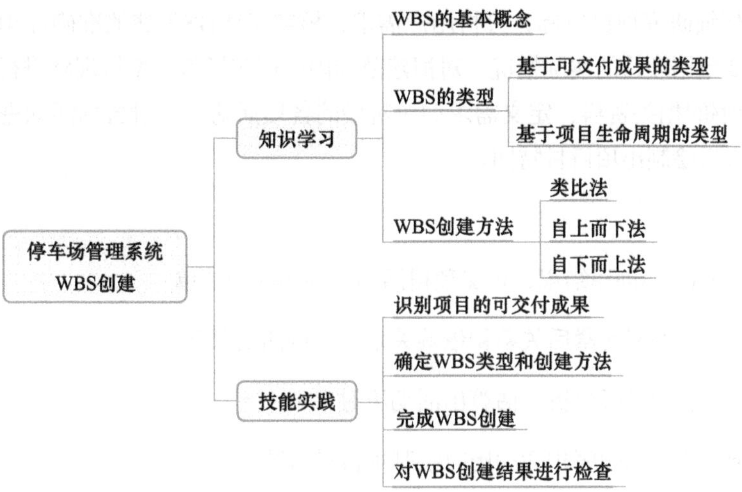

图4-1-8　知识与技能小结思维导图

任务拓展

请在现有任务实施的基础上，通过对相关资料的搜集、学习与分析，自行识别停车场管理系统的可交付成果，基于可交付成果对停车场管理系统进行WBS创建。

任务2　停车场管理系统建设甘特图绘制

职业能力目标

- 能根据WBS创建的结果，确定项目活动清单
- 能根据项目活动间的依赖关系，合理地安排活动顺序，估算活动持续时间
- 能根据项目的活动资源，对活动历时进行估算

任务描述与要求

任务描述：

LA所在的L公司中标了一个智慧交通—— 停车场管理系统建设项目，为有效解决某园区停车难问题，该项目是园区2021年重点建设项目。中标后L公司与N单位在2021年6月20日签订合同。LA作为停车场管理系统项目的负责人，组织项目团队成员LB和LC完成项目WBS

创建，且通过仔细研究项目目标，分析用户需求，核实了WBS创建的准确性和分解层次的合理性。现在需要根据项目的实际情况，对拟建范围内的停车场管理系统现状进行需求调研，结合前期WBS分解的相关资料，定义需求调研阶段的各项活动，并对各项活动进行排序，估算出活动历时，最后绘制出项目甘特图。

任务要求：

- 通过熟悉WBS创建结果，定义项目活动，列出活动清单
- 识别活动间的紧前紧后关系和依赖关系，安排活动顺序
- 通过活动资源进行分析，估算出活动历时
- 通过项目的活动顺序和活动历时绘制项目甘特图

知识储备

1. 活动定义

创建WBS已经识别出项目的底层可交付成果，再进一步分解和细化，得到实现项目目标所必须开展的具体活动，这一过程就是定义活动。定义活动的主要作用就是将WBS最底层的工作包分解为具体的活动，生成活动清单，列出每个活动的标识、责任人及工作范围描述，为项目进度估算、规划、执行和监控奠定基础。某信息化系统项目活动分解如图4-2-1所示。

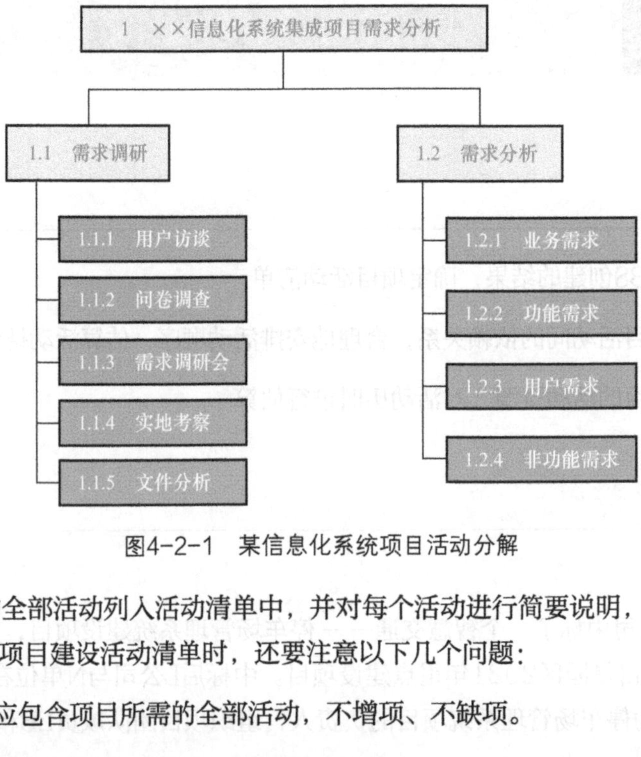

图4-2-1 某信息化系统项目活动分解

将分解得到的全部活动列入活动清单中，并对每个活动进行简要说明，见表4-2-1。在完成停车场管理系统项目建设活动清单时，还要注意以下几个问题：

1）活动清单应包含项目所需的全部活动，不增项、不缺项。

2）可以参考组织过程资料库中类似项目的活动清单来定义项目活动。

3）对近期比较明确的工作，项目活动应尽可能详细；对于远期尚不明确的工作，可以先粗略识别出框架性活动。

4）可以根据项目规模和团队实际情况分级制定。

5）在活动定义过程中如若发现原有WBS创建中存在的问题应及时予以调整。

表4-2-1　某信息化系统项目活动清单

活动编号	活动名称	工作范围描述	责任人	成果
1.1.1	用户访谈	通过访谈了解项目基础信息、理解用户业务情况、知晓项目建设内容及其他相关信息等，以获取用户需求	LA	访谈记录
1.1.2	问卷调查	由用户填写问卷的方法来获取项目需求	LB	项目问卷
1.1.3	需求调研会	通过召开需求会议以获取用户需求	LC	会议纪要
1.1.4	实地考察	通过现场实地观察，获取用户关于项目建设的相关信息	LA	考察记录
1.1.5	文件分析	通过查阅项目相关的标准规范、类似项目参考案例等分析项目建设内容所涉及需求	LB	分析记录
⋮	⋮	⋮	⋮	⋮

定义活动的依据主要是进度管理计划、范围基准、事业环境因素及组织过程资产。

（1）进度管理计划

项目进度管理计划是项目管理计划的组成部分，为编制、监督和控制项目进度准则和明确活动。根据项目需要，进度管理计划可以是正式或非正式的，非常详细或高度概括的，其中应包括合适的控制临界值。

（2）范围基准

范围基准是经过批准的范围说明书、WBS和相应的WBS词典。在定义活动中，需要充分考虑项目范围基准中的WBS分解。

（3）事业环境因素

能够对定义活动产生影响的事业环境因素主要有相关企业组织文化和结构、商业数据库中发布的商业信息及项目管理信息系统等因素。

（4）组织过程资产

能够对定义活动产生影响的组织过程资产主要有以下几项：

1）经验教训知识库，主要包含以往类似项目的活动清单等历史信息。

2）项目实施的标准化流程。

3）以往项目中包含标准活动清单或部分活动清单的模板。

4）现有与活动相关的正式和非正式的政策、程序和指南。

在定义活动实践中，可以将活动按照时间展开特性分为不连续活动和投入活动。不连续活动有明确的开始和结束时间，是构成项目工作的主体。投入活动往往周期反复执行，如周例会等定期管理性活动。

2. 活动排序

活动排序是通过识别和记录活动之间的关联和依赖关系，排列各项活动的先后顺序，确定活动路径，构建出项目进度网络图。项目活动间的依赖关系决定了活动在时间上的先后顺序。根据依赖关系的紧密度和可控性可分为强制性依赖关系、选择性依赖关系和外部依赖关系。

（1）强制性依赖关系

强制性依赖关系相对容易确定，是指活动间内在性质决定的依赖关系，先后顺序由客观规律决定。比如物联网工程项目的开发，需要先确认项目框架后才能够进行。强制性依赖关系也称为硬逻辑关系，是项目活动排序的重要依据之一，这种关系不能打破，否则项目质量会存在风险。

（2）选择性依赖关系

选择性依赖关系内部活动间没有内在联系，先后顺序由项目团队根据主观意志进行调整和安排。在活动排序时，项目管理者应基于具体应用领域的最佳实践或项目的某些特殊性质来确定活动顺序，科学地确定选择性依赖关系。

（3）外部依赖关系

外部依赖关系往往不在项目团队的控制范围内，活动之间的关系受到外部组织或其他活动的影响和制约。例如，在智慧交通项目启动阶段，需要由政府结合相关部门进行讨论并获得主管部门审批才能进行下一阶段的活动。

确定活动间依赖关系后就可以对活动先后顺序进行排列，活动间的先后关系见表4-2-2，可分为结束-开始（F-S型）、开始-开始（S-S型）、结束-结束（F-F型）、开始-结束（S-F型），表中活动A为活动B的紧前活动，活动B为活动A的紧后活动。

表4-2-2 活动间的先后关系

活动关系	图示	说明
F-S型 结束-开始	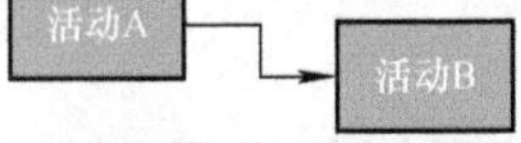	活动A结束后，活动B才能开始
S-S型 开始-开始	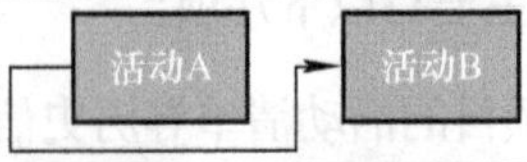	活动A开始后，活动B才能开始
F-F型 结束-结束	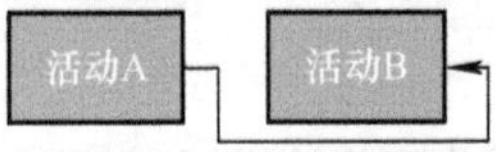	活动A结束后，活动B才能结束
S-F型 开始-结束	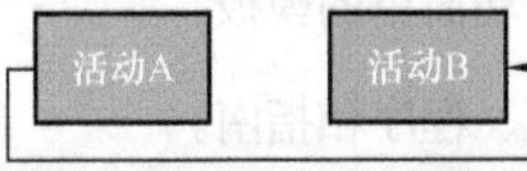	活动A开始后，活动B才能结束

3. 活动历时估算

活动历时是指完成一项活动所消耗的实际工作时间和必要的间歇时间。活动历时估算是在综合考虑人力、物力、财力等活动资源下，估算完成每个活动所用的时间。活动历时估算的方法主要有专家判断、类比估算、参数估算、三点估算、群体决策技术、储备分析等。

（1）专家判断

专家判断是指依赖于相关专家历史的经验和搜集的信息进行历时估算，这种估算效率高，是一种行之有效的方法，但有一定的不确定性和风险性。

（2）类比估算

类比估算就是利用以前类似项目工作完成时间来估计当前工作的完成时间，是一种较常用的方法。类比估算需要以过去项目的工作持续时间、预算、规模和复杂性等多种参数为基础。

（3）参数估算

参数估算是指利用历史数据之间的统计关系和其他变量来估算持续时间。最常用的是把需要实施的工作量乘以完成单位工作量所需的工时，来估算活动历时。参数估算的准确性取决于参数模型的成熟度和基础数据的可靠性。

（4）三点估算

三点估算通过考虑估算过程中的不确定性和风险，可以提升活动历时估算的准确性。三点估算是指通过估算活动最可能、最乐观、最悲观时间，乘以权重值并除以6得出项目的期望历时，运用统计规律降低历时估算的不确定性。

最可能时间（T_m）：基于最可能获得的资源、最可能取得的资源生产率、对资源可用时间的现实预计、资源对其他参与者的可能依赖以及可能发生的各种干扰等，所得到的活动持续时间。

最乐观时间（T_o）：基于活动的最好情况，所得到的活动持续时间。

最悲观时间（T_p）：基于活动的最差情况，所得到的活动持续时间。

由于项目的完成时间在三种估算值区间假定分布，可计算期望时间T_e的一个常用公式为β分布：

$$期望时间=（乐观估计+4\times最可能估计+悲观估计）\div 6$$

（5）群体决策技术

群体决策技术是为达到某种期望结果，而对多个未来行动方案进行评估的过程，通过团队成员进行头脑风暴、德尔菲技术或名义小组技术等方法进行历时估算，是一种基于团队的历时估算方法。群体决策技术可以有效调动团队成员的参与度，提高估算准确度及团队成员对估算结果的责任感。

（6）储备分析

储备分析是指在进行历时估算时，需将时间储备或缓冲时间纳入项目进度计划中，以应对进度方面的不确定性。储备分析主要分为应急储备和管理储备。应急储备用来应对已经接受的已识别风险，管理储备是应对项目范围中不可预见的工作。

扫码看视频

4. 进度计划的表现形式

通过定义活动、活动排序、历时估算可以得出项目活动的起始和完成日期，得出项目进度计划，为项目进度管理提供基础。项目进度计划的表现形式有很多种，常见的有项目网络图、甘特图、里程碑计划、进度计划表。

（1）项目网络图

项目网络图是比较常用的进度计划表现形式，可以充分反映项目进度活动之间的逻辑关系。通过网络图可识别关键活动，并确定某一活动进度的变化对紧后活动和总工期的影响。常用的网络图有单代号网络图和双代号网络图两种，分别如图4-2-2和图4-2-3所示，在后续任务中将具体学习网络图的绘制。

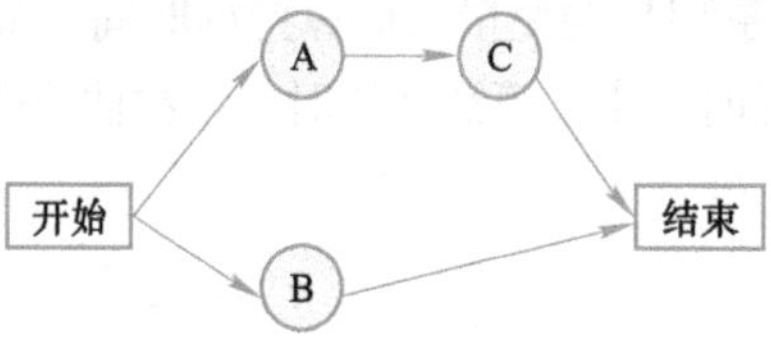

图4-2-2　单代号网络图

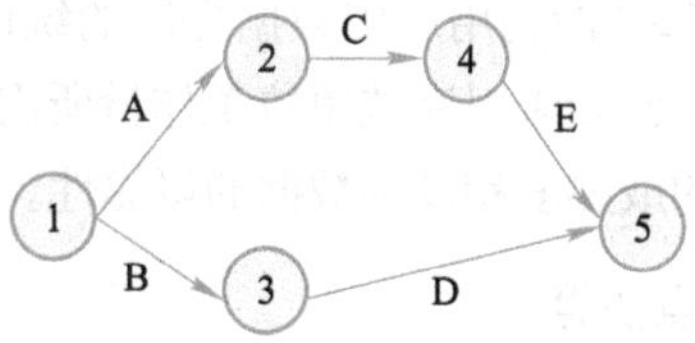

图4-2-3　双代号网络图

（2）甘特图

甘特图又叫横道图，把计划和进度安排两种职能结合在一起，纵向列出项目活动，横向列出时间跨度。每项活动计划或实际的完成情况用横道线表示，横道线还显示了每项活动的开始时间和结束时间，如图4-2-4所示。

序号	任务名称	开始时间	完成	持续时间	2021年05月											
					1	2	3	4	5	6	7	8	9	10	11	12
1	需求分析	2021/5/1	2021/5/2	2天												
2	系统设计	2021/5/2	2021/5/5	4天												
3	系统集成	2021/5/3	2021/5/6	4天												
4	系统运维	2021/5/7	2021/5/11	5天												

图4-2-4　甘特图

甘特图简单、直观、易制作，能较清楚地反映工作任务的开始和结束时间，能表达工作任务的活动时差和彼此间的逻辑关系。但甘特图无法表达活动间的依赖关系，不利于合理地组织安排、指挥整个系统，更不利于对整个系统进行动态优化管理。

（3）里程碑计划

里程碑计划主要用于列出项目的关键节点及关键节点的起始时间，见表4-2-3，用于对项目整体进度计划的管理。

表4-2-3　里程碑计划

里程碑事件	1月	2月	4月	10月	12月
项目启动	▲1日				
需求确认完成		▲15日			
方案设计完成			▲28日		
试运行启动				▲18日	
项目验收					▲31日

（4）进度计划表

进度计划表也是一种简单易用的进度计划表现形式，通俗易懂但不够形象直观，见表4-2-4。

表4-2-4　进度计划表

序　号	工作名称	工期（工作日）	开始时间	结束时间
1	编制项目任务书	20	2020年7月2日	2020年7月27日
2	制定工作计划书	20	2020年7月30日	2020年8月24日
3	总体设计	80	2020年8月27日	2020年12月14日
4	详细设计	140	2020年9月24日	2021年4月5日

任务实施

任务实施前必须先准备好以下设备和资源。

序　号	设备/资源名称	数　量	是否准备到位（√）
1	计算机	1台	
2	Office软件	1套	
3	停车场管理系统WBS列表或图形，其他项目前期资料	1套	

1. 熟悉项目资料

收集停车场管理系统建设项目的相关资料，包括停车场管理系统WBS分解资料、项目合同，以及其他项目前期相关资料，并进行熟悉。

2. 完成活动清单

通过对停车场管理系统建设项目需求调研的4个工作包进行进一步分解和细化，识别和判定为实现各工作包所必须开展的活动，分解过程如图4-2-5所示。

根据图4-2-5填写表4-2-5停车场管理系统需求调研活动清单（可根据实际需要对该表进行调整），描述活动详细信息。

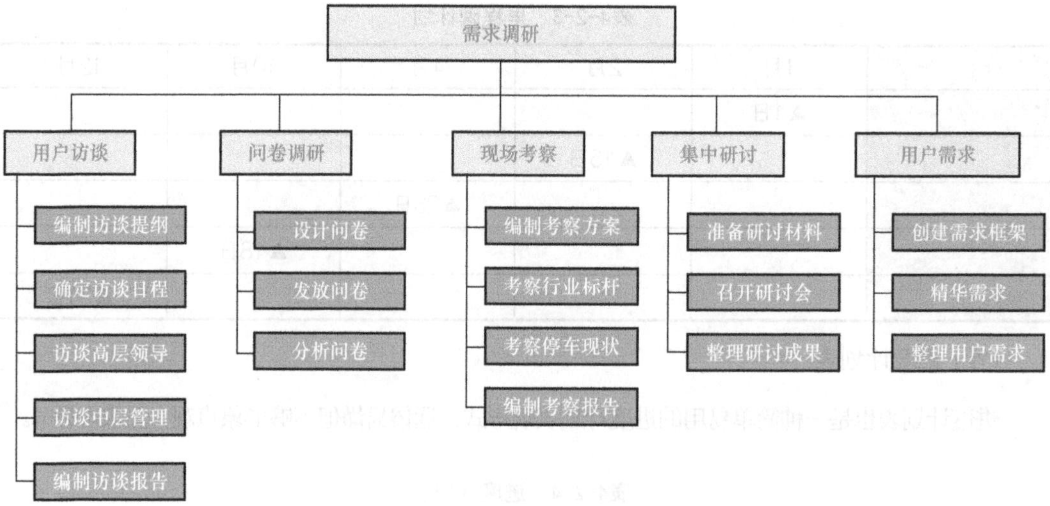

图4-2-5　停车场管理系统需求调研活动分解

表4-2-5　停车场管理系统需求调研活动清单

活动编码	活动名称	活动范围描述	责任人	成果
A	编制访谈提纲	根据不同访谈对象分类编制提纲	LA	访谈提纲
B	确定访谈日程	与访谈对象预约访谈时间及地点	LA	访谈日程表
C	访谈高层领导	访谈园区建设分管领导	LB	高层访谈记录
D	访谈中层管理	访谈停车场管理系统建设项目负责人	LC	中层访谈记录
E	编制访谈报告	编制访谈报告，组织内部评审，客户确认	LB	访谈总结报告
⋮	⋮	⋮	⋮	⋮

3. 制定项目活动关系表

分析停车场管理系统建设项目活动的依赖关系，比如根据强制性依赖关系，需要先确定访谈日程后，才能够访谈高层领导和中层领导。识别和记录各项活动的关系，统计活动顺序，得出停车场管理系统需求调研活动关系表，见表4-2-6。

表4-2-6　停车场管理系统需求调研活动关系表

序　号	活动编码	活动名称	紧前活动	紧后活动	备　注
1	A	编制访谈提纲	—	B	
2	B	确定访谈日程	A	C、D	
3	C	访谈高层领导	B	E	
4	D	访谈中层管理	B	E	
5	E	编制访谈报告	C、D	M	
6	F	设计问卷	—	G	
7	G	发放问卷	F	H	
8	H	分析问卷	G	M	
9	I	编制考察方案	—	J、K	

（续）

序　　号	活动编码	活动名称	紧前活动	紧后活动	备　　注
10	J	考察行业标杆	I	L	
11	K	考察停车现状	I	L	
12	L	编制考察报告	J、K	M	
13	M	准备研讨材料	E、H、L	N	
14	N	召开研讨会	M	O	
15	O	整理研讨成果	N	P	
16	P	创建需求框架	O	Q	
17	Q	精化需求	P	R	
18	R	整理用户需求	Q	—	

4. 估算活动持续时间

对停车场管理系统建设项目的相关资料进行分析，根据可利用资源的实际情况对活动历时进行估算。确定访谈日程所需的时间乐观估计为1天，悲观估计为3天，最可能估计为2天，按照三点估算法进行估算，确定访谈日程所需的时间为2天。选择合适的方法估算出所有活动历时，并将估算出来的活动时间记录在停车场管理系统需求调研活动持续时间表中，见表4-2-7。

表4-2-7　需求调研活动持续时间表

序　　号	活动编码	活动名称	活动持续时间	备　　注
1	A	编制访谈提纲	2	
2	B	确定访谈日程	2	
3	C	访谈高层领导	1	
4	D	访谈中层管理	1	
5	E	编制访谈报告	2	
6	F	设计问卷	2	
7	G	发放问卷	5	
8	H	分析问卷	2	
9	I	编制考察方案	2	
10	J	考察行业标杆	3	
11	K	考察停车现状	1	
12	L	编制考察报告	2	
13	M	准备研讨材料	3	
14	N	召开研讨会	1	
15	O	整理研讨成果	2	
16	P	创建需求框架	1	
17	Q	精化需求	2	
18	R	整理用户需求	2	

5. 绘制甘特图

1）根据停车场管理系统建设项目活动清单、活动关系表和活动持续时间表，完成停车场管理系统需求调研活动时序表，见表4-2-8。

表4-2-8 停车场管理系统需求调研活动时序表

序号	活动编码	活动名称	紧前活动	活动持续时间	备注
1	A	编制访谈提纲	—	2	
2	B	确定访谈日程	A	2	
3	C	访谈高层领导	B	1	
4	D	访谈中层管理	B	1	
5	E	编制访谈报告	C、D	2	
6	F	设计问卷	—	2	
7	G	发放问卷	F	5	
8	H	分析问卷	G	2	
9	I	编制考察方案	—	2	
10	J	考察行业标杆	I	3	
11	K	考察停车现状	I	1	
12	L	编制考察报告	J、K	2	
13	M	准备研讨材料	E、H、L	3	
14	N	召开研讨会	M	1	
15	O	整理研讨成果	N	2	
16	P	创建需求框架	O	1	
17	Q	精化需求	P	2	
18	R	整理用户需求	Q	2	

2）根据停车场管理系统建设项目活动时序表，使用Visio软件绘制停车场管理系统需求调研的进度计划甘特图。

① 创建甘特图。可以利用“日程安排”模板创建甘特图，如图4-2-6所示。

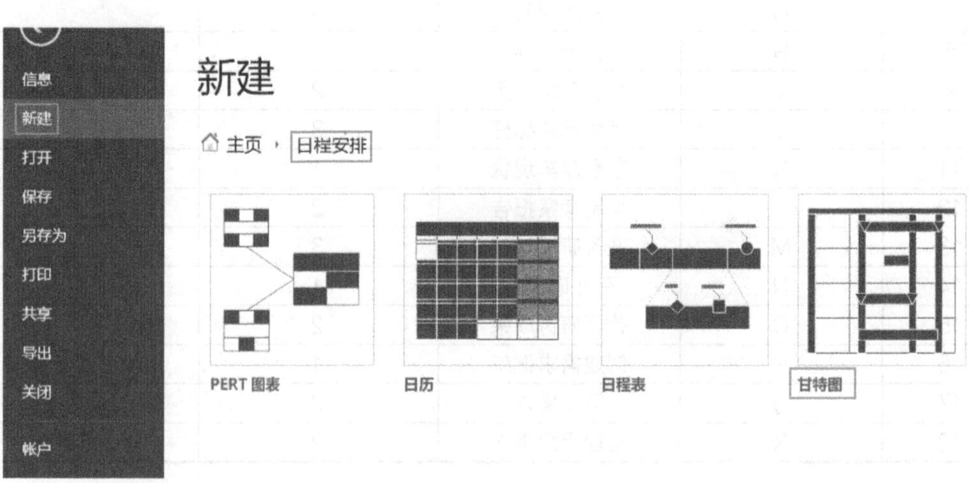

图4-2-6 创建甘特图

② 设置甘特图选项。在甘特图选项中设置任务选项、时间单位、持续时间选项、时间刻

度范围等相关参数，如图4-2-7所示。

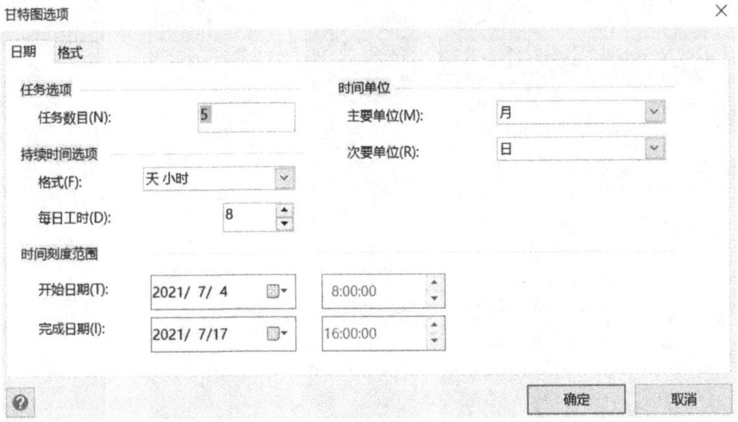

图4-2-7　设置甘特图选项

③ 配置工作时间，如图4-2-8所示。

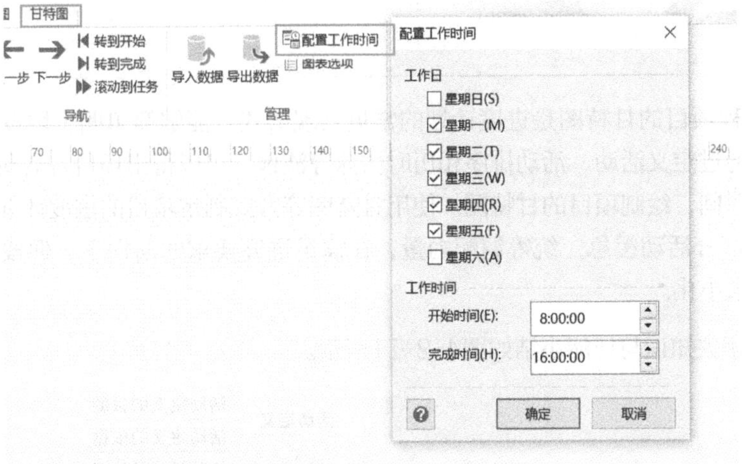

图4-2-8　配置工作时间

④ 编辑甘特图。编辑甘特图中的任务名称，并通过移动滑块，完成时间的自动修改，如图4-2-9所示。

图4-2-9　编辑甘特图

⑤ 绘制停车场管理系统需求调研甘特图，如图4-2-10所示。

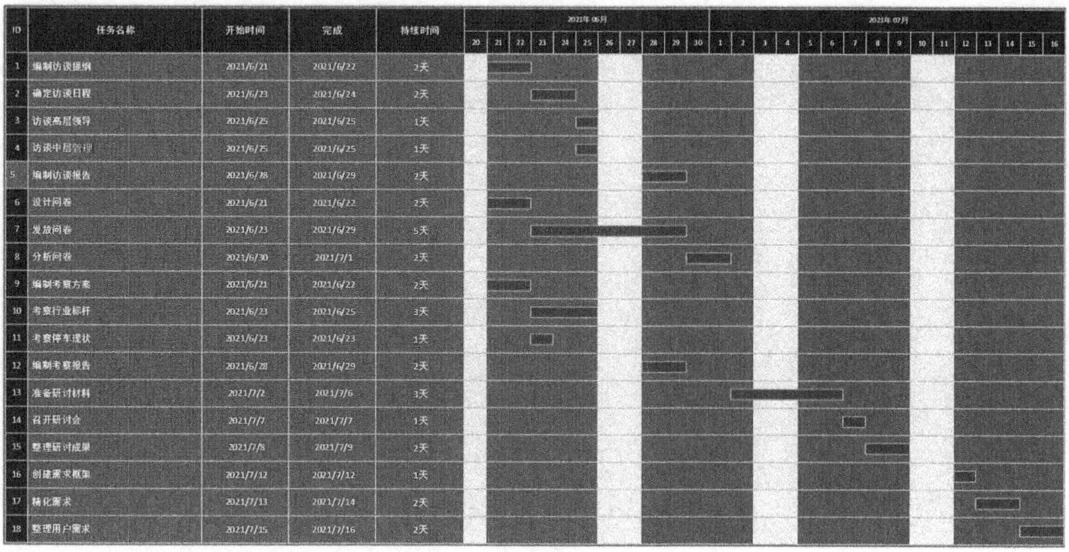

ID	任务名称	开始时间	完成	持续时间
1	编制访谈提纲	2021/6/21	2021/6/22	2天
2	确定访谈日程	2021/6/23	2021/6/24	2天
3	访谈高层领导	2021/6/25	2021/6/25	1天
4	访谈中层管理	2021/6/25	2021/6/25	1天
5	编制访谈报告	2021/6/28	2021/6/29	2天
6	设计问卷	2021/6/21	2021/6/22	2天
7	发放问卷	2021/6/23	2021/6/29	5天
8	分析问卷	2021/6/30	2021/7/1	2天
9	编制考察方案	2021/6/21	2021/6/22	2天
10	考察行业标杆	2021/6/23	2021/6/25	3天
11	考察停车现状	2021/6/23	2021/6/23	1天
12	编制考察报告	2021/6/28	2021/6/29	2天
13	准备研讨材料	2021/7/2	2021/7/6	3天
14	召开研讨会	2021/7/7	2021/7/7	1天
15	整理研讨成果	2021/7/8	2021/7/9	2天
16	创建需求框架	2021/7/12	2021/7/12	1天
17	精化需求	2021/7/13	2021/7/14	2天
18	整理用户需求	2021/7/15	2021/7/16	2天

图4-2-10　停车场管理系统需求调研甘特图

任务小结

物联网工程项目的甘特图是进度计划的常见表现形式，能够简单明了地反映范围、时间等项目要素。通过定义活动、活动排序和历时估算等流程，可以得出项目各活动之间的相互关系及活动持续时间，绘制项目的甘特图。使用甘特图等方式制定项目的进度计划，能够在资源有限的情况下区分活动缓急，统筹调配力量，在满足进度要求的前提下，促成资源利用最大化、项目成本最小化。

本任务的相关知识与技能小结如图4-2-11所示。

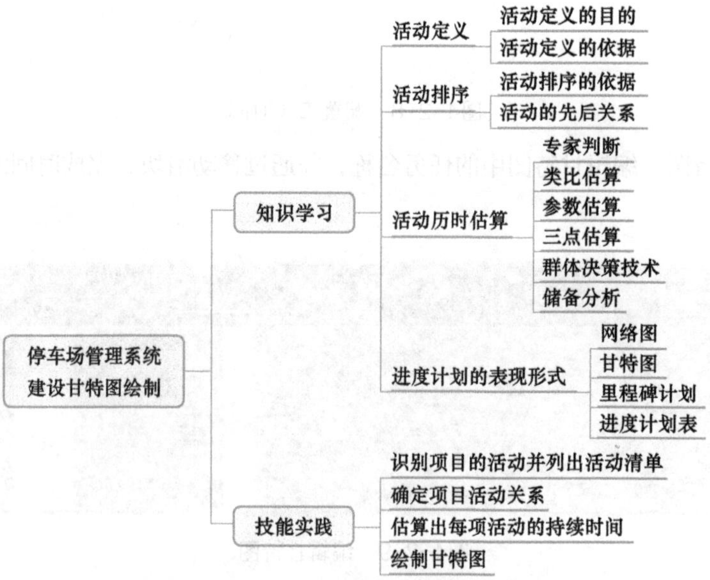

图4-2-11　知识与技能小结思维导图

任务拓展

请在现有任务实施的基础上，通过对相关资料的搜集、学习与分析，对其他工作包进行进一步细化和分解，列出对应的活动清单，进行活动排序和历时估算，并绘制甘特图。

任务3 停车场管理系统建设项目网络图绘制

职业能力目标

- 能根据活动间的相互关系，绘制项目网络图
- 能根据网络图及关键路径法计算出项目的时间参数，确定关键活动和关键路径
- 能使用计划评审技术，估算活动的工期及在某段时间内完成的概率

任务描述与要求

任务描述：

LA所在的L公司中标了一个智慧交通——停车场管理系统建设项目。LA作为停车场管理系统项目的负责人，组织项目团队对WBS分解结构进行进一步分解和细化，确定出停车管理系统需求调研活动时序关系，现需要根据时序关系绘制项目的网络图，并使用关键路径法确定出关键活动和关键路径。

任务要求：

- 根据时序关系表绘制停车管理系统建设项目的单代号网络图
- 使用正推法计算最早开始时间、最早结束时间
- 使用逆推法计算最晚结束时间、最晚开始时间
- 在网络图中找出关键活动和关键路径

知识储备

1. 网络计划技术认知

网络计划技术是一种统筹安排和管理项目具体活动的科学管理方法，这种方法主要通过

绘制网络图和计算相关的网络参数，找出项目实施的关键活动和关键路径，合理安排项目计划中的各项工作，确保达到预定的计划目标。常用的网络计划技术主要有关键路径法和计划评审技术等，具体内容主要包括以下几点：

1）根据项目目标，将一个项目分解成若干项活动，并确定活动间的相互顺序，根据相互顺序画出网络图。

2）通过时间参数的计算找出网络图的关键活动和关键路径。

3）网络计划的优化，通过不断改善网络计划，选择最优方案并实施。

4）在计划执行过程中，进行有效的监督和控制，保证合理地使用项目资源，按预定目标完成项目。

2. 网络图绘制

网络计划技术是在网络图上添加相关的时间参数而制定的进度计划，所以网络图是网络计划技术的基础，是一种表示活动之间依赖关系的图形。根据项目管理计划、活动清单、项目范围基准、事业环境因素和组织过程资产等信息，通过一定的活动排序，可以得到项目的网络图。常见的网络图有单代号网络图和双代号网络图两种。

（1）单代号网络图的绘制

单代号网络图主要由节点、箭线和路径组成，其中节点表示活动，箭线表示活动间的依赖关系，路径表示从起始点开始沿着箭线的连续方向到达终点为止的通道。单代号网络图具有易画易读、便于检查等优点，一般可根据项目活动关系表画出。

某项目的活动关系表见表4-3-1。

表4-3-1 某项目活动关系表

活动序号	活动名称	紧前活动	活动历时
1	A	—	2
2	B	—	1
3	C	A	2
4	D	A	3
5	E	A	2
6	F	B、E	5
7	G	C	2
8	H	C、D、F	1

根据表4-3-1的项目活动关系，可画出单代号网络图，如图4-3-1所示。

在绘制单代号网络图时，应尽量按照从左至右的顺序逐个处理项目关系列表中的各项活动，只有将一项活动的所有紧前活动都绘制完成后，才能绘制该项活动，并将它和所有紧前活动相连。当出现多个起始节点或中止节点时，可以增加虚拟的起始节点或中止节点，将其与项目的多个起始节点或中止节点相连，形成符合绘图规则的完整图形。绘制完成后应逐步检查，适当调整，使网络图进一步完善。

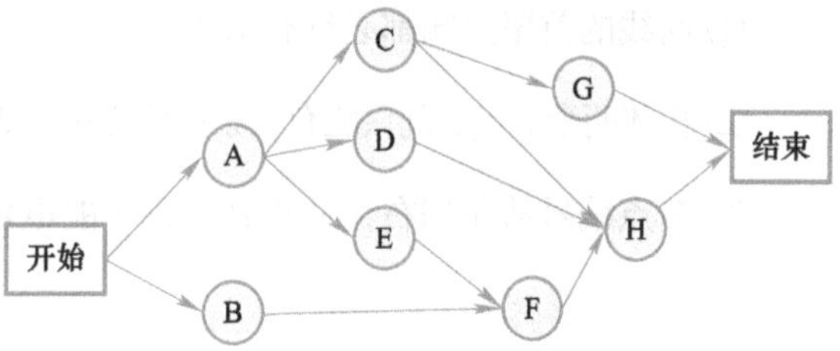

图4-3-1　单代号网络图

绘制单代号网络过程中应注意以下几个注意事项:

1）必须正确表达活动间的逻辑关系，各项活动从左到右排列，不能反向。

2）网络图中严禁出现循环回路。

3）不能存在双箭头或无箭头的连线。

4）不能出现无箭尾节点的连线或者无箭头节点的连线。

5）在绘制网络图时，箭线不宜交叉。

6）只能有一个起始节点和一个终止节点。

（2）双代号网络图绘制

双代号网络图可以明确地表示活动之间的逻辑关系，便于进行动态管理和网络优化。根据表4-3-1所列项目活动关系，可画出双代号网络图，如图4-3-2所示。双代号网络图也由节点、箭线和路径组成。但双代号网络图中的节点和箭线所表示的含义却与单代号网络图大相径庭。

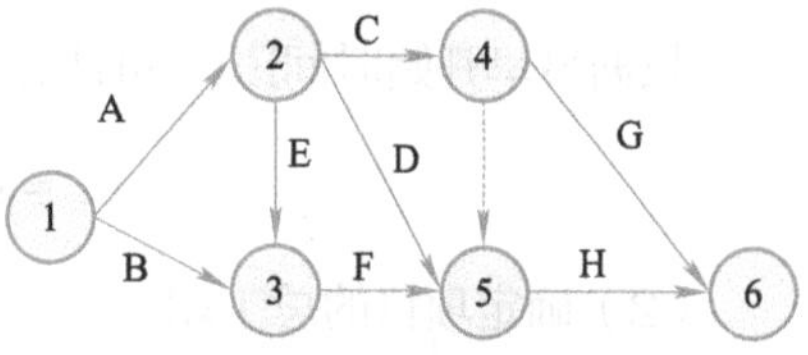

图4-3-2　双代号网络图

1）箭线。

在双代号网络图中，箭线表示活动，箭尾表示活动的开始，箭头表示活动的结束，箭头所指的方向就是活动的传递方向，从箭尾到箭头就表示一项活动的工作过程。双代号网络图中的活动常分为实活动和虚活动两种类型。实活动指需要消耗时间和资源的活动，用实箭线表示；虚活动既不消耗时间也不消耗资源，是一种虚设的活动，只表示相邻活动间的逻辑关系，用虚箭线表示。

2）节点。

双代号网络中的节点主要是为了连接箭线，指某一项活动开始或结束的瞬间。图4-3-2中的节点3既表示活动B和活动E结束，又表示活动F开始。网络图中的第一个节点和最后一个节点为起始节点和终止节点，表示项目的开始或结束，其他节点为中间节点。

除了需要注意绘制单代号网络图过程中的注意事项外，绘制双代号网络过程中还应注意以下几点:

① 箭线的首尾两端都必须有节点。

② 相邻两个节点之间只能有一条箭线连接，如果存在两个以上的活动，可以用虚活动来表示。

③ 节点编号从左到右，从小到大，不能重复。

3. 关键路径法

关键路径法是指根据项目的网络图和活动持续时间，确定项目每项活动的时间参数，并制定项目进度网络计划的一种网络计划技术。

使用关键路径法的主要目的是为了确定项目的关键路径，根据关键路径计算出项目的总工期，并根据项目的具体情况确定每个活动的最早开始时间ES、最早结束时间EF、最晚开始时间LS及最晚结束时间LF。关键路径法中涉及的时间参数计算过程如下：

（1）计算最早时间

活动的最早时间计算采用正推法，即从网络图的开始端向结束端计算。根据活动间的逻辑关系可以先计算出活动的最早开始时间ES，当一个活动有多个紧前活动时，其最早开始时间：

$$ES = \max\{\text{紧前活动的}EF\}$$

在计算参数时，除非特殊说明，项目的起始时间定于时刻0。

根据最早开始时间ES，可计算出最早结束时间EF，设活动的持续时间为D，则

$$EF = \text{该活动的}ES + \text{活动持续时间}D$$

（2）确定项目的总工期

项目的总工期就是完成项目所需要的时间，用T表示。根据最早时间可以确定出项目的总工期为

$$T = \max\{\text{最后一项工作的最早完成时间}\}$$

（3）计算最晚时间

活动的最晚时间计算则是采用逆推法计算，即从结束端向前反向进行。首先计算某项活动的最晚结束时间LF，当该活动有多个紧后活动时，该活动的最晚结束时间：

$$LF = \min\{\text{紧后活动的}LS\}$$

计算参数时，除非项目的最晚结束时间明确，否则就定为项目的最早结束时间。计算出最晚结束时间后，可根据该活动的最晚结束时间LF和活动持续时间D计算出最晚开始时间：

$$LS = \text{该活动的}LF - \text{活动持续时间}D$$

（4）计算总时差

总时差是指不影响项目工期的情况下，项目中每项活动所具有的机动时间，用TF表示。

$$TF = LS - ES = LF - EF$$

（5）计算自由时差

自由时差是指某项活动在不影响其紧后活动最早开始时间的情况下所具有的机动时间，用FF表示。当该项活动有多个紧后活动时，该活动的自由时差：

$$FF = \min\{\text{紧后活动的ES}\} - \text{该活动的EF}$$

（6）确定项目关键路径

通过参数计算，可以根据活动的总时差确定出项目的关键活动和关键路径。当项目的计算工期和计划工期相等时，项目的关键活动就是指总时差为0的活动。而关键活动连起来的路径就是关键路径，是网络图中从项目开始到结束占用时间最长的线路。根据项目的关键活动和关键路径可得出以下几个要点：

1）项目的总工期由关键路径的工作总时间决定。

2）由于关键路径上的各项活动的总时差均为0，如果其中任何一项活动不能按期完成，都会使整个项目的完工工期推迟。

3）如果要缩短项目的计划工期，应当设法减短某个或某些关键活动的持续时间，而非关键活动的持续时间对项目的计划工期没有影响。

4）某个项目网络图中的关键路径不止一条。

综上所述，可以看出，对项目进行时间管理时，必须要把重点工作放在关键活动上，严格控制关键活动的作业时间，才能有效保证项目按期完成。

4. 计划评审技术

计划评审技术是项目时间管理的另外一种网络计划技术，主要用在当项目的某些或全部活动历时估算存在很大不确定性时来估算项目的完工时间。在估算时，每项活动都采用三点估算，即估算出最可能时间、乐观时间和悲观时间，然后按照β分布计算出活动的期望时间，并对按期完成任务的可能性进行评价。计划评审技术的具体操作过程分为：活动历时的估算和项目工期的估算。

（1）活动历时估算

计划评审技术使用三点估算的方式对项目活动历时进行估算。根据对各项项目活动的完成时间按三种不同情况进行统计，得出最可能时间（T_m）、最乐观时间（T_o）、最悲观时间（T_p），假设各项活动历时相互独立，服从β分布，由此可以估算出每个活动的期望时间T_{Ei}：

$$T_{Ei} = \frac{T_{oi}+4T_{mi}+T_{pi}}{6}$$

式中，i是项目的第i项活动。

根据β分布的方差计算方法，可以计算出第i项活动的持续时间标准差为

$$\delta_i=\frac{T_{pi}-T_{oi}}{6}$$

（2）项目工期的估算

计划评审技术认为项目的完成时间是各个活动完成时间之和，且服从正态分布，因此可得出完成时间的标准差和工期T分别等于

$$\delta=\left(\sum_{i=1}^{n}\delta_i^2\right)^{1/2}$$

$$T=\sum T_{Ei}$$

综上可得出正态分布曲线。可以通过查询标准的正态分布曲线图得到整个项目在某一时间内的完成概率。

计划评审技术重点研究的是项目各项活动历时，而关键路径法除了具有和计划评审技术相同的作用外，还可以调整项目的相关资源，比如时间和费用的调整。因此，关键路径法是一种确定型的网络技术，计划评审技术则属于非确定型的网络评审技术。

任务实施

任务实施前必须先准备好以下设备和资源。

序　号	设备/资源名称	数　量	是否准备到位（√）
1	计算机	1台	
2	Office软件	1套	
3	停车场管理系统建设项目资料、进度计划等	1套	

1. 明确时序关系

通过熟悉停车场管理系统建设项目资料、项目合同等文档，结合任务2的实施过程，明确停车场管理系统建设需求调研过程各项活动的时序关系，具体见本书项目4任务2中的表4-2-8。

2. 绘制网络图

根据停车场管理系统需求调研各项活动的时序关系绘制项目单代号网络图，如图4-3-3所示。

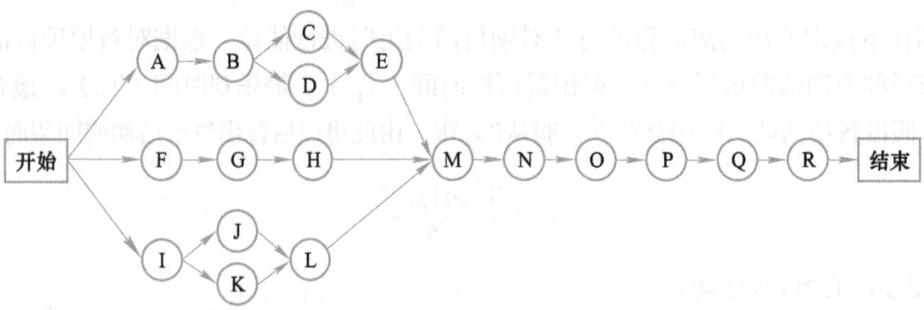

图4-3-3　停车场管理系统需求调研单代号网络图

3. 计算最早时间

通过正推法计算项目各项活动的最早开始时间ES、最早结束时间EF，所有计算都完成即可推算出项目的计算工期。比如可推算出信息化系统各项活动的最早开始时间ES_i和最早结束时间EF_i。

假设项目的起始时刻为0，各项活动的持续时间为D_i，由前到后，正向推算出各项活动的最早开始时间ES_i和最早结束时间EF_i，则有

（1）计算A活动的ES、EF

$ES_A=0$，$EF_A=ES_A+D_A=0+2=2$。

（2）计算B活动的ES、EF

$ES_B=EF_A=2$，$EF_B=ES_B+D_B=2+2=4$。

（3）计算C活动的ES、EF

$ES_C=EF_B=4$，$EF_C=ES_C+D_C=4+1=5$。

（4）计算D活动的ES、EF

$ES_D=EF_B=4$，$EF_D=ES_D+D_D=4+1=5$。

（5）计算E活动的ES、EF

$ES_E=\max\{EF_C, EF_D\}=5$，$EF_E=ES_E+D_E=5+2=7$。

（6）可依次计算出各项活动的ES、EF，并标注在网络图中（见图4-3-4）

在计算过程中，要特别注意有多个紧前活动的情况，ES=max{紧前活动的EF}，比如可计算M活动的ES、EF：

$ES_M=\max\{EF_E, EF_H, EF_L\}=9$，$EF_M=ES_M+D_M=9+3=12$。

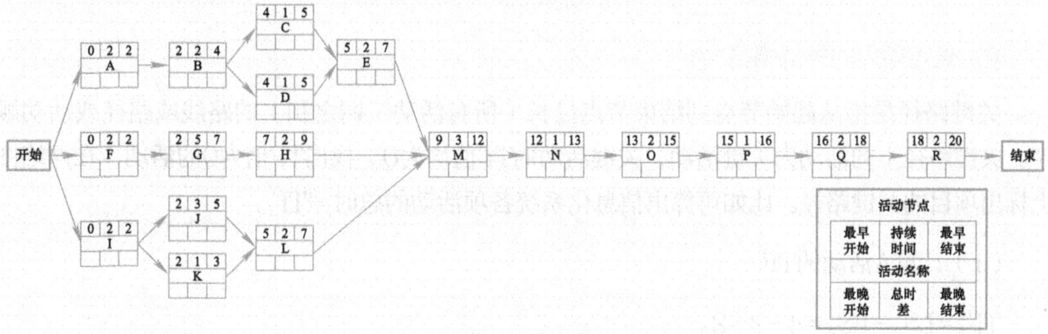

图4-3-4　停车场管理系统需求调研最早时间

计算完成，可以确定该网络计划的计算工期为$T=EF_R=20$。

4. 计算最晚时间

通过逆推法计算每项活动的最晚结束时间、最晚开始时间。比如，推算出信息化系统各项活动的最晚开始时间LS_i和最晚结束时间LF_i。

由后到前，逆向推算出各项活动的最晚开始时间LS_i和最晚结束时间LF_i，则：

（1）计算R活动的LF、LS

$LF_R=T=20$，$LS_R=LF_R-D_R=20-2=18$。

（2）计算Q活动的LF、LS

$LF_Q=LS_R=18$，$LS_Q=LF_Q-D_Q=18-2=16$。

（3）可依次计算出各项活动的LF、LS，并标注在网络图中（见图4-3-5）

在计算过程中，要特别注意有多个紧后活动的情况，LF = min{紧后活动的LS}，比如可计算I活动的LF、LS：

$LF_I=\min\{LS_J, LS_K\}=4$，$LS_I=LF_I-D_I=4-2=2$。

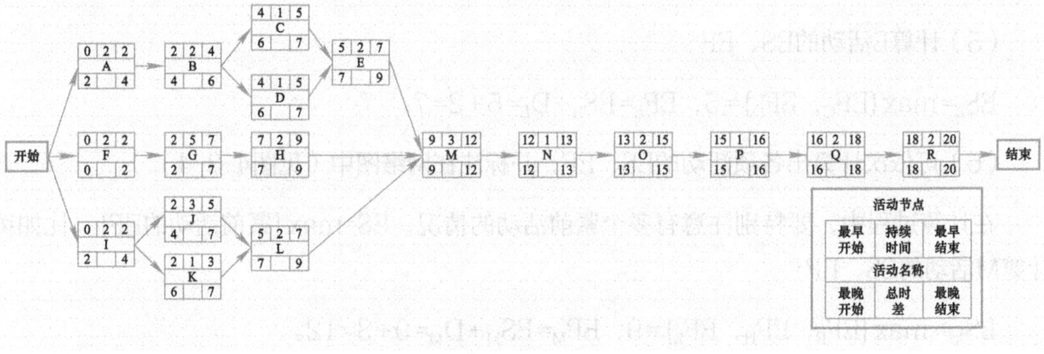

图4-3-5　停车场管理系统需求调研最晚时间

5. 确定项目的关键路径

关键路径是指从起始节点到结束节点最长（所有活动工期之和）的路线或路径或活动顺序。关键路径上的活动为关键活动，关键活动的TF值均为0。找出TF值为0的活动，在网络图上标出项目的关键路径。比如可算出信息化系统各项活动的总时差TF_i。

（1）计算A活动的TF

$TF_A=LS_A-ES_A=4-2=2$。

（2）计算B活动的TF

$TF_B=LS_B-ES_B=6-4=2$。

（3）可依次计算出各项活动的TF，并标注在网络图中（见图4-3-6）

根据总时差为0的活动为关键活动可确定出信息化系统的关键活动为F、G、H、M、N、O、P、Q、R，关键路径为F—G—H—M—N—O—P—Q—R，可将关键路径标注在网络图中。

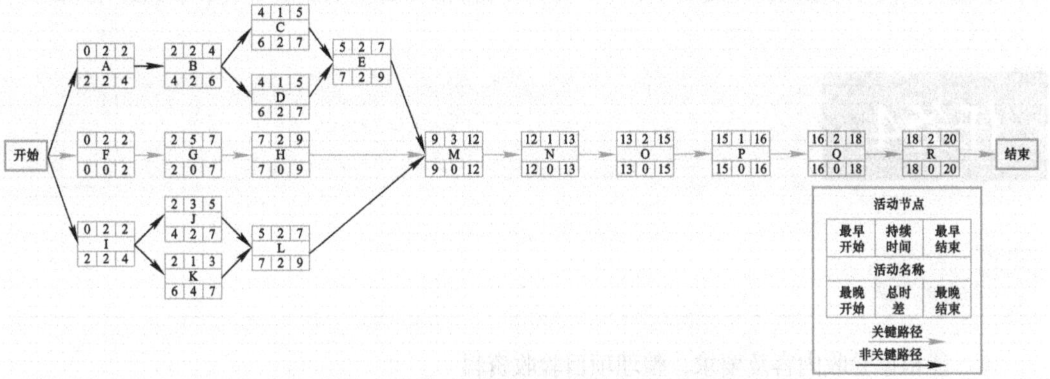

图4-3-6 停车场管理系统需求调研关键路径

任务小结

网络计划技术是用网络计划对活动的进度进行安排和控制，以确保实现预定目标。在项目实践中，常用的网络计划技术有关键路径法和计划评审技术。通过关键路径法可以找出项目的总工期，并根据项目的具体情况确定每个活动的时间参数。计划评审技术则是用于某些活动持续时间难以估算或存在很大不确定性时，进行项目完工时间的估算。

本任务的相关知识与技能小结如图4-3-7所示。

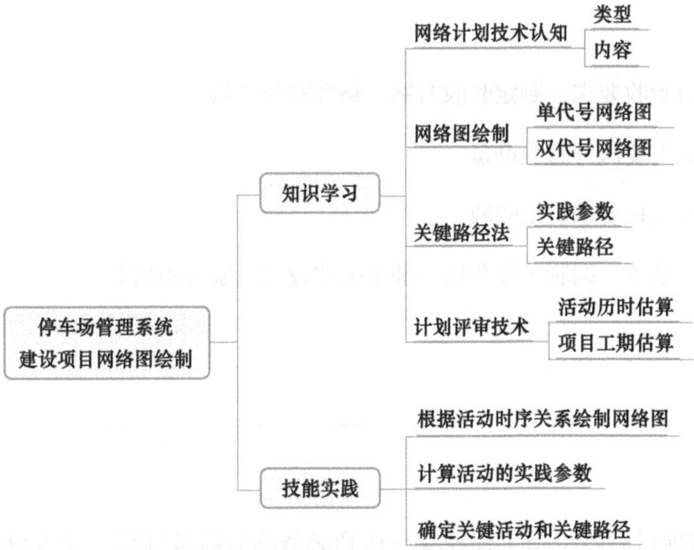

图4-3-7 知识与技能小结思维导图

任务拓展

本任务绘制了停车场管理系统建设项目的单代号网络图，请结合停车场管理系统需求调研时序关系绘制双代号网络图，并使用计划评审技术的三点估算法计算活动历时的期望值和标准差。

任务4 停车场管理系统建设项目验收

职业能力目标

- 能根据验收内容及要求，整理项目验收资料
- 能结合项目需求和项目实施过程，编制项目验收报告
- 能根据项目验收要求及标准，完成对停车场管理系统建设项目验收

任务描述与要求

任务描述：

LA所在的L公司中标了一个智慧交通—— 停车管理系统建设项目，中标后L公司按照项目合同要求完成了停车管理系统建设。LA作为停车场管理系统项目的负责人，已经组织项目团队成员完成了验收准备工作，向建设单位提出了验收申请。请根据项目要求完成所有的验收工作。

任务要求：

- 明确项目验收要求，制定验收方案，整理验收资料
- 根据验收需要做好验收准备
- 根据验收流程要求组织验收
- 根据验收结果，编制《停车场管理系统建设项目验收报告》

知识储备

1. 项目验收的意义

物联网工程项目验收是指工程经实施达到必备的验收条件后，建设单位会同设计、施工、设备供应商及工程质量监督部门，对项目是否符合规划设计要求和设备安装质量进行全面

检查，以取得验收合格资料、数据和凭证的活动。

物联网工程项目的验收不管是对项目本身还是项目相关方来讲都具有十分重要的意义，主要体现在以下几个方面：

1）项目验收需要全面考核建设成果，确保项目按设计要求的各项技术指标正常使用。

2）项目验收为提高建设项目的经济效益和管理水平提供重要依据。

3）项目验收是项目建设全过程的最后一道工序，是建设成果转入生产使用的重要标志，也是考核投资效益、检验设计和施工质量的重要环节。

4）项目验收是项目转入投产使用的必要环节。

2. 项目验收的内容

根据物联网工程项目的项目合同、项目标准、项目规模、项目性质、项目成果等具体需要，在项目验收时，项目验收的内容主要包括工程建设内容、建设质量、工程设备、系统性能和过程文件等。

1）工程建设内容，主要是检查物联网工程是否按照批准的设计文件建成，配套及辅助工程是否与主体工程同步建成。

2）建设质量，主要是检查是否符合国家相关设计规范及工程施工质量验收标准。

3）工程设备，主要是检查设备配套、安装和调试的情况。

4）系统性能，主要是检查联调联试、动态检测及运行试验情况。

5）过程文件，主要是检查实施过程文件编制完成情况。

众所周知，物联网设计和施工都要遵循相应的设计规范及施工规范，那么项目验收也需要遵循相应的验收规范及文件标准等，这些验收规范和文件标准即为物联网工程项目验收的依据。

1）国家现行有关法律、法规、规章和技术标准。

2）相关行业验收规范，有关主管部门关于验收的审批、调整、新增说明文件。

3）经批准的可行性研究报告、项目立项、初步设计、施工图设计、施工图设计会审纪要、概预算文件。

4）经批准的工程变更文件。

5）施工图纸及设备技术说明书。

6）施工合同。

3. 项目验收的流程

建设单位在收到施工单位提交的工程竣工报告后，需要查验施工单位是否满足物联网工程验收的必要条件：

1）完成了工程设计和项目合同约定的各项内容。

2）有完整的技术档案和施工管理资料。

3）有规划、消防、环保等部门出具的验收认可文件。

当物联网工程具备这些必要条件后，建设单位方可组织勘察设计、施工、监理等单位有关人员进行工程验收，验收流程如图4-4-1所示。

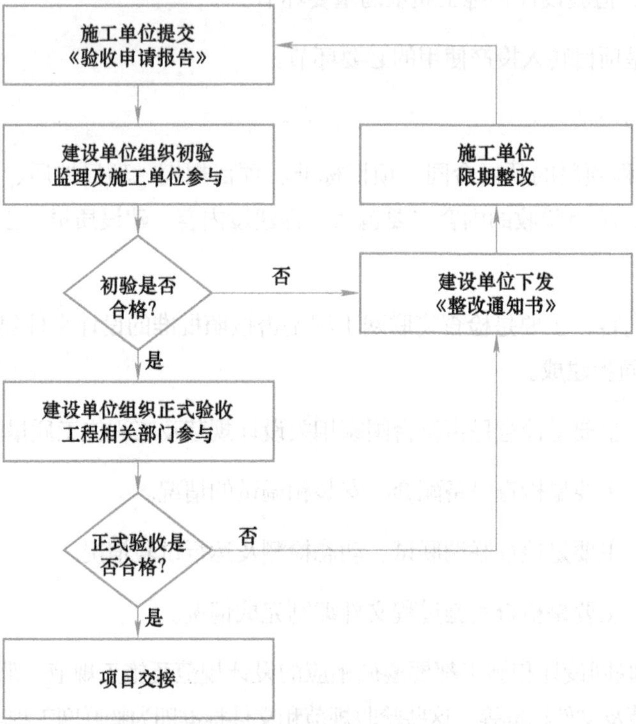

图4-4-1　物联网工程项目验收流程

物联网工程项目验收流程主要有以下几个步骤：

1）施工单位向监理单位或建设单位提交《验收申请报告》。

2）当监理单位或建设单位收到《验收申请报告》后，建设单位验收组会同监理和施工单位对项目进行初验。

3）若初验合格，监理单位或建设单位签发《验收申请报告》，同时建设单位验收组会同设计、监理、施工及其他相关部门对项目进行正式验收。若初验不合格，建设单位则向施工单位下发《整改通知书》，施工单位按照《整改通知书》的要求限期整改，并将整改结果反馈给建设或监理单位，建设单位收到反馈后，则要求验收组重新进行验收。

4）若正式验收合格，建设单位与施工单位及其他相关单位进行项目交接，并做好验收备案。若正式验收不合格，建设单位则向施工单位下发《整改通知书》，施工单位按要求限期整改，建设单位再对其进行验收。

在物联网工程项目验收过程中，需要形成相应的验收成果文件资料，以备后期查询和备案使用。在物联网工程项目验收过程中形成的文件资料主要有工程说明、建设安装工程设备量总表、已安装设备明细表、开工报告、重大质量事故报告、停复工报告、交接报告、工程变更/洽商记录表、随工签证、交接书、工程验收备案表、工程验收报告、含验收组人员签署的验收意见、整改通知书、整改完成报告书、工程竣工报告、单位质量验收汇总表、验收证书及其他文件资料。

4. 项目验收报告编制

项目验收报告是指工程项目竣工之后，经过相关部门成立的专门验收机构，组织相关部门对项目验收以后形成的书面报告，是说明项目是否通过验收的关键资料。不同的工程项目对验收报告的内容要求不一样。但总体来说验收报告主要包括项目基本信息、项目进度审核、项目验收方案、项目验收情况汇总、项目验收结论等内容。

（1）项目基本信息

项目验收报告的第一部分内容一般介绍项目的基本信息，包含项目名称、项目建设背景、项目建设内容、项目建设周期、项目需求完成情况等基本信息。

（2）项目进度审核

项目进度审核主要包含项目实施的进度情况说明及项目实施过程中涉及的内容、需求等变更情况。项目实施的进度情况见表4-4-1，主要包含项目实施过程中不同阶段的起止时间、交付物等信息，用于反映整个项目的实施进展情况。

表4-4-1　项目实施进度情况

序　号	阶段名称	起止时间	交付物列表	备　注
1				
2				
3				
4				
5				

（3）项目验收方案

项目验收的方案主要介绍项目验收的依据、项目验收的范围及方法、项目验收的时间及地点、验收组组成等。

（4）项目验收情况汇总

项目验收情况汇总主要是对项目各验收项的验收过程及专家意见进行收集并汇总，见表4-4-2。项目验收情况汇总表需要针对每个验收项目给出验收意见以及总体意见，若验收未通过还需给出具体理由。

表4-4-2　项目验收情况汇总表

<table>
<tr><td rowspan="2">验　收　项</td><td colspan="2">验 收 意 见</td><td rowspan="2">备　注</td></tr>
<tr><td>通　过</td><td>不 通 过</td></tr>
<tr><td></td><td></td><td></td><td></td></tr>
<tr><td></td><td></td><td></td><td></td></tr>
<tr><td colspan="4">总体意见：

验收组组长（签字）：</td></tr>
<tr><td colspan="4">未通过理由：

验收组组长（签字）：</td></tr>
</table>

专家组验收意见主要用来收集验收过程中专家组的意见，见表4-4-3。

表4-4-3　专家组验收意见

<table>
<tr><td>项目名称</td><td></td></tr>
<tr><td>验收时间</td><td></td></tr>
<tr><td>验收地点</td><td></td></tr>
<tr><td colspan="2">专家组验收意见：</td></tr>
<tr><td colspan="2">专家签字：
专家组组长：
组员：

年　月　日</td></tr>
</table>

（5）项目验收结论

在项目验收报告中必须体现项目验收的最终结论。项目验收结论一般分为合格和不合格两种。

任务实施

任务实施前必须先准备好以下设备和资源。

序　号	设备/资源名称	数　量	是否准备到位（√）
1	计算机	1台	
2	Office软件	1套	
3	停车场管理系统建设项目的过程资料	1套	

1. 编制验收方案

根据项目合同要求，在完成项目后项目将进入验收阶段，为了保障验收工作的梳理实施，项目团队针对停车场管理系统建设项目制定了验收方案，主要包含项目验收的依据、项目验收的方法、项目验收的内容等。《停车场管理系统建设项目验收方案》的内容可参考图4-4-2所示的目录大纲进行编写，也可根据实际需要进行适当的调整。

《停车场管理系统建设项目验收方案》目录大纲

1. 概述……×
   1.1 相关文档……×
   1.2 定义、缩略语、术语……×
2. 项目验收依据……×
3. 验收范围及方法……×
   3.1 验收范围……×
   3.2 验收方法……×
4. 验收时间及地点……×
   4.1 验收时间安排……×
   4.2 验收地点安排……×
5. 验收组组成……×

图4-4-2 《停车场管理系统建设项目验收方案》目录大纲

2. 验收准备

根据物联网工程项目的建设要求，在项目验收之前，施工单位要完成以下准备工作：

（1）施工单位自检评定

停车场管理系统建设项目完成后，施工单位需对工程质量进行自检，确认符合设计文件和项目合同要求后，填写表4-4-4《停车场管理系统验收申请报告》，向监理单位或建设单位提出验收申请。

（2）建设单位、设计单位和监理单位完成《工程质量评估报告》

建设单位、监理单位或设计单位收到《验收申请报告》后，应全面审查施工单位的验收资料，整理监理资料，对工程进行质量评估，提交《工程质量评估报告》，《工程质量评估报告》如图4-4-3所示。

表4-4-4 《停车场管理系统验收申请报告》

<table>
<tr><td>系统名称：</td><td>合同号或验收依据文档标识：</td></tr>
<tr><td>建设单位：</td><td>施工单位：</td></tr>
<tr><td colspan="2">一、停车场管理系统的基本情况

二、停车场管理系统的实施过程

三、停车场管理系统的完成内容

四、停车场管理系统质量自检情况</td></tr>
<tr><td colspan="2">施工单位申请意见：

负责人签名＿＿＿＿＿＿＿
（单位公章）
年　　月　　日
联系人：　　　　　　　　通信地址：
电　话：　　　　　　　　邮政编码：</td></tr>
<tr><td colspan="2">建设单位意见：

负责人签名＿＿＿＿＿＿＿
（单位公章）
年　　月　　日
联系人：　　　　　　　　通信地址：
电　话：　　　　　　　　邮政编码：</td></tr>
</table>

《工程质量评估报告》目录大纲

1．**工程建设概况**……………………………………×

2．**工程质量评估依据**………………………………×

3．**施工情况**…………………………………………×

4．**现场实体检测情况**………………………………×

5．**资料核查情况**……………………………………×

6．**综合评定**…………………………………………×

图4-4-3《工程质量评估报告》目录大纲

（3）相关资料准备

需要准备建设单位与施工单位签署的工程质量保修书，完整的技术档案和施工管理资料，规划、消防、环保等部门出具的验收认可文件等相关资料。

（4）项目初验

建设单位验收组会同监理和施工单位对项目进行初验。若初验合格，监理单位或建设单位签发《验收申请报告》，同时建设单位验收组会同设计、监理、施工及其他相关部门对项目进行正式验收。若初验不合格，建设单位则向施工单位下发《整改通知书》，施工单位按照《整改通知书》的要求限期整改，并将整改结果反馈给建设或监理单位，建设单位收到反馈后，则要求验收组重新进行验收。

3. 项目验收

根据项目合同要求，在初验合格后建设单位可组织监理、施工、设计及相关部门对项目进行正式验收。

4. 编制验收报告

根据物联网工程项目建设要求，项目建设单位在建设单位组织相关部门对项目进行验收结束后要形成书面的验收报告。《停车场管理系统建设项目验收报告》的内容可参考图4-4-4所示的目录大纲进行编写，也可根据实际需要进行适当的调整。

《停车场管理系统建设项目验收报告》目录大纲

图4-4-4 《停车场管理系统建设项目验收报告》目录大纲

5. 整理项目资料

在项目竣工验收后，需要对项目建设过程中产生的各类技术管理文档及过程材料进行归档整理。项目资料记录了项目实施的全过程，是施工生产成果的真实反映，为项目的质量控制及紧后运维提供了必不可少的技术依据，是非常重要的技术文档。在项目资料整理的过程中，要注意把握及时性、真实性、准确性、完整性四个原则。

任务小结

物联网工程验收是全面考核项目建设工作、检查物联网工程是否符合设计要求和工程质量的重要环节。项目验收能否通过验收满足客户的需求并得到客户的认可是项目成功与否的关键。通过执行编制验收方案、验收准备、项目验收、编制验收报告、整理项目资料等一系列流程，形成一套完善的项目成果资料，为项目实施画上圆满的句号，为后续项目提供经验参考。

本任务的相关知识与技能小结如图4-4-5所示。

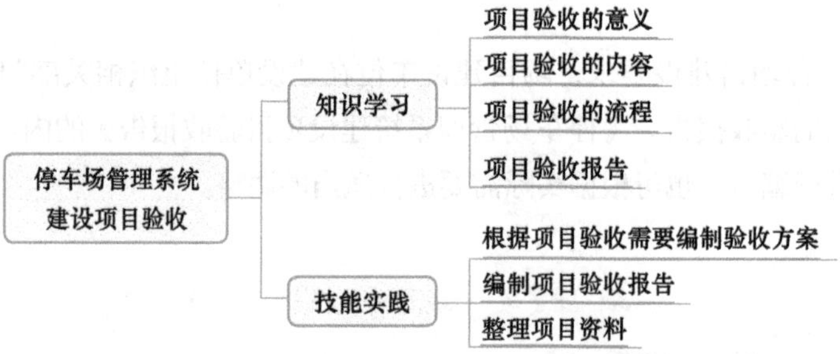

图4-4-5　知识与技能小结思维导图

任务拓展

将项目验收和学业验收进行类比，参考项目验收的过程，组织一次学业验收论证会，对学习情况进行验收。

Project 5

项目 5

智慧农业——生态农业园监控系统售后服务

引导案例

智慧农业将物联网技术运用到传统农业中，运用传感器和软件通过移动平台或者计算机平台对农业生产进行控制，使传统农业更具有“智慧”。智慧农业是农业生产的高级阶段，利用先进的物联网、大数据、云计算等技术，革命性地将物联网与农业生产深度融合，打造现代农业生产的新模式，帮助农业生产者大幅度提高农产品生产效率，实现农业产值和利润的双提升。

智慧农业应用领域广泛，包括水产养殖、粮食耕种、蔬果大棚、花卉大棚、畜牧、家禽养殖等。智慧农业监控系统立足现代农业发展目标，通过在生产现场部署传感器、控制器、智能网关、摄像头等多种物联网设备，依托互联网络，借助计算机、智能手机，实现对农业生产现场空气、土壤、水源环境等指数实时监测展示并自动报警提醒，从而实现对大棚、温室、灌溉等农业设施实现远程自动化控制。该系统可实现对农场生产环境的精准监测和控制，提高农场生产效率，减少成本，提高农场建设管理水平，提高农产品生产全过程的透明度，提高用户参与度及满意度，为用户提供安全、绿色、可追溯可视化的农产品服务。智慧农业监控系统如图5-0-1所示。

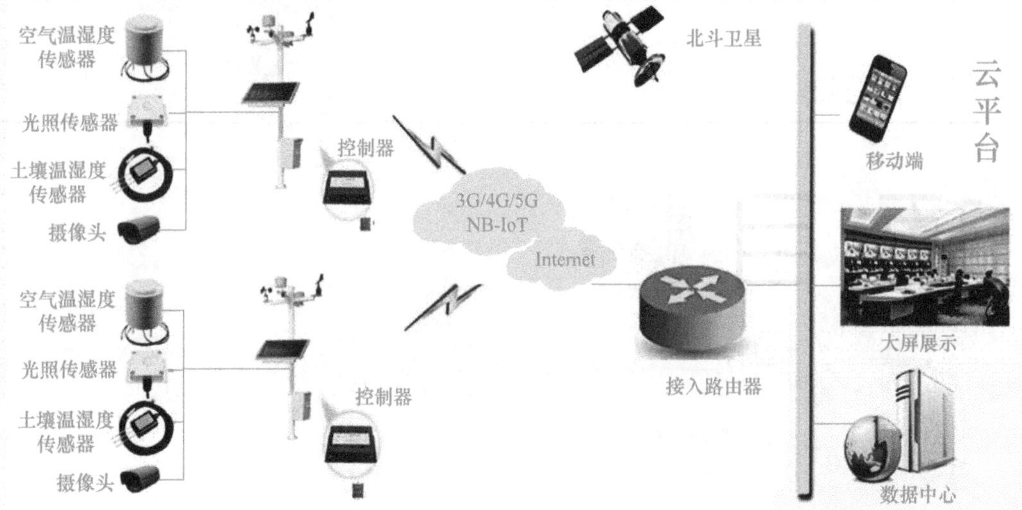

图5-0-1 智慧农业监控系统结构图

任务1 智能鱼塘养殖监控系统常见故障解决方案

职业能力目标

- 能根据系统的故障现象，初步分析故障原因
- 能根据系统的故障现象，初步定位故障，制定排查故障方案
- 能通过故障原因分析和故障排查基础，编制系统常见故障解决方案

任务描述与要求

任务描述：

L公司承接了某智能鱼塘养殖监控系统集成项目，安排LC先生为该集成项目提供售后的常见故障解决方案，为用户提供初期简单的故障判断和故障排除的方法和步骤，对于用户无法解决的故障寻求合适的技术支撑服务供应商进行解决处理。他仔细分析系统的特点并结合自己的工作经验，总结该系统可能存在的故障，并根据这些常见故障编制出相应的解决处理办法。

任务要求：

- 根据系统特点，罗列智能鱼塘养殖监控系统的常见故障

- 根据罗列出的常见故障，整理出故障处理方法和解决故障的基本流程
- 根据故障情况及其解决方法，编制故障解决方案

知识储备

1. 常见故障解决方案的意义

在物联网工程的日常运行过程中，难免会因操作、维护不当等原因导致系统不能正常运行，因此如何有效地确保物联网工程的安全运行显得至关重要。为了指导用户初步排除故障原因，快速解决故障或找到故障解决的途径，在物联网工程建设完成后，技术人员应该及时了解物联网工程可能发生的常见故障，并找出解决故障的方法，编制常见故障解决方案。故障解决方案在物联网工程的日常运维过程中扮演着非常重要的角色，主要体现在以下几个方面：

1）帮助用户及时识别故障。

2）帮助用户快速找到故障应对措施。

3）有助于系统的及时恢复。

2. 常见故障解决方案的内容

物联网工程建设项目完成后，为了帮助用户更好地完成系统的日常运维，解决系统运行过程中出现的常见故障，工程实施单位在系统交付时也会向用户提供常见故障的解决方案。不同类型的物联网工程常见故障解决方案内容有所不同。但总体来说物联网工程常见解决方案的内容一般来说主要包含以下几个方面：

（1）物联网工程的基本情况

物联网工程的基本情况主要是介绍物联网工程的建设规模、设备组成、使用的关键技术等项目的基本信息。

（2）物联网工程的常见故障

物联网工程常见故障主要是指在物联网系统使用过程中由于操作、维护不当、环境不适等原因所导致的系统不能正常运行。在物联网工程运行过程中，可以将物联网系统的常见故障分为基本知识类故障、经验类故障、操作类故障、环境类故障等类型。

1）知识类故障。

知识类故障是指因工程运维人员基本理论知识的缺乏所引起的故障。

2）经验类故障。

经验类故障是指因工程运维人员过度依赖历史工作经验所引起的故障。

3）操作类故障。

为了保证物联网工程的正常运行，每项工程建设完成后都有完整的操作程序供运维人员参考，但有部分运维人员在实际操作时却不按操作要求去执行，而是按照自己的理解随意进行操作，进而导致系统出现故障，这类故障就是操作类故障。

4）环境类故障。

由于工作环境不满足物联网系统的运行要求和不可抗拒的自然因素的影响而产生的故障称为环境类故障。

（3）故障解决方式

物联网工程经过长期运行，难免会出现各种类型的故障，工程的日常运维人员要能够根据具体的故障现象，分析故障产生的原因，并采用恰当的方式解决故障。在物联网工程出现故障后可以按故障识别、故障判断、故障定位、故障排除的方式进行解决。故障解决方式如图5-1-1所示。

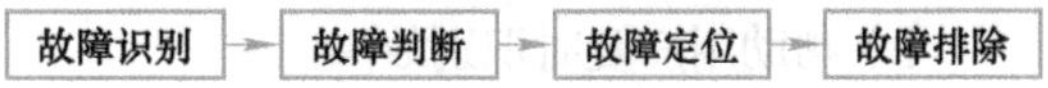

图5-1-1　故障解决方式

1）故障识别。

如果物联网工程在运行过程中发生故障，首先应该准确识别故障状态，初步判断引起故障的原因。

2）故障判断。

根据识别到的故障，初步判断故障原因，可以从工作状态、产生原因、表现形式、单元功能四个维度来进行分析。

① 从设备工作状态维度分析产生的故障是偶尔出现的间接性的故障，还是长期存在的连续性的故障。

② 从产生原因维度分析故障是人为误操作引起的故障，还是非人为操作产生的自然故障。

③ 从表现形式维度分析故障是设备或线路损坏、插头松动、线路受到严重电磁干扰等物理故障还是设备配置错误或设备程序文件丢失、死机等逻辑故障。

④ 从单元功能维度分析故障是硬件故障、软件故障、通信故障还是其他类型的故障。

3）故障定位。

当物联网工程的某个系统发生故障时，可能是硬件设备掉线、软件配置有误、网络传输线路不稳定等多方面、多维度、多类型原因导致，因此，需要熟悉故障定位方法，确定故障点。

针对一个物联网系统工程，从单元功能维度，系统可分为硬件系统、软件系统和网络系统。用户可以根据故障现象，选用插拔电源、通断网络、观察物理硬件设备等基本方法，初步确定故障的原因是硬件设备故障、软件系统故障，还是网络传输故障。用户根据初步识别的故障类型，选用不同的排除故障方案或寻求第三方技术支撑的解决方案。

4）故障排除。

分析故障原因后，确定故障位置，选用不同的故障排除方式。对于一些常见故障，用户可以自行排除；对于需要技术支持的故障可寻求第三方技术进行技术支持排除。常用的故障排除方式有如下几种。

① 重启设备。

将故障引起的主要硬件设备关闭电源后，重新打开电源，观察故障是否解决。可采用重启电源方法的设备包括：前端摄像机、光照传感器、温度传感器、操作终端等基础的简单设备。

② 网线检查。

检查网线连接是否良好或者更换网线，观察数据传输是否正常，故障是否解决。采用该方法的设备主要包括交换机、操作终端等基础简单设备。

③ 设备更换。

将物联网前端采集设备用备品备件替换，观察故障是否解决。采用该方法的设备主要指操作终端。

④ 调整系统工作环境。

对于一些因环境参数无法满足工作要求而引起的环境类故障，可以通过调整合适的工作参数来进行解决。

⑤ 联系第三方服务机构。

通过以上方案无法解决的故障，可以寻求系统集成商的技术服务支持，或者寻求第三方网络运营商技术服务支持，协助解决系统故障。采用该方法的设备主要是需要具备技术能力的硬件、软件、网络等的故障解决。

任务实施

任务实施前必须先准备好以下设备和资源。

序号	设备/资源名称	数量	是否准备到位
1	计算机	1台	
2	Office软件	1套	

1. 熟悉工程的基本情况

收集智能鱼塘养殖监控系统建设项目的建设过程资料，熟悉项目的技术解决方案，比如智能鱼塘养殖监控系统拓扑结构、系统集成过程中的实施日志和调试记录、系统操作说明及以往项目的组织过程资产等。智能鱼塘养殖监控系统拓扑结构如图5-1-2所示。

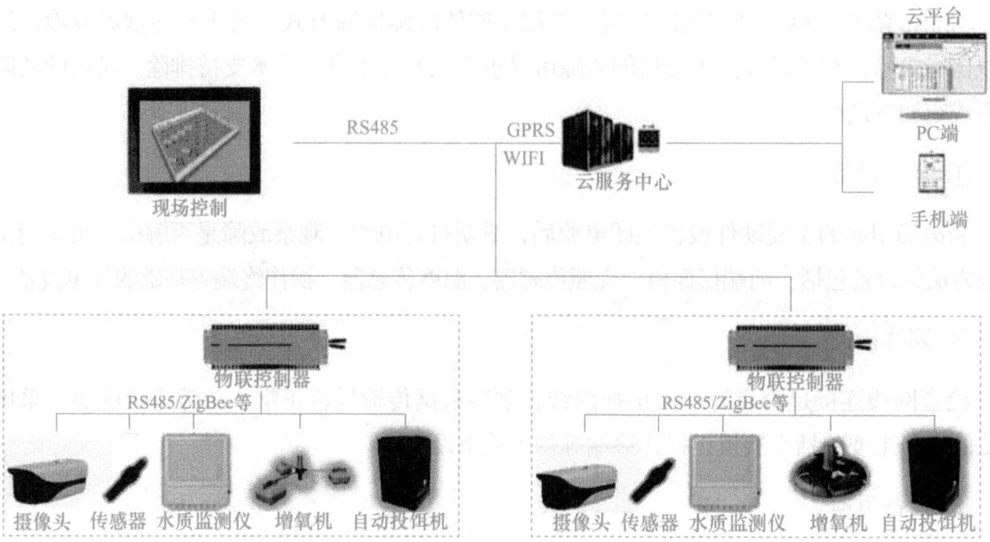

图5-1-2　智能鱼塘养殖监控系统拓扑结构图

2. 列出常见故障清单

通过对智能鱼塘养殖监控系统建设项目的各项功能进行调试并对相关过程记录进行分析，识别出系统的常见故障，根据故障类型和故障现象，列出常见故障清单见表5-1-1。

表5-1-1　智能鱼塘养殖监控系统常见故障清单

故障类型	故障现象	备注
数据展示报错	整个监控系统数据无法显示	
温湿度监测模块报错	有监测数据，但数据错误	
	数据无法传输至监控中心大屏	
光照监测模块报错	监测数据显示报错	
	数据无法传输至监控中心大屏	
物联网终端故障	设备掉线	
…	…	

3. 分析故障原因

针对智能鱼塘养殖监控系统建设项目出现的常见故障，结合项目的系统结构，逐一分析导致故障的可能原因，并记录在引发常见故障因素表中，见表5-1-2。

表5-1-2　引发智能鱼塘养殖监控系统常见故障因素

故障类型	故障现象	故障可能原因
数据展示报错	整个监控系统数据无法显示	交换机故障
		路由器故障
		视频处理器故障
		显示终端故障
温湿度监测模块报错	有监测数据，但数据错误	温湿度传感器故障
	数据无法传输至监控中心大屏	网络故障
光照监测模块报错	监测数据显示报错	光照传感器故障
	数据无法传输至监控中心大屏	网络故障
物联网终端故障	设备掉线	硬件设备出现故障
…	…	…

4. 确定故障解决方式

根据识别出的智能鱼塘养殖监控系统常见故障，确定每种故障的解决方式。在此以温度传感数据在云平台显示出现故障为例，演示如何确定故障解决方式。

首先，观察系统监测的温度数据在云平台上显示的故障现象；其次，分别从数据显示的同步性、逻辑关系正确性分析，逐步结合故障原因；再进行定位故障，处理相应故障。具体的故障解决过程如图5-1-3所示。

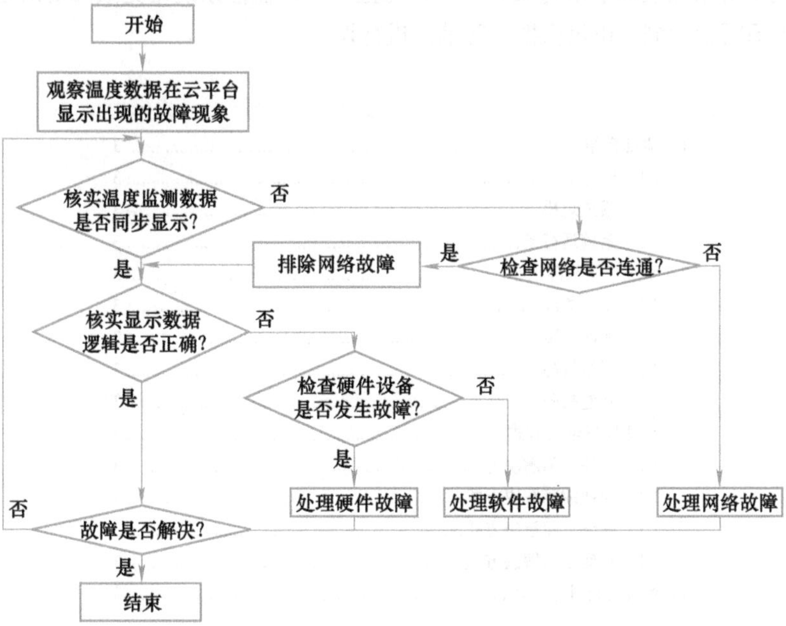

图5-1-3　故障解决过程

结合具体的故障解决过程，发现故障处理时需要针对硬件故障、软件故障和网络故障制定三种常见故障类型。某智能鱼塘养殖监控系统是L公司承接的，通过系统集成的方式为客户提供服务，因此，在一般情况下，L公司为客户提供智能鱼塘养殖监控系统的服务，包括系统硬件设备技术支撑服务、软件集成服务。承载系统运行的传输网络则由网络运营商提供链路服务。结合故障实际采取相应的解决方式。常见故障的解决方式主要有三种，如图5-1-4所示。

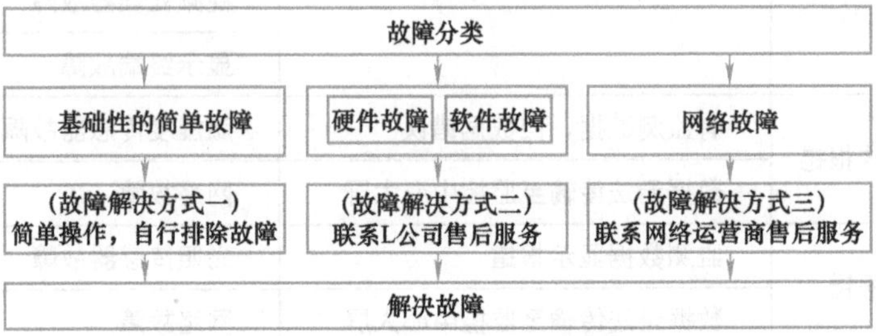

图5-1-4　故障解决方案图

1）用户自行排除简单故障。自行排除简单故障的方法有：检查物理设备是否损坏、插拔网线测试网络是否连通、重新启动设备、核实网络是否欠费等。

2）联系L公司，解决硬件故障和软件方面的故障。

3）联系网络运营商，解决网络故障。

5. 编制常见故障解决方案

为了帮助用户能够迅速解决智能鱼塘养殖监控系统运行过程中出现的常见故障，在系统搭建完成后，L公司需要初步识别和定位故障，确定合适的故障解决方式，并编制完成《智能鱼塘养殖监控系统常见故障解决方案》。《智能鱼塘养殖监控系统常见故障解决方案》的内容可参考图5-1-5所示大纲，也可根据实际情况进行调整。

《智能鱼塘养殖监控系统常见故障解决方案》目录大纲

图5-1-5 《智能鱼塘养殖监控系统常见故障解决方案》目录大纲

任务小结

通过对常见故障分类、故障解决步骤等知识的学习，学会常见故障的识别，掌握故障解决流程，确定故障解决方案，能编制故障解决方案。当发现存在问题时，参考解决方案有针对性地对故障进行分类、排查原因、找到故障点。

本任务的相关知识与技能小结如图5-1-6所示。

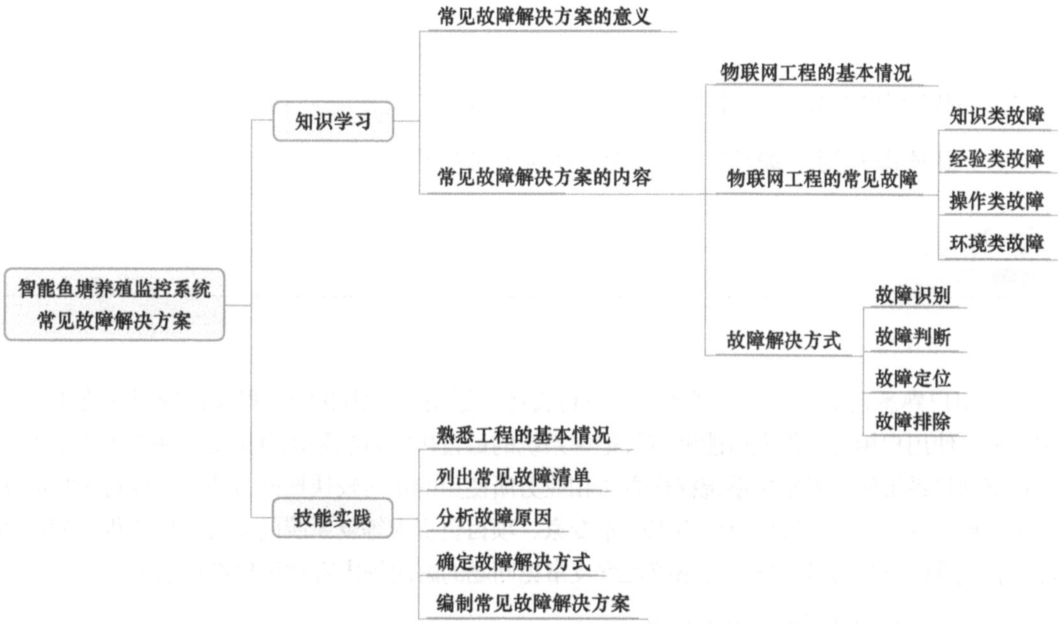

图5-1-6　知识与技能小结思维导图

任务拓展

收集智能鱼塘养殖监控系统历史故障记录，分析故障类型，排查故障原因，编制智能鱼塘监控系统前端设备、网络传输、后端平台的常见故障解决方案。

任务2　智能大棚监控系统培训方案

职业能力目标

- 根据售后服务目标，能编制智能大棚监控系统培训内容
- 根据售后服务目标，编写智能大棚监控系统培训方案

任务描述与要求

任务描述：

LD先生所在的L公司承接了某智能大棚监控系统集成项目，目前项目进入试运行阶段，为了便于后期维护，现需要对某智能大棚监控系统的系统管理员、业务操作人员和运行系统维护人员进行系统培训工作，公司将这个任务交给了LD先生。他要充分分析某智能大棚监控系统集成项目的系统结构和项目特点，设计出一套符合该智能大棚特点的培训方案。

任务要求：

- 根据用户需求，编写智能大棚监控系统培训内容
- 根据用户需求，编写智能大棚监控系统培训方案

知识储备

1. 培训目的

让用户熟悉系统，尽快实现系统的自行管理、运用，是物联网工程建设项目实施中的关键环节。使用户相关工作人员能够有效把握系统的最直接的方法是认真接受全面的工程培训。工程培训是系统使用者掌握系统操作方法和业务所使用的相对较快捷的方法。因此每个物联网系统工程建成后，应由集成单位组织技术专家、项目负责人等就系统的业务使用流程、使用功能、软硬件配置及调试、日常的系统运维及常见问题的解决等内容对用户进行培训。

组织培训的目的主要有以下几点：

- 通过培训使业务管理领导快速掌握业务开展情况，为业务决策提供帮助。
- 通过培训使业务使用人员快速掌握系统的使用方法，提高工作能力。
- 通过培训使技术人员快速熟悉系统运行必需的知识和技能，保障系统良好运行。

2. 培训需求分析

培训需求分析是保证物联网工程能够快速投产并发挥效益的首要环节，是制定培训计划、设计培训方案、培训活动实施和培训效果评估的基础。培训要结合系统的使用对象、管理对象等，分析各个角色切实需要的培训需求，使培训工作产生真正的实用价值。如果不进行有效的培训需求分析，则无法明确培训目标，无法使培训具有针对性，甚至严重影响物联网工程建设的效益。

培训需求分析需要从组织、任务、个人三个方面进行。首先，要进行组织分析，在企业经营战略的背景下确定培训需求，以保证培训方案符合企业的整体目标和战略要求。其次，要进行任务分析，通过确定重要的工作任务以及需要具备的知识、技能、职业素养等，帮助员工胜任本职岗位的工作任务。最后要进行个人分析，将员工现有的水平与预期未来对员工技能的要求进行比照，发现两者之间是否存在差距，以此确定培训人员，明确培训目标，并确定培训内容。

培训需求分析流程和要点如图5-2-1所示。

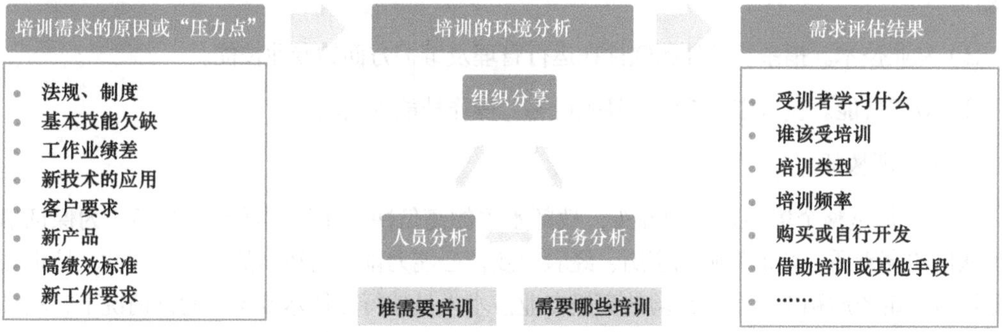

图5-2-1　培训需求分析流程图

从培训需求的原因分析，项目投产后，为保证项目正常运行，维护用户经济效益，用户需要设置工作岗位，新工作岗位的工作任务就带来了培训需求，这也是组织层面用户的需求。

从人员层面分析，新工作岗位的任务要求对就职人员的系统理论知识、技术特性、操作规范、运行规程、管理维护等职业素养提出了具体要求。就职人员对照新的工作任务要求，分析自身知识、技能与之的差距，明确需要接受培训，提升自己以满足新工作要求。

培训需求分析结论中需要确定的培训目标和教授知识等信息，明确培训对象即受训者、培训内容、培训类型和培训方式方法等。

3. 培训方案组成

培训方案主要由培训目标、培训内容、培训教师、培训对象、培训时间、培训方法、培训方式、培训课程以及培训场所设备等内容。达到培训目标是其根本目的，其他各个组成部分都是以它为出发点，经过权衡利弊，做出决策，制定出一个以培训目标为指引的系统性培训方案。在培训需求分析的基础上，要对培训方案的各组成要素进行具体分析。

（1）培训目标

培训目标的设置有赖于培训需求分析，能明确培训员工未来即将从事某个岗位，但该员工的现有职能和预期职位之间存在一定的差距，消除这个差距就是培训目标。设置培训目标将为培训方案提供明确方向和依循的构架。有了目标，才能确定培训对象、内容、时间、教师、方法等具体内容，并可在培训之后对照此目标进行效果评估。

培训目标就是采用理论集中培训或现场模拟演练等方式使特定的培训对象掌握和了解培训内容。基于培训目标，再逐步分解培训方式、培训内容、课程设置等相关培训内容。

（2）培训内容

明确了培训的目标后，就需要确定培训的具体内容。尽管具体的培训内容千差万别，但一般来说，主要是让用户方相关工作人员了解系统所涉及的各种技术和设备，熟悉系统的操作流程，掌握系统的操作方法，能够解决系统日常运行过程中的常见故障。因此，物联网系统的培训内容主要围绕基础知识、专业技术、应用技能等方面。

1）基础知识。主要包含对物联网系统、基础设施系统相关基础知识，功能介绍及通用功能操作。

2）专业技术。指系统硬件和软件在运行管理及维护方面的专业技能。

3）应用技能。包含应用系统、基础设施、操作技能等的培训。

（3）培训教师

培训教师是整个培训效果的源头，教师水平的高低决定了培训质量的好坏。为保证培训教师队伍的高素质，培训教师的资历、经验以及核心能力都要有较高的要求。因此，培训教师应是具有一定资质和丰富实践经验的高级专业技术人员或行业技术专家。通常情况下，培训教师可以由直接参与项目的主要系统设计人员、调试人员和项目实施负责人组成。

（4）培训对象

通常，要从业务管理责任人、业务使用角度和运行维护角度出发，分析系统业务日常运行、业务的未来发展规划，以及保障系统运行等多个维度，梳理系统的培训需求，确定不同层级、不同角色的培训对象。

（5）培训时间

在做培训需求分析时，确定需要培训哪些知识与技能，根据以往的经验，对这些知识与技能培训安排日程，估算培训时长，以及培训真正见效所需的时间，从而推断培训提前期的长短，根据何时需用这些知识与技能及提前期，最终确定培训日期。

（6）培训方法

组织培训的方法有多种，如讲授法、演示法、案例法、讨论法、视听法、角色扮演法等，各种培训方法都有其自身的优缺点，为了提高培训质量，达到培训目的，往往需要各种方法配合起来，灵活使用。

（7）培训方式

培训方式可采用集中培训、现场培训等。例如采用集中讲解、系统演示、同步实际操作相结合的方式，根据不同使用对象进行现场实操培训。

（8）培训计划

培训课程应根据培训的内容进行设计，培训计划要标明各课程培训的内容、学时、讲师、教材、培训对象等。

任务实施

任务实施前必须先准备好以下设备和资源。

序号	设备/资源名称	数量	是否准备到位（√）
1	计算机	1台	
2	Office软件	1套	

1. 确定培训目标

智能大棚监控系统项目培训目标主要包含以下几个方面：

1）使用户的系统管理员和系统维护人员了解、掌握系统所涉及的各种技术和设备，更有效、更全面地应用和管理系统，保障系统正常运行。例如智能大棚监控系统运行时所涉及的空气传感器、温度传感器、土壤传感器、温度传感器、网络交换机、展示设备、应用平台等各种软硬件设备的使用方法，以及物联网系统通信、物联网云平台、物联网传感技术等技术技能。

2）使系统管理维护人员能够掌握系统维护的主要技能，能根据系统的运行需要进行配置管理，系统一旦发生故障时能迅速进行诊断并排除，提高系统的运行质量。

3）解决用户如何快速有效地了解及掌握产品的使用，让用户掌握已购产品的功能使用、应用培训与指引及用户体验收集与反馈，解决“不会用”的问题。

2. 确定培训内容及对象

智能大棚监控系统培训的内容主要围绕基础知识、专业技术、应用技能等相关技术，结合项目实际情况进行规划设计，具体培训内容见表5-2-1。

表5-2-1　培训内容及对象计划表

序号	培训模块	培 训 内 容	培 训 对 象
1	基础知识	应用系统相关基础知识、基础设施系统相关基础知识、功能介绍、通用功能操作	用户信息化相关人员、业务相关人员
2	专业技术	硬件运行管理及维护、软件运行管理及维护	用户信息化相关人员
3	应用技能	应用系统操作技能、基础设施系统操作技能	用户业务相关人员

3. 制定培训计划

智能大棚监控系统培训计划主要包含培训教师、培训时间和地点、培训方式、培训课程等内容。

（1）培训教师

为保障培训质量，系统集成商要统筹高水平、高资历、实践经验丰富的高级人才作为培训教师。因此，智能大棚监控系统的培训教师由项目总负责人负责系统业务流程、系统功能、系统运行维护的培训。

（2）培训时间和地点

培训的具体时间和地点通过与用户协商后确定。智能大棚监控系统培训时间：2022年3月，地点：某省某市某酒店的某会议室。

（3）培训方式

基于智能大棚监控系统实际情况，培训方式选择集中培训、现场培训等混合模式，针对系统的功能可以选用集中讲解、系统演示、同步实际操作相结合的方式；针对智能大棚部署的前端设备及信息显示可以选择实地现场培训。

（4）培训课程

根据用户业务相关人员、用户信息化相关人员等各类人员的素质和应用需要，制定目标明确和切实可行的培训计划。培训计划包括培训内容、课时、教材、培训对象、期次等，培训计划应根据人员具体执行进度进行调整。针对智能大棚监控系统的培训课程可参考表5-2-2。

表5-2-2　培训课程计划表

序号	课程名称	课时	培训对象	培训时间	培训方式
1	智能大棚系统功能模块实操培训	16	用户业务相关人员	项目或系统初步建成后	集中培训、现场演示、辅助操作
2	智能大棚系统平台服务器和软件功能培训	16	用户业务相关人员	项目或系统初步建成后	集中培训、现场演示、辅助操作
3	智能大棚系统网络配置及管理培训	8	用户信息化相关人员	项目或系统初步建成后	集中培训、现场演示、辅助操作
4	日常运维操作培训	8	用户信息化相关人员	待定	专题培训
5	常见故障排查及解决培训	8	用户业务相关人员	待定	专题培训

4. 编制培训方案

根据智能大棚监控系统的培训要求，编制完成《智能大棚监控系统培训方案》。《智能大棚监控系统培训方案》的内容可参考图5-2-2所示目录大纲进行编写，也可根据实际需要进行适当的调整。

《智能大棚监控系统培训方案》目录大纲

1. 培训目标……2
2. 培训对象……2
3. 培训内容……2
4. 培训计划……2
   4.1　培训教师……2
   4.2　培训时间和地点……2
   4.3　培训方式……2
   4.4　培训计划……2
5. 其他注意事项……2

图5-2-2 《智能大棚监控系统培训方案》目录大纲

5. 验证与评审

各组可交叉检查已经编制完成的《智能大棚监控系统培训方案》的实用性和完整性，并模拟组织一次培训活动，进行验证与评审。

任务小结

本任务的相关知识与技能小结如图5-2-3所示。

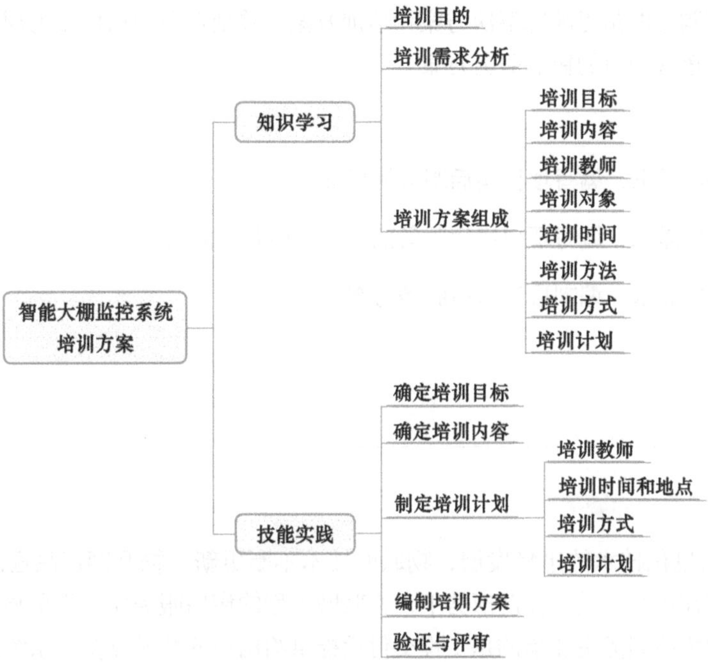

图5-2-3 知识与技能小结思维导图

任务拓展

收集智能大棚监控系统工程相关的培训资料，重新梳理智能大棚系统的管理子系统的培训需求、培训目标、培训内容等，并编制管理子系统的培训方案。

任务3 智能大棚监控系统售后服务方案

职业能力目标

- 能根据售后服务目标和售后服务流程，开展工程售后服务
- 能根据售后服务目标，整合常见故障解决方案、售后服务内容等，编制售后服务方案

任务描述与要求

任务描述：

L公司承接的某智能大棚监控系统集成项目即将完工，为便于后期售后服务工作的开展，现需要完成该智能大棚监控系统集成项目的售后服务方案，公司将这个任务交给了LD先生。他需要结合之前制定的常见故障解决方案和培训方案，并结合公司售后服务规定等，完成该智能大棚监控系统集成项目的售后服务方案。

任务要求：

- 根据用户需求，编写项目售后服务的目标
- 根据用户需求，编写项目售后服务范围、售后服务内容
- 根据用户需求，编制项目售后服务方案

知识储备

1. 物联网工程售后服务

随着电子信息化技术的迅猛发展，物联网技术不断更新，物联网产品逐渐成熟，物联网工程已频繁出现在各个领域，在此形势下，物联网工程的售后服务质量也是整个行业竞争的重点。物联网工程售后服务主要指的是工程交付后提供给用户的技术支持、系统维护等一系列服务内容。售后服务的直接对象是用户，间接对象是交付的物联网工程。而售后服务是物联网工程建设过程的一个重要环节。通过提供良好的售后服务，物联网系统集成商可以与用户建立良好的关系，树立企业形象，提高企业信誉度，扩展企业的影响力。与传统产品相比，物联网工程售后服务体现出以下几个特点。

（1）无形性

是看不到摸不着的，是一种行为而非一件物体，用户在享受服务的同时很难感受到服务给自己带来的利益，也很难确定价格和质量之间的关系。

（2）差异性

服务的构成成分及质量水平经常变化，很难统一界定。服务的执行者是人，而不同执行者的年龄、性格、技术水平都存在很大差异，服务的质量也会有所不同。

（3）易消失性

提供服务的各种设备可以提前准备好重复使用，但生产出来的服务很快会消失。

（4）复杂性

物联网工程涉及众多领域，每次故障的程度不同，用户遇到的问题也会不一样，因此，

物联网工程的售后服务是非常复杂的。

2. 售后服务内容

售后服务首先要了解具体的服务范围，明确服务内容。根据约定的服务内容开展售后服务工作。物联网工程售后服务内容主要包括系统技术咨询服务、系统更新升级、现场技术支持服务等。

1）系统技术咨询服务为用户提供项目前端、网络、后台应用等各方面相关内容的技术服务，主要包括前端采集、系统计算存储、系统集成网络、系统安全防护等软件、硬件方面，为用户提供技术咨询服务。

2）系统更新升级为用户提供工程项目的应用软件、操作系统、数据库、中间件等系统相关的软件更新升级服务，保障系统的正常运行。

3）现场技术支持服务为升级版的技术服务，当用户遇到技术难题，无法通过远程提供咨询或者解决时，经协商，邀请技术专家到用户现场提供技术咨询、技术指导、技术培训，甚至现场教学等服务，从而为用户提供更好的体验式技术支持服务。

3. 售后服务方式

系统实施建成后，为用户提供的售后服务的方式多种多样，例如网站、电话、邮件、即时通信等。还可根据项目实际情况和用户需求，确定是否成立驻场售后服务团队，提供现场售后响应。因此，售后服务方式可包括网络咨询、现场响应、远程升级和混合服务方式。

（1）网络咨询

用户通常以电话、传真、邮件、网站、即时通信工具（如QQ、微信）等多种方式提出售后服务需求或要求，售后服务供应商通过网络方式为用户提供技术援助服务，解答用户在系统使用中遇到的问题，并及时为用户提出解决问题的建议。

（2）现场响应

用户遇到系统使用及技术问题，网络协助不能解决的，物联网系统集成商需要根据售后服务承诺的响应时间，提供现场响应服务。可以设立驻场服务团队，也可以根据需要临时组建团队，提供现场服务。临时组建的团队可由物联网系统集成供应商人员组成，也可以由物联网系统集成供应商、设备原厂商或者第三方人员共同构成。

为节约售后服务资源开支，提高服务效率和质量，物联网系统集成项目售后问题解决通常首先考虑远程协助方式，再考虑现场服务的方式。

4. 售后服务流程

售后服务流程是售后服务工作开展的操作指南，售后服务中心在接收售后服务需求时及时做出响应，工作人员先根据需求分类、定级，然后选用事先制定的售后服务流程提供售后服务时间的处理。物联网工程的售后服务主要分为咨询服务、故障解决、投诉处理三类。

（1）咨询服务处理

售后服务中心在接收到用户的咨询服务需求后首先要了解用户的需求详情。其次是对服务需求进行答复，对于能够直接答复的可直接进行答复，不能直接答复的可在进行服务升级后答复。最后进行售后服务信息的登记和用户回访，具体服务流程如图5-3-1所示。

（2）故障解决服务

故障解决服务是售后服务中心先了解用户服务需求，再询问故障详情并对故障进行定级，然后判断故障的紧急程度，选择相应的故障处理通道，具体流程如图5-3-2所示。

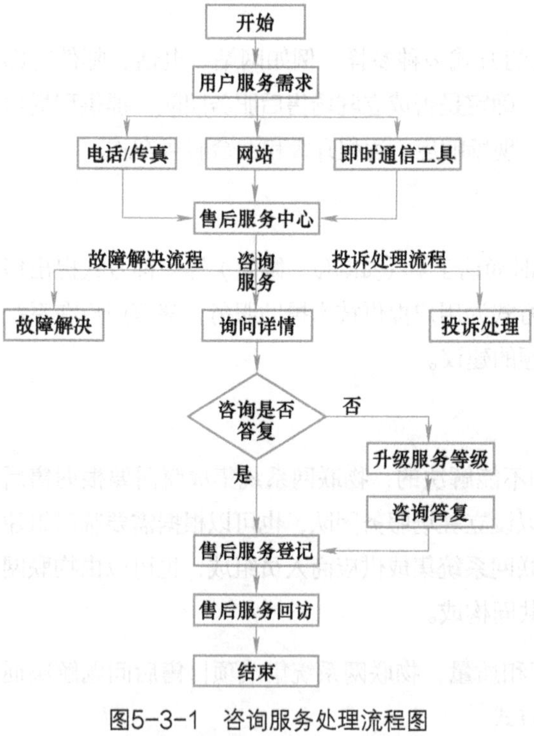

图5-3-1　咨询服务处理流程图

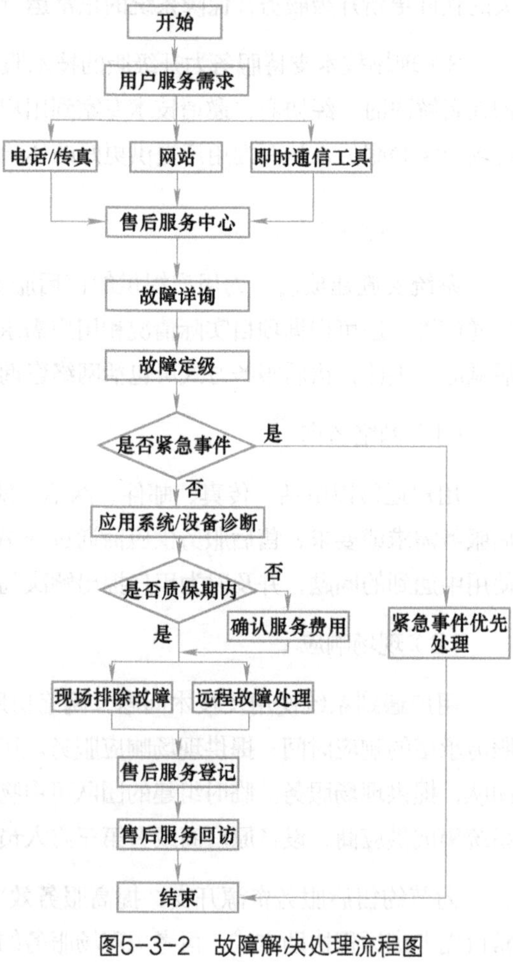

图5-3-2　故障解决处理流程图

（3）投诉处理服务

为提升用户的满意度，需要对用户的投诉进行妥善处理，具体的处理流程如图5-3-3所示。

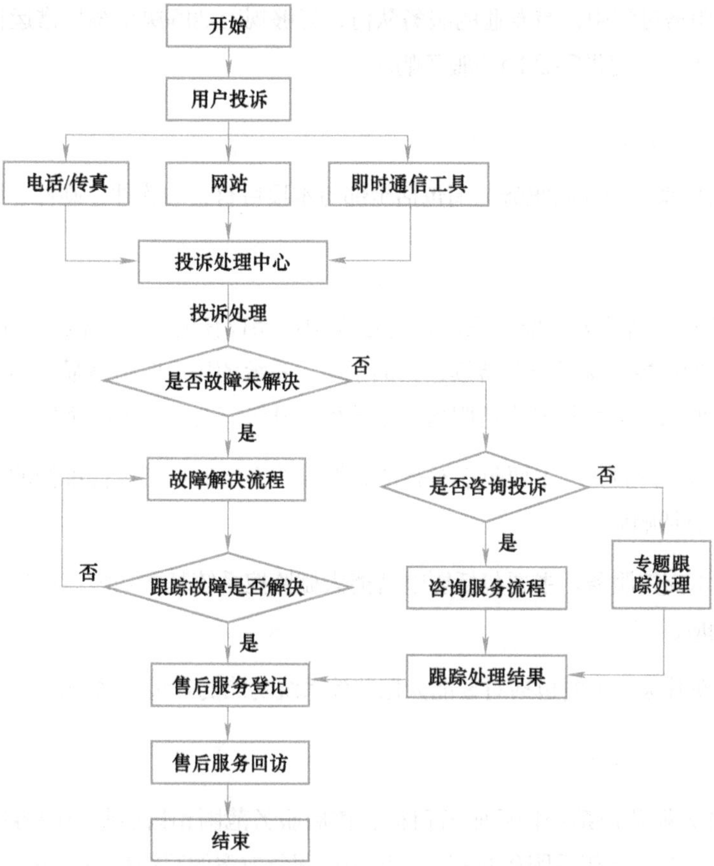

图5-3-3　投诉处理流程图

任务实施

任务实施前必须先准备好以下设备和资源。

序　　号	设备/资源名称	数　　量	是否准备到位（√）
1	计算机	1台	
2	Office软件	1套	

1. 确定售后服务目标

确定智能大棚监控系统售后服务目标需要L公司基于自身的资源和条件，依托一套优质、完整的售后服务体系，对系统运行过程中出现的问题做好技术服务。结合智能大棚监控系统的工作特点及L公司的综合实力，可确定智能大棚监控系统售后服务目标主要包含以下两个方面：

1）有完整的售后服务体系，能够为用户提供“专业、规范、团队、高效”的高质量售后服务，最终使用户在工程系统运行过程中感到满意。

2）在售后服务过程中，有专业的服务队伍，能够规范地解决系统日常运行过程中可能出现的技术问题，为用户提供7×24h的服务响应。

2. 确定售后服务范围

智能大棚监控系统的售后服务范围包括全部与本项目有关的软件、硬件、网络。

3. 确定售后服务内容

通过分析用户在智能大棚监控系统运行过程中可能存在的问题，梳理用户的售后服务需求，可知智能大棚监控系统是一个持续运行的系统，系统的售后服务就显得至关重要。因此可从常规技术支持服务、应急技术支持服务、系统更新升级三个方面来明确售后服务内容。

1）常规技术支持服务。主要包括对智能大棚监控系统的日常运行维护的技术咨询服务及一般故障的技术支持响应。

2）应急技术支持服务。主要包括影响智能大棚监控系统基本功能运行或关键设备出现问题的技术支持响应。

3）系统更新升级。主要包括对智能大棚监控系统功能的升级和系统扩容升级。

4. 售后服务方案编制

在明确智能大棚监控系统售后服务目标、售后服务范围和售后服务内容后，就可以编制完成《智能大棚监控系统售后服务方案》。该售后服务方案的写法可参考图5-3-4和图5-3-5中的内容进行撰写，也可根据项目实际情况进行内容的适当调整。

版本号：

智能大棚监控系统
售后服务方案

用户机构名称

编制机构名称

年　月　日

编制人：	**生效日期：**
审核人：	**批准人：**

图5-3-4　售后服务方案封面

《智能大棚监控系统售后服务方案》目录大纲

图5-3-5　售后服务方案目录大纲

5．智能大棚售后服务方案验证与评审

各组可交叉阅览已经编制完成的《智能大棚监控系统售后服务方案》，并进行验证与评审。

任务小结

在物联网系统集成项目的方案编制工作中重要的一项是制定售后服务方案，在编制此方案时，必须遵循物联网系统的特点，从系统的技术文档、工程技术文件、图纸、硬件设备、软件设备、技术培训、服务承诺、质保期、服务范围、响应时间、备品备件等方面进行细致地规划描述，并输出可行的方案流程图，作为可执行的售后服务的基本依据。

本任务的相关知识与技能小结如图5-3-6所示。

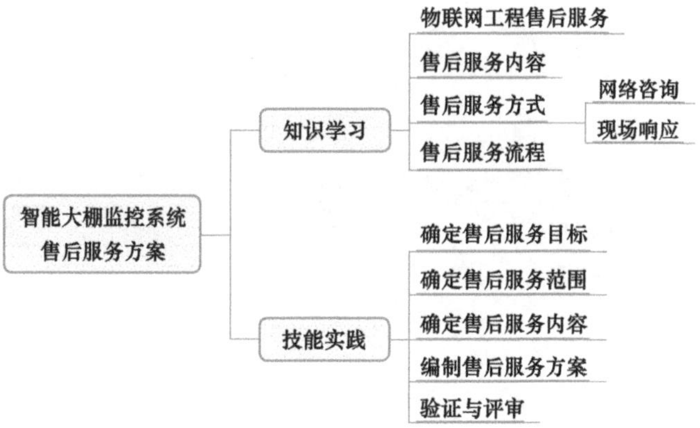

图5-3-6　知识与技能小结思维导图

Project 6

项目6

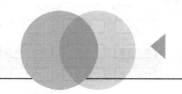

物联网工程项目创新创意创业挑战

引导案例

在“大众创业，万众创新”的双创时代，大学生创业已经成为时代发展的客观要求，而创新意识、创意能力和创业思维则成了大学生创业的必要元素。物联网作为快速发展的新兴行业，融合了互联网、通信、计算机等传统行业的特点进行创新性应用，是创新创意不断涌现的行业。数据显示物联网相关的企业数量呈现逐年稳步增长趋势，2016年之后相关企业注册量增速明显，2018年新增4.8万家企业，2019年新增7.1万家企业，同比增长47.9%。2020年1月至4月，“物联网”相关的企业共新增3.4万家，其中4月新增量最多，达1.5万家。中国物联网产业图谱如图6-0-1所示。

在实践“物联网+”的过程中，从与实体服务相结合，到驱动行业转型、创新，“物联网+”最终会促使整个商业社会的形态发生改变，形成一个全新的、覆盖整个产业的复杂生态圈。物联网在各行各业的应用不断深化，将催生大量的新技术、新产品、新应用、新模式。未来巨大的市场需求将为物联网带来难得的发展机遇和广阔的发展空间。本项目将从创新创意创业的角度对物联网工程实施流程进行梳理介绍。

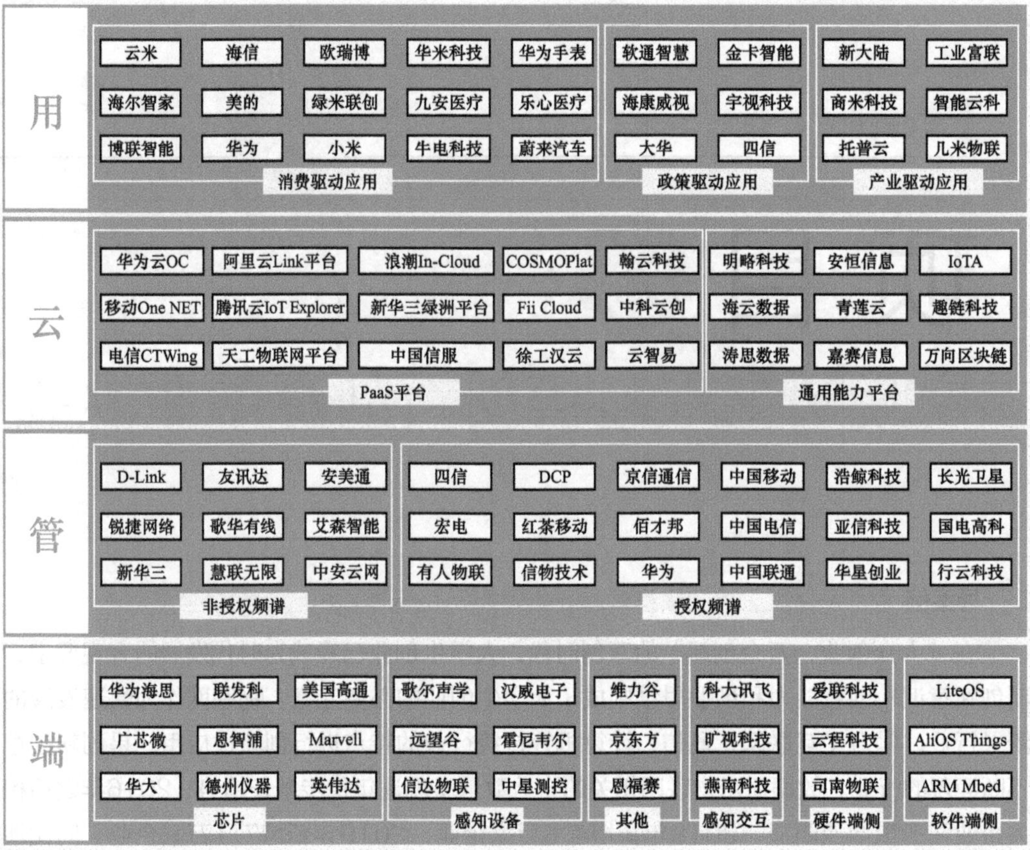

图6-0-1 中国物联网产业图谱

任务1 物联网工程完整实施流程思维导图绘制

职业能力目标

- 能根据项目工程实施知识，梳理物联网工程完整实施流程
- 能根据物联网工程建设，明确项目参与单位、岗位及其职责
- 能根据物联网工程的实施流程，进行思维导图的绘制

任务描述与要求

任务描述：

小×是L公司新进的实习生，为了快速熟悉公司业务、进入工作状态，他需要对公司正在

开展的物联网项目进行流程梳理，明确物联网工程实施的流程，并进行思维导图的绘制。

任务要求：

- 根据项目需求，梳理项目实施的流程
- 根据项目需求，整理工程项目实施过程中各参与单位的职责
- 根据项目需求，进行思维导图的绘制

知识储备

1. 物联网工程实施流程

（1）物联网工程实施过程

物联网工程实施是一项十分复杂的项目实施，涉及多专业的平面和立体交叉实施过程。各类底层传感终端、设备，品种繁多的各种传输通道怎样部署到位、综合处理平台怎样顺利运转，都需要解决和协调各方面关系。正确指导施工活动的方案和技术交接、在整个过程中明确物联网工程开发与实施的步骤是物联网工程成功实施的重要保证。

工程项目完成立项后，需要经历招投标流程，为工程项目的开展与实施做好准备。在工程的实施阶段，主要包含的工作程序有设计、采购与施工，如图6-1-1所示。

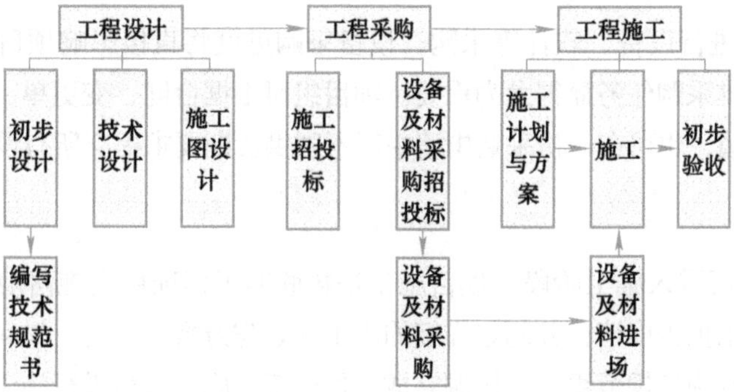

图6-1-1　物联网工程实施流程

1）工程设计。

设计阶段是根据拟建项目设计的内容和深度，将设计工作分阶段进行，主要完成初步设计、技术设计及施工图设计。设计文件应由具有相应设计资质的设计单位提供，若为多家设计单位联合设计的，应由总包设计单位负责汇总设计资料。

① 初步设计是拟建项目决策后的具体实施方案，也是进行施工准备的主要依据。初步设计的深度应能满足设计方案的评选优化、主要设备及材料订货、投资贷款和资金筹措、施工图设计和施工组织设计的绘制和确定、施工准备和生产准备等要求。因此，初步设计文件要科

学、合理、准确地反映拟建工程的建设规模、建设标准、建设条件和功能要求，并保证设计质量。初步设计阶段需完成工程概算。

② 技术设计是对产品进行全面的技术规划，确定初步设计中所采取的工艺过程、确定建设规模和技术经济指标等，并制作修正概算的文件和图纸。

③ 施工图设计的主要任务是满足施工要求，即在初步设计或技术设计的基础上，综合建筑、结构、设备各工种，相互交底、核实核对，深入了解材料供应、施工技术、设备等条件，把满足工程施工的各项具体要求反映在图纸中，做到整套图纸齐全统一，明确无误，并在设计文件中体现工程预算。

项目发起方经过项目决策确定工程项目需要建设后，就要通过招投标流程确定设计单位。设计单位与甲方签订设计合同后，为工程项目提供设计服务，设计完成后即可将设计成果资料交付甲方，并为项目后期的施工提供技术支持与指导。

2）工程采购。

当项目设计完成后，项目进入招投标阶段，项目发起方根据设计资料对项目所需设备材料、施工单位、监理单位等进行招标。项目发起方根据自身情况确定招标方式，一般采用公开招标、邀标（根据项目情况也会存在竞争性谈判、竞争性磋商、单一来源采购）。

在招标阶段，招标人（包括招标代理机构）需要编制、发布招标公告和投标邀请书，进行资格预审，编制和发布招标文件，组织现场勘察，召开投标预备会，组织评标和现场开标。设备商、施工单位、监理单位等获得招标信息后，编制投标文件进行投标。

根据招标结果进行设备、软件等采购，设备采购进度将直接影响项目工期，在资源有限的情况下，合理安排采购任务显得尤为重要。项目组可根据合同、变更单、项目进度计划，分批提交设备采购申请，也可在一份采购申请中以不同供货期要求提交所有设备的采购申请。

3）工程施工。

招标完成后项目进入施工阶段，项目施工是物联网工程项目实施落地的主要环节，需要进行工程备案、开工报告申请，并制定详细的施工计划与方案。设备（材料）进场后，项目组根据施工进度计划及施工规范组织、协调完成工程施工。施工人员进行施工前，技术负责人需要对施工人员进行安全技术交底、施工组织设计交底，并形成记录文档。工程施工应按正式设计文件和施工图纸进行，不得随意更改。若确需局部调整和变更的，必须填写“更改审核单”，或由监理单位提供的更改单，经批准后方可施工。施工过程项目组需要做好项目设备的安装、调试记录，特别是隐蔽工程的报验。

（2）工程实施进度的协调管理

物联网项目的进度管理通常采用计划、实施、检查和总结四个过程的不断循环的方法，通过对人力资源和物力投入的不断调整，保证进度和计划不发生偏差，从而达到按计划实现进度目标的过程。工程实施进度协调管理的最重要环节如下：

通过施工单位与建设方、监理、现场施工人员间的沟通和协调，确定安装地点和主要走线方法，并通过工作任务分解，根据工程各阶段相关时间的估计，最终制定出进度计划，作为施工作业的进度管理依据。

进度计划不是不变的，当其他工程关键性节点的计划发生改变时，工程计划将做出相应的调整，也就是说施工过程中需要不断地沟通和协调。根据进度的需要，合理安排人力资源和物力投入，并在实施过程中不断地进行进度的动态管理，以防止进度发生较大偏差，而影响整个工程的工期，其中工程的协调与合作是施工协调的关键。当总工期要求缩短时，在关键路径的施工工期中加强人力和物力投入，重点保证在关键路径段的任务计划，以确保工程赶工要求。

仔细检查和总结每天的施工计划和实际施工工程量的偏差，为了确保工程按期完成，每天计划必须按时或提前完成，可以适当加班或增加施工人员。遇到不可抗拒因素时，需要提前告知用户，并积极采取相关措施补救（增派人员、车辆及仪表）。在户外施工时需要考虑天气因素带来的影响，关注天气预测情况，合理安排施工和预留意外天气带来的施工进度的变慢，并做好相关准备工作。

2. 思维导图绘制方法

清晰的建设思路及规划可极大地提高物联网工程项目建设效率，工程实施过程涉及的单位主体较多且流程复杂，可借助思维导图理清实施过程中各环节的逻辑关系。

（1）认识思维导图

思维导图是一个可视化的图形思维工具。思维导图运用图文并重的技巧，把各级主题的关系用相互隶属与相关的层级图表现出来，把主题关键词与图像、颜色等建立记忆链接。有助于从多方面多角度去思考，去发散，同时帮助理清复杂的逻辑关系。

市场上的思维导图绘制工具有很多，各有优缺点，常见的绘制工具主要有：

1）GitMind。

GitMind是一款免费在线制作思维导图的计算机软件。它的主要功能有大纲视图、一键自动布局、多人云协作、插入富文本、批量管理文件、格式刷、自定义主题、快速查看历史版本、插入关系线、添加概括、一键分享思维导图、多格式文本导出、计算机手机云同步等。可用来轻松制作思维导图、逻辑结构图、业务流程图、UML图、组织架构图、拓扑图以及数据流图等，适用于制作读书笔记、项目规划、会议记录以及头脑风暴、产品规划等。

2）iMindMap。

iMindMap是思维导图创始人托尼·巴赞开发的思维导图APP，线条自由，具有手绘功能。结合独特的自由形态头脑风暴视图模式和系统的思维导图视图模式，适用于头脑风暴、策划和管理项目、创建演示文稿等。可用来创造3D视图、演示文稿视图、iMindMap在线、多图、动画+时尚的界面、图像+图标以及智能单元格等。

3）XMind。

XMind是一款广受好评的开源国产思维导图软件，现全球上百个国家的百万级用户都将之作为学习、工作、生活的效率工具。该软件有Plus/Pro版本，提供更专业的功能。除了常规的思维导图，XMind同时也提供了树状图、逻辑结构图和鱼骨图，具有内置拼写检查、搜索、加密，甚至是音频笔记功能。

4）MindLine。

MindLine是一款兼容安卓、iOS、Windows以及Mac四大系统的免费思维导图软件，在计算机上安装便捷而且占用内存小，适合用户进行简单的思维导图编辑与个人创作。MindLine操作简单快捷，支持Windows/Mac系统云同步，支持导出图片、XMind、FreeMind等格式文件，支持iOS、安卓设备和计算机网页同步共享文件，支持添加概括、连接线以及标记内容。

（2）XMind绘制方法

本任务以XMind为例对思维导图的绘制方法进行讲解。

1）下载XMind客户端。

可登录官网下载XMind客户端，官网提供了桌面版和移动端的不同客户端安装包，同时有专业版和免费版供用户选择。此处以XMind 2020为例进行思维导图绘制说明。

2）新建思维导图。

安装成功后的第一步是新建思维导图，可以选择已有主题创建空白图，单击“创建”按钮后会出现一个基本的思维导图结构，如图6-1-2所示。

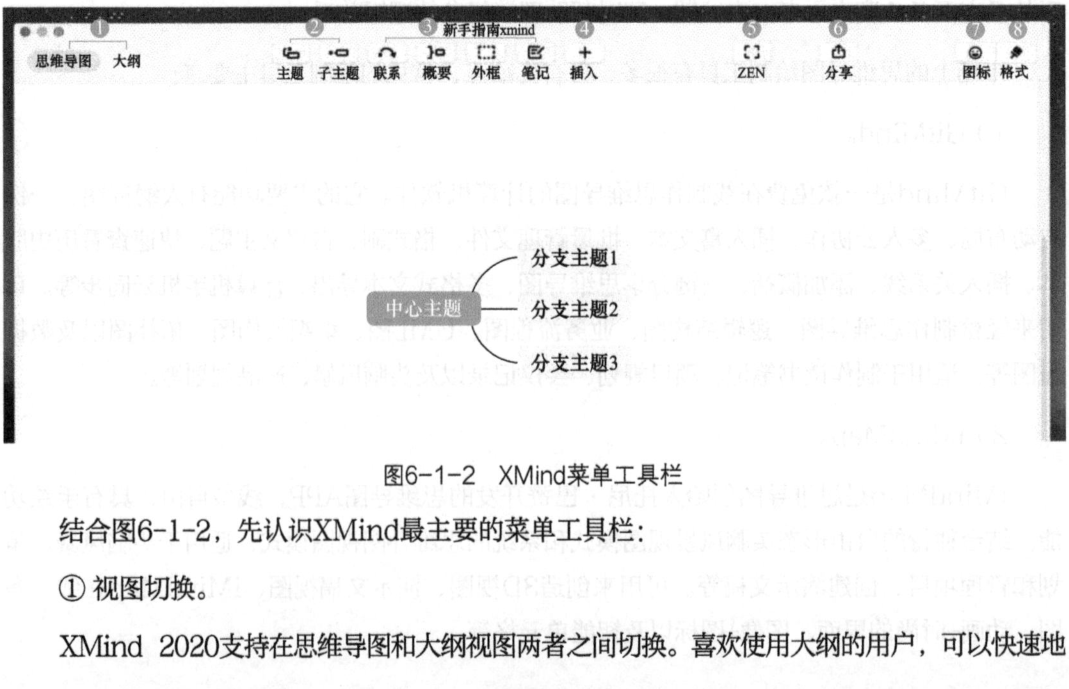

图6-1-2 XMind菜单工具栏

结合图6-1-2，先认识XMind最主要的菜单工具栏：

① 视图切换。

XMind 2020支持在思维导图和大纲视图两者之间切换。喜欢使用大纲的用户，可以快速地将想法转换成文字，再切换成思维导图，反之亦可。单击思维导图或大纲即可在两者之间切换。

② 添加主题、子主题。

可以在工具栏添加主题和子主题，添加主题和子主题是绘制思维导图最基础的操作。选中主题后单击“主题”或“子主题”按钮即可添加。

③ 添加联系、外框、概要、笔记。

可以在工具栏进行联系、概要、外框、笔记的插入。选中主题，在工具栏里单击需要插入的要素即可。

④ 插入按钮。

工具栏的插入按钮支持标签、链接、附件、语音备注、本地图片和方程的插入。选择主题，在“插入”按钮的选项中单击需要插入的要素即可。

⑤ ZEN模式。

ZEN模式是XMind 2020的特色功能。在这个功能下，用户可以专注地进行思维导图的绘制。在ZEN模式下，可以计时和开启黑夜模式。

⑥ 分享。

XMind提供分享的功能，用户可以将绘制完的思维导图导出为PNG、SVG、PDF、Markdown、Excel、Word、OPML、TextBundle等文件格式，也可以将导图用邮件、印象笔记等分享出去。

⑦ 图标。

在图标栏里，用户可以添加标记和贴纸，为思维导图加入更多图画元素。

⑧ 格式。

格式在工具栏的最右侧，支持对画布、主题、联系、概要等元素进行样式修改。用户可以在这个菜单栏里对思维导图在样式上进行充分的自定义。

3）编辑主题和插入逻辑元素。

XMind中有四种不同类型的主题形式，分别是中心主题、分支主题、子主题和自由主题，如图6-1-3所示。

① 中心主题：中心主题是这张导图的核心，也是画布的中心，每一张思维导图有且仅有一个中心主题。需要注意的是，保存导图时，文件会默认以中心主题命名。新建导图即自动创建，不能被删去。

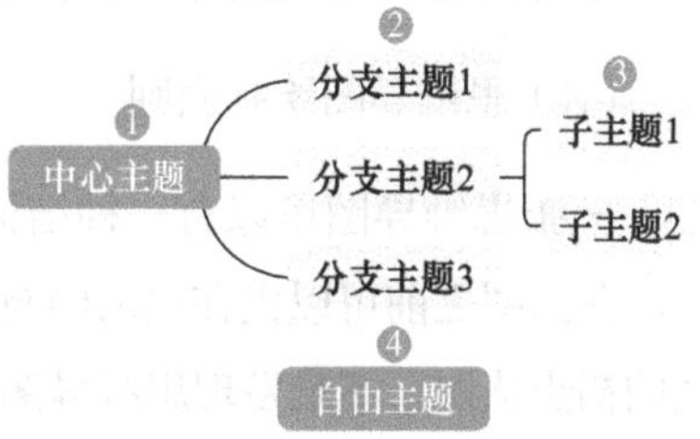

图6-1-3 XMind主题类型

② 分支主题：中心主题发散出来的第一级主题为分支主题。

③ 子主题：分支主题发散出来的下一级主题为子主题。

④ 自由主题：自由主题是在思维导图结构外独立存在的主题，可以作为思维导图结构外的补充。自由主题拥有极大的自由度和可玩性，可以用来创建花式导图。

XMind主题间切换方式如图6-1-4所示。

① 添加分支主题：选中主题，单击工具栏的主题进行添加。也可选择主题后按快捷键<Eenter>进行添加。

② 添加子主题，选中主题，单击工具栏的子主题进行添加。

③ 添加自由主题：双击画布空白处进行添加。

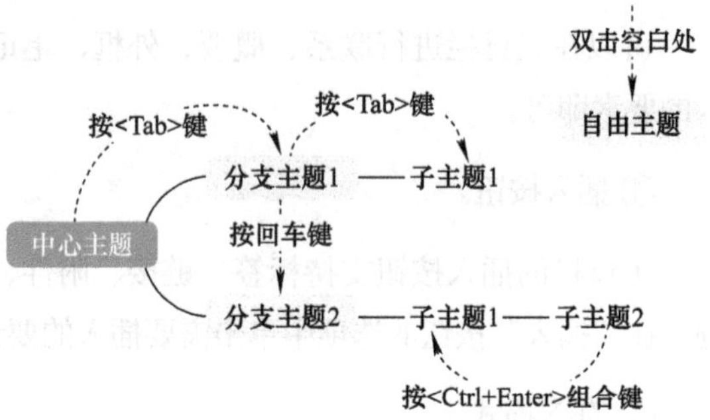

图6-1-4　XMind主题间切换

④ 添加联系：联系是思维导图中任意两个主题之间用于显示特殊关系的自定义连接线。如果两个主题或外框主题之间有关联性，可以用联系将二者关联起来，并添加文字描述定义这个关系。联系可以自定义线条、颜色、箭头、文本等样式。可通过如下方式添加联系：选中一个主题，在工具栏中单击“联系”按钮，再单击另一个主题即可成功添加；或者选中主题后，使用快捷键<Ctrl+Shift+L>添加联系。

⑤ 添加概要：概要对思维导图主题进行了归纳概括，用于为选中的主题添加总结文字。当需要对几个主题进行总结和概括，进一步对主题进行总结和升华时，可以添加概要。和其他主题一样，概要主题可以更改样式，并添加自己的子主题。如果需要添加概要，可以选中一个或者多个主题后，在工具栏中单击“概要”按钮进行添加。

⑥ 添加笔记：笔记是用于注释主题的富文本。当需要对一个主题进行详细的内容阐述，但又不想影响整张思维导图的简洁性时，把文字放入笔记中是一个很好的方式。可在选中某一主题后，单击工具栏中的“笔记”按钮进行添加。

掌握以上XMind软件的基本操作之后，就可以根据自己的需求进行具体的思维导图绘制。

（3）思维导图绘制原则

一张思维导图可以有一种结构，也可以有多种结构，取决于绘图者脑中思维结构的复杂性。在画图之前可以先在脑海中有一个大致的结构，这样更能提高绘图的效率。经过对思维导图的初步认识，不难发现思维导图具有以下几个基本特征：

1）注意的焦点清晰地集中在中央图形上。

2）主题的主干作为分支从中央图形向四周放射。

3）分支由一个关键的图形或者写在产生联想的线条上面的关键词构成。比较不重要的话题也以分支形式表现出来，附在较高层次的分支上。

4）分支共同形成了一个连续的结点结构。

具备这些基本特征之后，一个思维导图就基本成型了，如果想要进一步优化思维导图可以按照以下原则进行细节完善：

1）简洁明确的中心。

中心主题同时也是一个思维导图的标题，思维导图的中心应注重简洁明确，一望而知。

2）善用关键词强调重点。

强调重点是改善记忆和提高创造力的重要因素之一，既要在标题中对关键信息加以强调，又要把强调重点的思维方式贯穿于整个思维导图的绘制过程中。画好思维导图的一个重要原则就是使用能突出重点的关键词，此外，关键词也是思维导图区别于传统笔记方式的一大特点。

3）理清内容的层次关系。

关键词的合理应用可以帮助减轻理解压力，清晰的层次关系则可以减轻思维压力，理清内容层次关系能更直观地体现思维方式。

4）美观也是信息量。

思维导图极大地利用了人处理图像的脑区，如果想要让这些东西充分参与到思考中来，就应该让作品能够吸引观众，而不是仅仅让自己看懂。

5）使用文字之外的元素。

只使用文字容易让内容显得单调乏味，为了能够更好地说明想表达的内容，可以使用一些更加贴近图像的内容来表达事物。可以在网络上查找相关的图片，也可以利用思维导图软件提供符号化的图片，合理地利用这些元素可以使思维导图更多样化、形象化。

任务实施

任务实施前必须先准备好以下设备和资源。

序　号	设备/资源名称	数　量	是否准备到位（√）
1	计算机	1	
2	XMind软件	1	
3	Office软件	1	

1. 梳理工程实施过程

根据视频监控系统信息梳理项目实施过程。根据视频监控系统实施中设计、采购、施工三个阶段，分析每个阶段涉及的参与单位，结合项目1任务2对物联网工程参与方的介绍，分析实施阶段的参与单位的职责。完成物联网工程实施参与单位及职责统计，见表6-1-1。

表6-1-1 物联网工程实施参与单位及职责

项目名称	实施阶段	阶段任务描述	参与单位	职责
视频监控系统	设计阶段	完成初步设计方案、施工图设计的编制工作，对于大型项目还会进行详细技术方案编制工作	建设单位	工程项目的发起者，是建设项目的管理主体，其主要职责是提出项目建设规划、提供建设用地和建设资金
			设计院	
			……	
	采购阶段			
	施工阶段			

2. 安装XMind

本任务使用XMind进行思维导图绘制，根据任务要求，完成XMind软件客户端安装。

（1）下载XMind客户端

登录官网下载最新版本的XMind客户端安装包。

（2）安装XMind

1）双击运行XMind客户端程序，根据软件安装向导提示操作进行安装，如图6-1-5所示。

2）待软件安装完成进入登录界面，如图6-1-6所示。可自行创建账号登录，单击“创建一个账号”按钮，根据要求填入邮箱、手机号等信息即可完成XMind账号创建。也可以暂时先跳过，后续再自行创建。

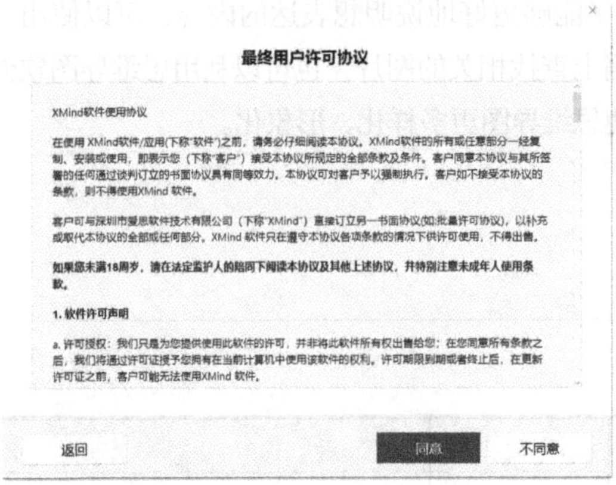

图6-1-5 同意用户协议

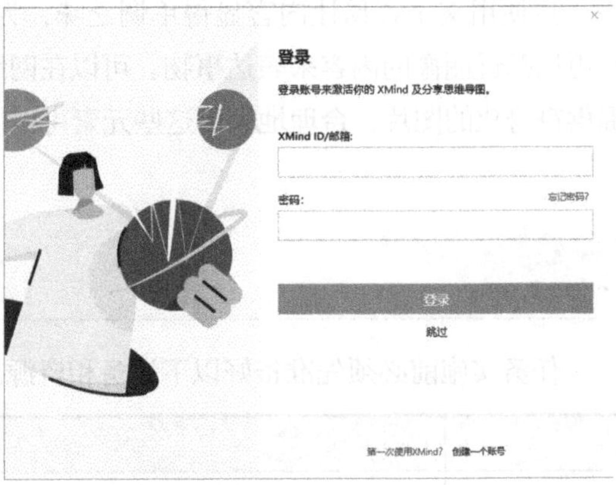

图6-1-6 登录XMind

3）完成登录，进入思维导图创建界面，如图6-1-7所示。XMind提供了丰富的模板，选择需要的模板创建思维导图。

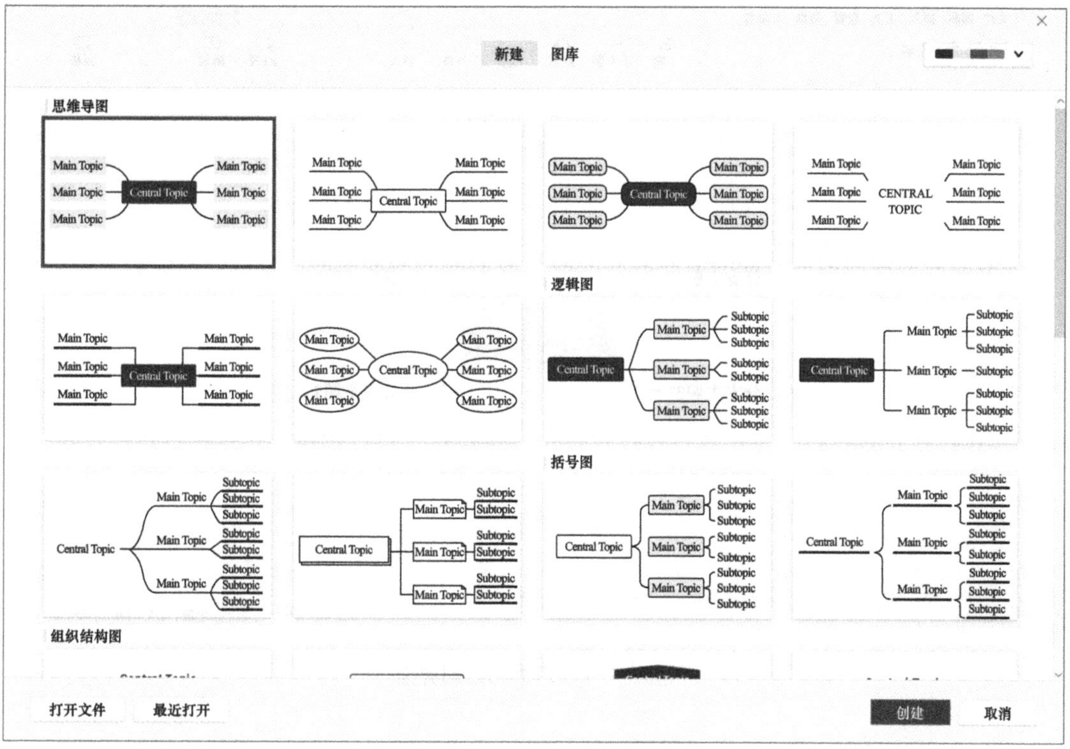

图6-1-7 XMind模板库

4）初次使用XMind软件会出现入门指引的窗口，如图6-1-8所示。新手用户可以根据指引提示，熟悉XMind的基本操作，也可以跳过。

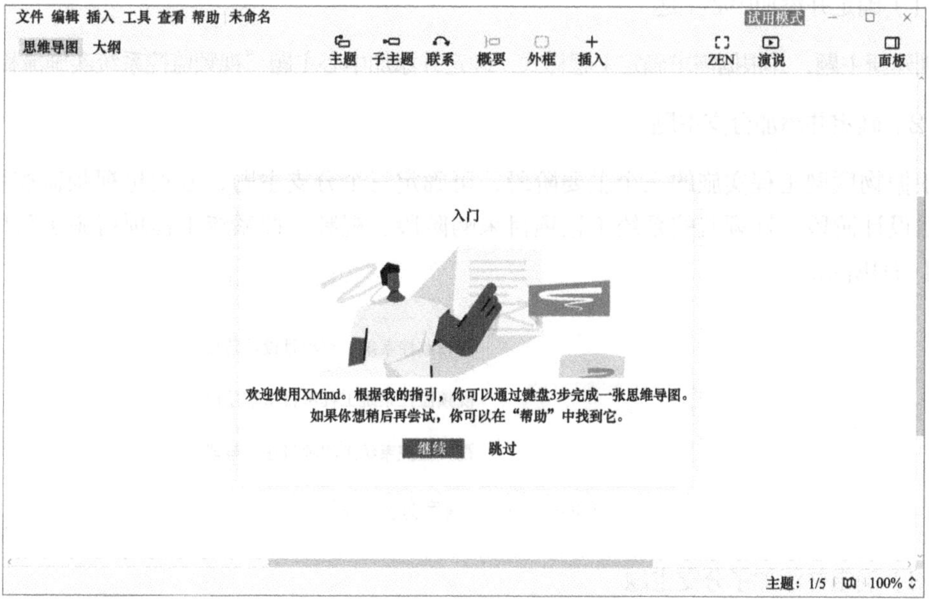

图6-1-8 XMind入门指引

5）完成XMind入门指引，即可添加主题进行思维导图的绘制，如图6-1-9所示。

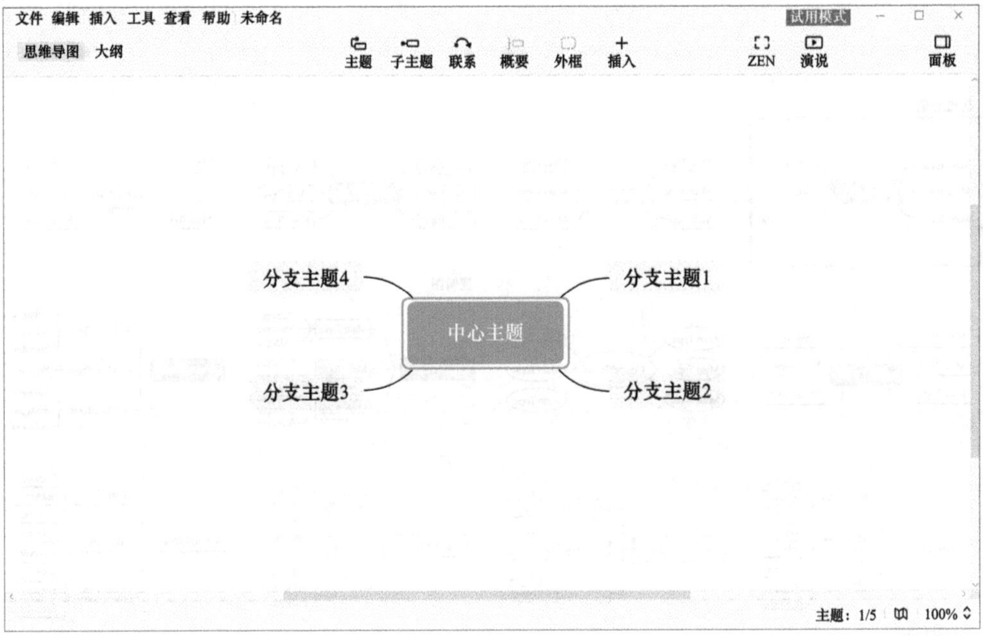

图6-1-9　XMind绘制界面

3. 绘制物联网工程实施思维导图

根据梳理的物联网实施过程及参与单位职责，结合思维导图绘制原则，将物联网工程实施过程以思维导图方式进行呈现。

（1）确定并添加中心主题

创建新主题，并根据需求确定主题样式，确定并添加中心主题“视频监控系统实施流程”。

（2）确定并添加分支主题

根据物联网工程实施的三个主要阶段，可确定三个分支主题，分别是视频监控系统工程项目设计阶段、视频监控系统工程项目采购阶段、视频监控系统工程项目施工阶段，如图6-1-10所示。

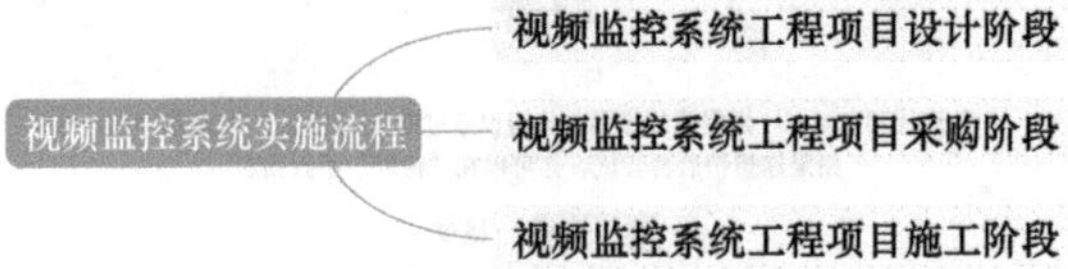

图6-1-10　确定分支主题

（3）确定并添加子分支主题

根据任务物联网工程实施过程及参与单位的梳理，依次确定子分支主题。以视频监控系统工程项目设计阶段为例，确定子分支主题的方法如下：

根据项目规模及业主需求，确认采用最常见的二阶段设计对视频监控系统项目设计阶段的工作流程进行梳理，设计阶段的子分支主题确定为初步设计和施工图设计。

按参与单位角色的不同对初步设计阶段及施工图设计阶段进行子分支主题的划分。初步设计和施工图设计主要涉及的参与单位均为建设单位和设计院，设计阶段的方案及相关技术文件主要由设计院负责编制，用于指导项目建设管理及施工。

按照上述方法，在思维导图中确定并添加视频监控系统实施流程的各阶段的子分支主题，如图6-1-11所示。

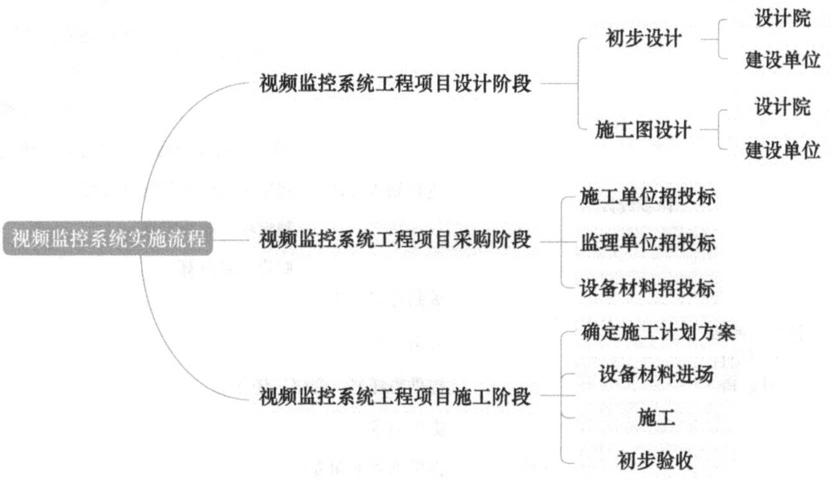

图6-1-11　确定子分支主题

（4）进一步完善各子分支主题

根据梳理的物联网实施过程及参与单位职责，完善各子分支主题。以初步设计阶段为例，进一步确定子分支主题的方法如下：

根据设计院的工作职责确定其初步设计阶段的子分支主题。设计院的初步设计阶段的主要职责包括分析项目建设需求、收集技术资料及标准规范、项目勘察、进行初步设计、编制方案文档及方案审查。其中，收集技术资料及标准、项目勘察、进行初步设计等子分支主题还可根据其工作环节的具体工作内容再进一步细分。例如，设计院进行初步设计环节的工作内容主要包括系统总体架构设计、确定项目建设运行管理方式、制定实施管理及进度计划、制定项目验收方案、制定项目概算。其中，系统总体架构设计可进一步细分为系统构成、系统功能及性能设计、设备选型、传输方式设计、线缆选型与布线等。

根据建设单位的工作职责确定其初步设计阶段的子分支主题。建设单位的初步设计阶段的主要职责包括提出项目需求、提供委托书及合同、提供任务书及项目前期资料、配合勘察及调研、设计方案审查等。

按照上述方法，在思维导图中完善初步设计阶段的子分支主题，如图6-1-12所示。

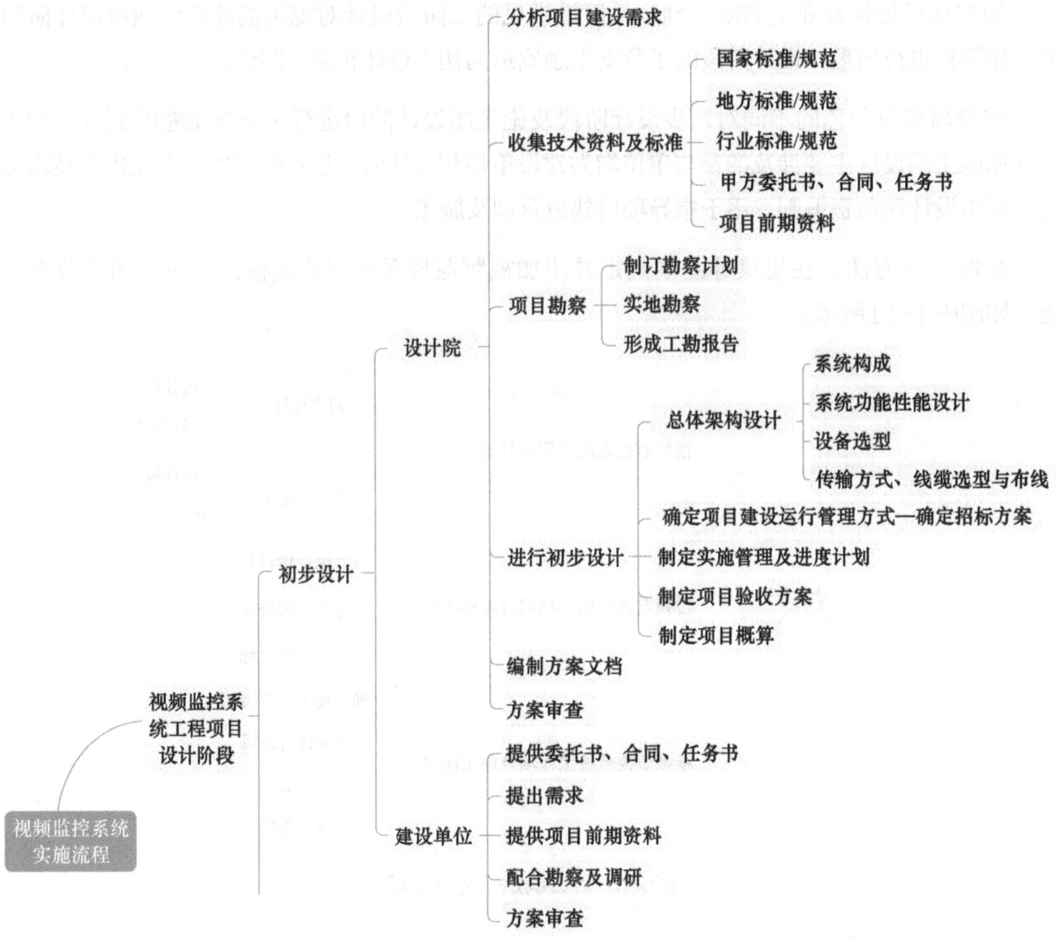

图6-1-12　初步设计阶段导图

参考初步设计阶段思维导图绘制方法，根据物联网工程实施设计、采购、实施三阶段的工作内容，完成视频监控系统实施流程思维导图各阶段详细内容，从而完善并美化思维导图。

4. 验证与评审

各组可交叉阅览已经编制完成的视频监控系统工程实施流程思维导图，并进行验证与评审。

任务小结

物联网工程实施是物联网工程设计与管理的重要环节，涉及多专业的交叉实施。需要解决和协调各方面关系，正确指导施工活动的方案和技术交接，在整个过程中明确物联网工程开发与实施的步骤是物联网工程成功实施的重要保证。本任务旨在对物联网工程实施流程进行梳理，并用思维导图的方式进行呈现。

本任务知识结构思维导图如图6-1-13所示。

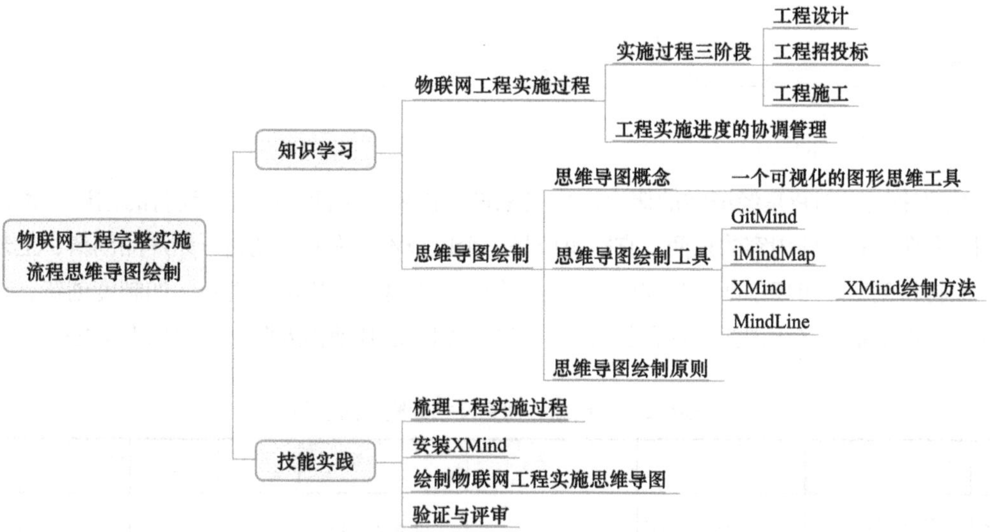

图6-1-13　知识与技能小结思维导图

任务2　编制物联网工程项目创新创意创业策划书

职业能力目标

- 能结合物联网发展的趋势和应用热点，进行创业项目的选择
- 能按照创业策划书模板，进行策划书编制
- 能根据创业策划书内容，进行路演

任务描述与要求

任务描述：

小×所在的创意孵化公司需要进行创意提案，其项目组主要负责物联网领域的创业项目孵化。根据任务分工，小×需要针对当前热门发展领域——物联网发展态势进行分析，并进行物联网工程项目创新创意提案挖掘潜在市场，协助项目组客户完成创业策划书的编制。

任务要求：

- 根据项目需求，整理创新创意创业的方法
- 结合物联网发展趋势和应用热点，编制物联网工程创新创意创业策划书

知识储备

1．创新创意概述

狭义来说，创新是经济学的概念。广义来说，创新既包括一切从无到有的创造，也包括一切具有新形式、新内容的东西。它既可以是一个以技术为内涵的创新，如产品创新、工艺创新、原材料创新、市场创新、管理创新；也可以是一个非技术内涵的创新，如制度创新、政策创新、组织创新、文化创新、观念创新等。创新、创意及其他相近概念说明见表6-2-1。

表6-2-1　创新、创意及相近概念的区别

	创意	创造	发现	发明	创业	创新
说明	创意常与视觉艺术结合在一起，更多的是早期构思，并非一种真实的产品	创造的本质：新、突破和超越，前所未有、与众不同	天然成果：指客观存在的物质、物质性质、运动规律	非天然性成果：人类脑力、体力的凝聚。物质性、认识性均可	创新的实践性应用	可以是原创、首创，也可以是持续的技术改进
举例	创意设计	科学的发现、技术的发明、学艺术上的创作等都是创造性的活动	牛顿发现万有引力、法拉第发现电磁感应现象等	灯泡、空调、手机、人造卫星、汽车等	雷某从创建××科技，开启互联网手机浪潮	技术创新，制度创新等

2．创新方法

根据熊彼特创新理论，创新就是要“建立一种新的生产函数”，即“生产要素的重新组合”，就是要把一种从来没有的关于生产要素和生产条件的“新组合”引进到生产体系中去，以实现对生产要素或生产条件的“新组合”。

1）采用一种新的产品，也就是消费者还不熟悉的产品或某种产品的一种新的品质。

2）采用一种新的生产方法，也就是有关的制造部门在实践中尚未知悉的生产方法，这种新的方法不需要建立在科学上新的发现的基础之上，并且可以在商业上对一种商品进行新的处理。

3）开辟一个新的销售市场，也就是相关国家的相关制造部门以前不曾进入的市场，这个市场以前可能存在也可能不存在。

4）获得原材料或半制成品的一种新的供应来源，同样不论这种供应来源是否已存在，而过去没有注意到或者认为无法进入，还是需要创造出来。

5）实现一种新的组织，比如打破一种垄断地位。

人们将他这一段话归纳为五个创新，依次对应产品创新、工艺创新、市场创新、资源配置创新、组织创新，而这里的“组织创新”也可以看成是部分的制度创新。

3. 创业项目选择

（1）创业项目调研与分析

创业项目是指创业者进行创业所从事的某一具体方向或具体行业，具有吸引力的、较为持久的和适时的一种商务活动内容，并最终表现在可以为客户和最终用户创造或增加价值的产品或服务中。智能家居是将物联网技术与传统家电行业相结合；智能交通是对传统交通行业的智能化改造；智能医疗是利用物联网技术对医疗行业的智能化升级。可见物联网应用是使用物联网相关技术对传统行业进行创新性、智能化改造。那么怎样把握行业热点、挖掘潜在价值进行创业项目的选择呢？首先需要做好以下调研工作：

1）行业发展环境调研。

在选择具体的物联网创业项目前，需要对所属行业进行深入分析，了解物联网行业发展现状及趋势。物联网作为我国新一代信息技术自主创新突破的重点方向，蕴含着巨大的创新空间，在芯片、传感器、近距离传输、海量数据处理、综合集成以及应用等领域，创新活动日趋活跃，创新要素不断积聚。通过行业调研，把握产业热点，可以为创业项目的选择提供重要参考依据。

2）技术要求调研。

在创业项目包含技术产品时，必须进行产品技术分析，物联网行业涉及的关键技术众多，传感器技术、自动识别技术、无线通信技术等发展较为成熟，创业者需要对所选关键技术的创新程度、技术难度、质量规范、市场反应等方面深入了解，选择符合市场需求、操作具有可行度并具有发展潜力的技术，避免难度过大、不利于操作实行的技术。

3）市场空间调研。

市场空间指某一项目在市场上的参与企业的数量。在项目选择时，应通过充分的市场调研，了解项目相关市场信息，包括项目所在地的经济发展水平、居民消费水平等，进而估算出创业项目的市场空间。创业项目的选择离不开对目标市场的准确定位与分析，合理地选择目标市场能为创业企业带来良好的商机和发展前景，反之则可能限制企业的发展。目标市场分析主要包括对商品货源、需求程度、价格区间预测、销售预测等方面的调查分析。

4）市场竞争程度调研。

众所周知，一个参与企业多的市场，对新进企业并不友好，创业企业会面临其他企业的竞争压力，大大增加创业者的创业难度。确定了创业企业的主要竞争对手后，要对其进行详细分析。在此过程中，要尽可能准确地了解竞争对手的产品状况、技术水平、目标市场与销售策略、盈利情况、核心竞争力、管理体制、市场发展策略、资产规模、渠道状况等信息。

（2）创业项目的选择原则

在充分调研的基础上可结合以下基本原则进行创业项目的选择：

1）政策鼓励原则。

创业者在选择项目时，要对国家宏观经济状况有相应的了解，明确现阶段国家大力支持和提倡发展的行业，哪些行业是国家鼓励发展的，哪些行业是限制发展的，要做到心中有数。以物联网行业为例，自2013年《物联网发展专项行动计划》印发以来，陆续推出一系列文件大力支持和推动物联网的发展，国家鼓励应用物联网技术来促进生产生活和社会管理方式向智能化、精细化、网络化方向转变。因此，物联网行业十分适合进行创业。

2）社会需求原则。

创业项目的选择应该符合社会需求，顺应市场发展方向。需求不足的市场意味着市场中竞争加剧，此时进入则风险过高。需求旺盛的市场则能给创业项目带来广阔的发展空间，让创业者有更好的机会获得成功。物联网行业的特点是将物联网技术与传统行业相结合进行智能化升级改造。因此，在充分的市场调研的基础上，了解市场需求、把握行业热点、挖掘痛点、找准需求所在，是创业项目选择的关键。

3）适合原则。

大学生选择创业项目是创造一个切入社会的端口，要找到一个自身与社会结合的契合点。所以创业项目选择要舍得下功夫，充分调查和论证，做到“知己知彼”。知己，就是要清醒地审视自己的优势与强项，明白自己的兴趣所在，结合知识经验积累、性格与心理特征以及拥有的资源等对自己进行分析。知彼，是对社会未来发展趋势的判断，对稳定的、恒久的、潜在的需要的认识。

4）强化专业特色原则。

特色，也可以说创新，是创业项目生命的内在根基，是企业生存下去的条件、站住脚的基石。创业企业要在市场竞争中立足，必须有所创新。创业项目的选择，也一定要有创新性。项目创新不一定是要开创全新的项目，更多的创新是在已有项目的基础上进行改良。项目特色是扎根在正当的、恒久需求之中的真实品质和效用，是吸引、影响、制约社会成员间进行交换的资源，是存在于项目之中的优秀基因，是争夺市场的竞争优势。

（3）创业项目的选择方法

一个好的项目是企业创业成功的关键，也是得到资本青睐的主要原因。很多创业者失败的主要原因都是创业项目的选择不当，那么，怎样选择适合自己的创业项目？可从以下四个方面着手：

1）趋势法。

关注环境变化的趋势，从中挖掘创业项目。环境因素的变化会孕育新事物的产生，从而为创造新企业提供了机会。常见的环境因素有经济、资源、人口、技术、政治法律、社会文化等。环境变化将导致产业结构的调整，消费结构也随之升级，同时还伴随着政府政策的变化，以及居民收入水平的提高等。环境发展趋势不断变化，创业者只有明确这些变化的环境趋势对创业项目造成的影响，才能真正把握商机，获得创业成功。比如关注人口环境的变化，会发现其中的老龄化严重问题，因此近两年新型智慧养老院成为创业的热门项目。

2）问题发现法。

寻找需要解决的问题，从中挖掘创业项目。留心观察日常生活中遇到的烦恼或者问题，找准痛点，并从中提炼创业项目。企业家约翰曾经说过："每个问题都是一个绝佳的隐藏着的机会。"例如，摩托罗拉的工程师受到星际迷航的启发，发现无线电话可以解决有线电话的地理局限性，因此发明了移动手机。瑞典伊莱克斯三叶虫家电制造商发现人们普遍不愿意扫地，从而发明了扫地机器人，开辟了一个新的市场。

3）市场研究法。

留意市场遗留的缝隙，从中挖掘创业项目，另辟蹊径，避免直接竞争。消费市场是很巨大的，很多大企业在实现规模经济的同时留下了许多市场缝隙，一旦从中找到了合适的市场空白点，就意味着抓住了创建一个能够持久盈利的创业项目。想要找准这些缝隙，见缝插针，必须打破传统的思维定势，观察并细分市场，对市场现有产品或服务进行归纳、类比和推断，发掘潜在的创业机遇。例如，各大手机厂商在全球手机市场激烈竞争的时候，传音控股公司将目光聚集到非洲市场，针对非洲用户的需求，推出具有超大音量、超长待机、多卡多待等功能的手机，一跃成为手机届"非洲之王"，并成为全球出货量第四的手机厂商。

4）技术创新跟踪法。

跟踪新技术的发展，利用新技术将市场上现有的产品进行改进、提升、完善、转换，成为新的创业项目。例如，戴森利用流体力学气流倍增技术和超高速数码变频电机对风机下置射流结构进行改进，从而推出了风靡世界的吹风机。

4. 策划书编制方法

（1）创业策划书概念

创业策划又名"商业计划"（Business Plan，BP），是创业者就某一项具有市场前景的新产品或服务向风险投资家进行游说，以取得风险投资的可行性商业报告，是创业项目运行中的基本纲领与行动指南。

报告全面介绍创业公司和项目的基本情况，并对市场现状、产品竞争优势、项目风险等进行全面阐述与分析，形成统一的行动指南，有利于团队内部统一思想与认识。创业策划书中关于创业蓝图的描绘、商业风险及问题的预判，对团队及项目在创业实践过程中实际遇到的困难有着重要的准备作用。同时，创业策划书也是创业团队内部与外部沟通的基本依据，通过创业策划书的形式，创业者可以将其创业思维以精炼清晰的文本形式呈现，并向投资人、合作伙伴等进行展示，从而增加合作的概率，提高项目目标实现的可能性。创业策划书逻辑关系图如图6-2-1所示。

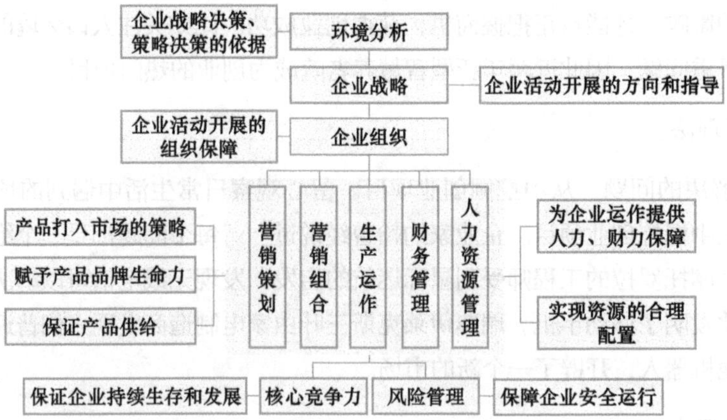

图6-2-1　创业策划书逻辑关系图

（2）创业策划书的结构与内容

创业策划书一般由封面、摘要、项目/公司介绍、项目/产品分析、团队介绍、市场与竞争分析、市场营销策略、风险分析、财务分析、附录等内容构成。

1）封面。

创业策划书的封面设计应明确主题，简洁新颖，同时具备审美与艺术性。这样的封面设计易于使阅读者产生好感，激发阅读兴趣，也体现出创业者的态度。在封面上应该明确标注企业及项目名称，从而体现相关经营范围。建议以醒目字体标示出创业策划书的标题，便于阅读者一目了然了解相关信息。

2）摘要。

摘要是对整个策划书内容的浓缩，是策划书的精华所在。一般是创业者在完成策划书整体内容后进行概括总结最后撰写的内容，但却是投资者最先关注的内容。创业策划书摘要应简洁清晰地展现计划书的关键要点，便于阅读者一目了然，从而直接准确地建立对项目的基本认识。它从策划中摘录出与筹集资金最直接相关的细节，具体包括公司及产品的基本情况、公司的能力以及局限性、市场竞争情况、营销和财务战略以及公司的管理队伍情况等。

3）项目/公司介绍。

阐述公司的基本情况、经营理念和目标、项目筹备现状，企业的未来发展计划。

4）项目/产品分析。

创业产品或者服务与现有产品相比的优势在哪儿？产品或服务能否卖得出去？市场有多大？能否挣钱？这些是投资者最关心的问题。因此，策划书需要对产品的基本概念、性能和特性、竞争优势、市场前景预测以及产品的成本分析等进行详细阐述。

5）团队介绍。

介绍团队的基本信息，分析团队的优势与不足，对组织结构、激励机制、人才战略进行说明，可以从决策者的素质、指挥的权威性、管理的有效性等方面体现团队管理能力。

6）市场与竞争分析。

从市场和行业的角度分析竞争态势。可以从行业发展现状、发展趋势、影响因素等方面对市场进行分析，深入分析本企业竞争优势。首先可以从技术、研发、资金、供应保证等方面分析企业的资源优势；其次可以从技术、成本、性价比等角度分析产品或服务的优势；最后可以从市场占有率、营销网络等角度分析营销能力的优势。需要注意的是在进行市场分析时尽量引用权威公开的数据，比如国家部委发布的数据、知名市场调研机构的数据等。

7）市场营销策略。

合理的经营策略是企业及项目存续的关键。该部分主要对营销计划、市场沟通、供应链模式、操作计划等方面进行经营策略的制定进行分析。

8）风险分析。

该部分主要从企业自身限制、市场的不确定性、技术产品开发的不确定性、财务收益的不确定性等方面进行风险分析，对可能遇到的困难进行预判，并提出风险控制与防范的对策或措施。

9）财务分析。

财务分析是开展投资机会评估的重要基础，是企业对于财务需求的相关预算与估计的直接体现。主要包括现金流、资产负债、股权分配方案以及利润等几个方面。

10）附录。

此部分内容是对以上内容的补充说明，包括相关工作痕迹、市场数据、产品样品展示、宣传材料等信息，可将其作为附录内容添加在策划书的最后，以确保整个计划书的完整与翔实。

（3）创业策划书撰写原则

创业策划书是创业者叩响投资者大门的“敲门砖”，怎样更好地向投资者呈现其创业计划，打动投资者从而成功获得投资是创业策划书撰写的关键。创业策划书的撰写可遵循如下原则：

1）五分钟原则。

基于脑神经学及心理学的论述，大量的风险投资人及评审专家在阅读一份创业策划书的时间一般在5min左右。为保证对方阅读质量，篇幅原则上不应超过40页，详细阅读时间在15～20min为宜。

2）诚恳原则。

诚信是双方合作的基础，创业策划书的关键在于对项目的论述展示而非自我吹嘘，一味追求得到投资而夸大自身项目无疑是本末倒置，太乐观的规划往往会降低策划书的可信度，最终引发阅读者反感，从而得不偿失。

3）换位思考原则。

通常来说，针对不同的阅读客体及所追求的目标，对创业策划书的编写需要做对应的调整。设身处地换位思考，以对方的角度定位关心的问题与判断标准，利于投其所好，提升成功率。

5. 路演技巧

（1）路演的概念

路演（roadshow）是融资环节中吸引投资者青睐的一个推销行为。最初的意思是指公司在上市前，为了在上市中获得更好的发行和更高的估价，持续地在主要城市开展公开的交流会，向投资者介绍公司、产品、项目等，以获取投资者的信心和支持。现在路演的概念更加宽泛，可以是准备上市的公司进行公开推介，也可以是某个项目进行推销和宣传，对于创业类比赛，也需进行路演答辩。路演的对象不仅包括投资人，也可以是合作者，甚至消费者。路演要解决的事情用一句话表达就是：你打算做什么、怎么做、做多大、要多少钱、能带来多少回报。

（2）路演要点

路演展示时间一般在5～10分钟，需要将创业策划书的重点内容提炼成PPT辅以展示，路演的内容主要围绕以下几个方面进行展示：

1）市场情况。

该部分主要说明解决的痛点，体现需求的迫切性。简要说明在目前市场中存在的空白点，简单明了地阐述市场问题的严重性和需求的迫切性，切忌引用一堆网上搜来的调查报告。该部分需描述针对发现的问题已经做出的准备工作以及可提供的解决方案。准确定位真正的潜在客户，并向其阐述市场规模、未来的走势以及投资人的未来。

2）团队情况。

该部分主要说明现有业务比较关键的团队成员，曾取得的成绩，如相关的项目经验、获奖经历等。该部分需体现团队成员十足的行业实操能力、合理的股权机构、明确的分工，以及体现团队效益高、执行力强的特点。创业不是单打独斗，需要一个分工明确、高效合作的团队。为了减少创业期的运作成本、最大比例地分享成果，创业团队人员构成应在保证企业能高效运作的前提下尽量精简。并且团队成员最好在知识、技能、经验等方面实现互补，这样才能更好地通过协作发挥出“1+1>2”的协同效应。

3）项目情况。

该部分主要对产品进行介绍，简要说明商业模式，体现项目的创新及不可替代性，说明项目的具体创新点、自身优势以及价值所在，并简要介绍项目进展。

4）回报情况。

该部分主要从政府税收优惠政策、投资人收益、团队分配等体现可预期的高回报。可以从三个方面阐述：资金投入及使用计划；具体盈利模式；税收优惠、股权出让及团队激励方式。

5）公司情况。

该部分主要通过公司基本信息（注册时间、地点、营业执照、资本、股东机构）、目前的财务状况、具备的优势资源及获得的资质情况(专利、高新、各种认证)体现项目具有良好的经营基础，资质齐全。

6）风险情况。

该部分主要从市场、政策法律、竞争等方面进行准确地风险评估，并提供风险处理预案，展现危机处理能力。

（3）路演注意事项

路演是展示创业项目、吸引投资者的重要环节，路演的成功与否直接关系创业的成败。路演时需要注意以下事项：

1）准备路演PPT相对应的演讲文字稿，一般人正常语速180～260字/min。具体字数根据时长和演讲人的语速而定。

2）演讲人一般是项目负责人，注意时间把控，一般是6～7分钟PPT讲解，2～3分钟互动答疑，演讲时切忌只对着PPT念书。

3）应答环节时要直接回应，尽量简短。切忌绕弯子，答非所问。

4）切记不应强调本项目除了资金以外的其余条件均已具备，这会让投资者产生不真实感。

5）没有发现问题不代表没有问题，要尊重客观现实，务实是首要精神，不要夸夸其谈。

6. 案例分析

本任务将介绍一个典型的物联网创业项目案例，了解创业策划书的完整结构及撰写方法，并结合本任务前面介绍的内容，对比分析一下策划书存在哪些问题和不足，需要如何完善和修改。

（1）智能医疗护理机器人创业项目案例展示

案例　智能医疗护理机器人创业策划书

1　摘要

据统计，我国有超过九千万的残疾人和老年人都需要不同形式、不同程度的长期护理，但目前市场上针对我国老龄化服务和针对残疾人服务的数量和质量远远不能满足需要，这就导致残疾人（老年人）护理设备与残疾人（老年人）护理设备市场形成了产品供不应求、当下产品科技水平远低于实际需求的科技水平的状态。

从战略角度上看，未来医疗器械市场必然有智能护理设备的一席之地，团队自主研发了此款多功能护理机。产品采用创新式设计，在充分考虑了人体力学的情况下，采用新型塑钢材料，革命性地提出了“多元拼接模块”“轮椅—床一体”等全新的概念，既减轻了产品因自重原因对使用者的负担，也降低了生产成本。同时为用户提供深度学习AI、专家系统等专业设计，“床—椅一键转换”更是本产品最大的革命性特点，且本产品各模块通过工业化生产，既实现了根据用户需求定制，又降低了生产成本，与现阶段同类产品相比本产品无疑展现出了绝大的优势。

本项目风险投资退出方式多样，主要通过上市、并购、管理层收购三个方式，让投资者无后顾之忧。

2　正文

2.1　项目描述

2.1.1　市场背景

（1）残疾人市场

目前在国外，残疾人用品在日常生活、办公、娱乐、交流、运动等方面，各种商品达六七百种之多，涵盖了残疾人生活和工作的每一个细节，相比之下，国内残疾人用品的市场还是一片肥沃的、未经开垦的土壤。截至2014年，我国残疾人数量已增长至8500万人以上，其中74.53%的患者在农村，平均每五个家庭便有一个家庭有残疾人，且每个残疾人不同程度上需要外力帮助他们恢复一定的自理能力。但是建立在如此庞大的基数之上的国内残疾人辅助设备市场却面临着用品总类少、档次低、功能性单一、缺乏创新、产品老化等问题。虽然国外厂家的辅助器材性能高、种类多，但其高昂的价格以及后期维护的费用让一般的家庭难以承受。此时国内急需一款成本较低、功能多、针对性强，且创新意识与人性化并重的产品。且国家对于此类行业大力支持，出台了许多相关优惠政策，如“两票制”。由于市场基数大，产品种类少，形成了一种供远小于求的关系，正是做此类创新产品的好时机。

（2）老年人市场

据统计数据分析，目前我国60岁的以上老年人约占总人口数的12.78%，其中80岁以上高龄老年人占老年人人口总数的12.25%。目前5%的老年人有住养老机构的愿望，且将逐步增加。据了解，发达国家养老床位数为老年人口总数的3%～5%，而我国目前养老机构床位占老年人口的比例仅为0.84%，养老服务缺口甚大。

据调查，日本护理设备的水平十分发达，所以根据日本以及我国现在的状态，得出我国日后所需要的必然是具有相当的技术水平且符合中国广大群众价值观的设备。而且中国人口基数大，正处于逐渐步人口老龄化的阶段，老年护理设备的市场将更为广阔。

2.1.2 项目介绍

本团队自主研发的智能“轮椅—床”设备具有使用方便、灵敏度高、模块化组装等特点，整套产品分为I-CAN1床上智能交互设备以及I-CAN2轮椅智能交互设备以及配套用APP。本产品支持残疾人身体信息信号控制、残疾人主动释放控制、监护人主动释放控制以及APP远程控制四种控制方式。整套产品使用智能中央处理器，设备配有声音传感器、压力传感器、喉麦、光学传感器等基本信息采集工具，结合配套APP进行远程的信息交流与APP远程操控，使得此产品的耐用能力大大增加。深度学习AI和专家系统的设计使得人机交互、智能医生成为触手可及的黑科技。且本产品采用目前世界上技术最成熟、工业生产适应性最好的熔融还原和连续轧制工艺，本产品还采用22道复式喷涂（电泳+粉末喷涂)的喷漆工艺，这种喷漆工艺甚至可应用于汽车生产，它可以防酸、防碱、防水、防菌、抗氧化。

2.1.3 配套设施

本产品主要针对残疾人在床上以及在轮椅上的使用，主要设施见案例表1。

案例表1 “轮椅—床”设备的主要设施

设备名称	主要功能	应用部位	使用寿命
Raspberry Pi	中央处理器	设备内部	5年
咪头、TL082CM、AD070P	声音接收模块	用户附近	3~5年
CC2500	无线收发模块	设备内部	3~5年
LCD12864	液晶显示模块	设备内部	3~5年
光控晶体管	光控模块	用户附近	3~5年
按键	接收指令	设备内部及用户附近	3~5年
压力传感器	接收用户指令	用户附近	3~5年
150行程电动推杆	接收用户指令	用户附近	3~5年

2.1.4 管理队伍

李某函

CEO，××大学2014级自动化专业本科学生，多次获得国家级、省级、校级比赛奖项，曾参与“第4届中国高校青年领袖峰会”“第20届中国国际健康博览会”，××大学生创业联盟理事。擅长机械设计，团队管理。主要负责团队管理、项目方向把控、硬件设计。

马某林

CTO，××大学2014级软件开发专业本科学生，曾获得全国数学建模大赛国家二等奖，全国计算机博弈大赛一等奖。擅长软件设计开发、算法设计分析。主要负责软件开发、算法设计、AI设计。

孙某霖

COO，××大学2014级自动化专业本科学生，多次获得国家级、省级、校级比赛奖项。擅长沟通协调，团队管理。主要负责人事管理。

张某辉

CFO，××大学经法学院2014级经济贸易系本科学生，经法学院学生党支部委员，曾获全国大学生金融精英挑战赛二等奖，“创青春”省级大学生创业大赛银奖，多次获“国家励志奖学金”，擅长财务分析管理。主要负责项目融资及财务预测分析。

张某焱

CMO，××大学管理学院市场营销专业2015级本科学生，精通市场有关知识，对数字敏感。多次参加国家级创新创业类比赛，大学期间多次组织大型活动，有组织管理经验。擅长市场调研。主要负责市场调研，市场销售。

周某亮

CIO，××医科大学第一临床学院2014级本科生，大学期间连续获得校奖学金，国家三级心理咨询师。校生物实验技能精英。擅长医学相关知识，了解人体构造。主要负责把控产品日后的设计方向，建立I-CAN专家系统。

2.2 产品与服务

2.2.1 产品品种规划

产品主要分为I-CAN-A床上设备与I-CAN-B轮椅上设备以及配套APP。

2.2.2 研究与开发

研究现状：硬件建模已符合工业生产标准、APP当前版本为V1.0.4、专家系统已建立正在完善、AI正在培训中。

2.2.3 未来产品与优势产品

具有基本的信息采集功能，可以得到用户的基本身体状况信息，包括心律、各部位身体湿度、血压等数据。若病人有一只手或是几个手指可以自由支配，可通过连接在手指上的压力传感器进行命令，这样既可以很大程度上减少通过按键直接控制设备的误差，也可以方便病人使用。本产品可以实现护理床与轮椅之间的自由转换，从成本上来说，可以节约近一套设备的成本，且可以节省请专业看护人士的经费；从人性化的角度考虑，产品充分照顾了病人的感受，能有效地减少病人的心理负担。“I-CAN轮椅-床”具有如下功能：“床-椅”一键转换、智能翻身(可定时)、起背防下滑、正坐、温度与湿度测量、坐便、护理床整体升降、坐姿洗脚、健康姿势、防褥疮、压力实时监测、一键关闭系统、尿湿报警、点段式控制、系统紧急关闭、辅助矫正腿部、远程控制及监护等十七个主要的功能。

未来产品基于I-CAN基础设施的功能将得到极大的扩展，中央处理器将可以连接智能家居，功能将增至喝水进食、翻书房读、开关家用电器、开关电灯、打电话、开门关门、拉窗帘、操作计算机等。

未来准备开发I-DO系列辅助轻度病人运动的贴身机械骨骼产品，主要原理有：

- 电刺激缝匠肌——屈髋关节、膝关节，使已屈关节旋内。
- 电刺激肌回头肌——伸膝关节。
- 电刺激阔筋膜张肌——屈大腿。
- 电刺激股二头肌——使小腿旋外。
- 电刺激半腱肌、半膜肌——使小腿旋内。
- 电刺激趾长屈肌、拇长屈肌——控制足部运动。
- 电刺激肱二头肌、肱三头肌——前臂的运动。

2.2.4 服务与支持

本产品支持残疾人身体信息信号控制、残疾人主动释放控制、监护人主动释放控制以及APP远程控制四种控制方式。严格履行督导安装、保修义务，全程为公司产品及体系的安装、调试、运行护航；对产品及服务质量实行终身跟踪服务，让业主“全程无忧”；成立由总经理挂帅的售后服务组24h提供服务，保证12h内到达维修现场，排解故障。“沟通、及时、有效”是开展售后服务的工作准则。项目组织结构如案例图1所示。

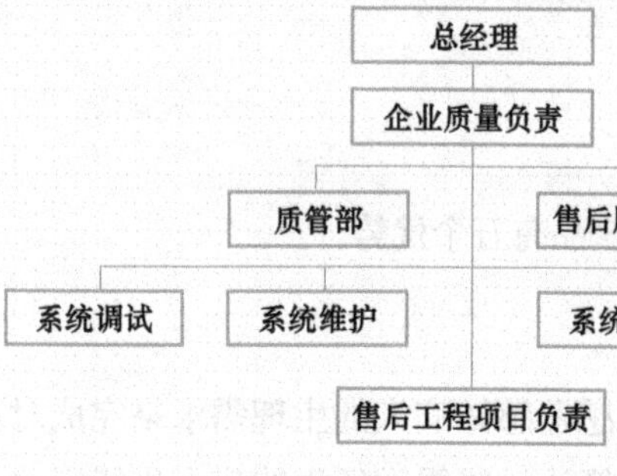

案例图1　项目组织结构

2.3 行业与市场分析

2.3.1 市场介绍

我国现今有着约4445万名残疾人和约3250万名老年人需要不同程度、不同形式上的长期护理，而现在市场所销售的产品无论是从功能上还是从价格上都存在与人们的购买能力与购买期望严重脱节的现象，此类产品价格居高不下且功能过于单一，无法满足护理设备市场的需求。现阶段有着约7695万人的客户群，且国外进口设备现今还没有占据中国市场。

2.3.2 市场趋势预测（针对老年人护理设备市场）

第一阶段（2～13年），此时间段为国家早期计划生育政策施行下的第一代独生子女普遍进入壮年的时间，家庭的普遍情况是一对夫妻要赡养至少4位老人还有至少一位子女，生活压力很大，此时对护理设备的需求量乃是10年来的最高峰，但是国民购买设备的能力以及购买意愿欠缺，此时可通过前期5年的广泛宣传让国民对本设备有一个普遍的认识。虽然此时购买能力不足，但基于庞大的需求总数，只要前期宣传得当，仍然具有相当可观的市场。

第二阶段（14～23年），同样受国家早期计划生育政策实施的影响，此阶段是国家独生子女数目最多的十年。同理，该代独生子女照顾家庭的压力也很大，对设备的需求量也将达到未来30年的最高峰，且国民购买能力较前10年相比大大增强，两项相结合得出此阶段正是护理设备的黄金时期。但此时期国外相关产品必然会进入国内市场，此时本公司就需要依靠更加适应中国市场规律的产品以及前期在国内市场的口碑来取得此阶段应具有的效益。

第三阶段（24～33年），受国家二胎生育政策影响，此时子女照顾老人压力大大降低，设备需求能力减弱，但设备需求总量依旧会保持在一个颇高的水平。此时正是同类中高端产品发展的好时机，我公司应在第一阶段就着手中高端产品的研发，此时正可以大量正式进军中高端护理设备市场，为将来的百年品牌夯实基础。

2.3.3 目标市场

残疾人以及老年人看护设备市场，未来进军外骨骼等高端设备市场。

2.3.4 顾客购买准则

以更低廉的价格、更优质的服务吸引顾客的眼球，不定期举办促销活动，吸引顾客，同时也可以提高产品知名度。

2.3.5 竞争对手分析

与国内市场的竞争对手相比公司产品有五个优势：

（1）技术优势

改变了传统的机械操作，通过传感器感知病人的生理需求来完成对产品的操控，使操控更为简单，对使用者的要求降低，能让一些重度瘫痪的病人也能完成一些基本的生理活动。设有人工智能以及专家系统，数据判断更为精准，监测用户更加专业。

（2）功能优势

改变了传统医疗器械单一功能的缺点，集多种功能于一体。

（3）成本优势

考虑到使用人群的经济能力，本产品虽然功能较多，但采取高性价比原则，成本可自由控制在1.6～45万元之间，且设计为一个中央处理模块，多个操控模块，病人可根据自己的需要购买所需的操控板，降低购买者的经济负担。据统计，一个需要长期看护的病人每年所需雇佣专业护理人员的费用至少为6000元，因病人本人或看护的家人不能创造的经济价值为：每人12 000元/年，而一套具有完整功能的设备价格大约在45万元，设备可使用5年，每三年维护费用在500元之内，这能够节约大量的金钱。

（4）互联网优势

此款产品将开发属于自己的APP，让护理者可以通过客户端方便地了解病人的状况，实行远程操控。

（5）人工智能

团队自主设计了深度学习型AI及专家系统，可以实现人机交互及智能私人医生的功能。

2.4 市场与销售

2.4.1 市场计划

公司产品应以长远发展为目的，力求扎根北方地区。20××年以建立完善的销售网络和样板工程为主，销售目标为1000万元。跻身于一流的残疾人护理产品供应商，成为快速成长的成功品牌，以护理产品带动整个医疗产品的销售和发展为目的。

市场销售近期目标：在很短的时间内使营销业绩快速增长，2～3年内使自身产品成为行业内知名品牌，抢占东三省省内同水平产品的部分市场。致力于发展分销市场，到2020年底发展到50家分销业务合作伙伴。

2.4.2 市场定位

产品定位：创新、创造、实用。

企业定位：为客户提供最好的使用体验。

竞争定位：初期打开东北市场，中期打开、巩固华东地区市场，后期进军国内市场。

消费者定位：所有卧病在床需要长期护理的残疾人士以及老年人。

2.4.3 商业模式

第一步：扩大知名度，增加品牌渗透率；建立圈子—— 针对40岁左右的中年人（主要是家庭妇女）。

第二步：针对国家政策及有关医疗健康的节日进行小规模体验式售卖。

第三步：整理信息迭代后正式大规模量产和预售；扩大圈子—— 主要是医学行业工作者和潜在用户群。

第四步：建立论坛等社群，扩大业内权威程度；转换盈利方式，通过APP平台及设备配件等端口实现联结功能。

第五步：扩展和利用人工智能、专家系统形成的大数据，为用户和小型智能护理设备提供服务。

2.4.4 销售策略

如果残疾人护理产品要快速增长，且还要取得竞争优势，最佳的选择必然是“目标集中”的总体竞争战略。随着辽宁经济的不断快速发展、城市化规模的不断扩大，残疾人护理产品市场的消费潜力很大，目标集中战略是明智的竞争策略选择。围绕“目标集中”总体竞争战略，可以采取的具体战术策略包括市场集中策略、产品带集中策略、经销商集中策略以及其他为目标集中而配套的策略四个方面。为此，需要将市场划分为以下四种：

1）战略核心型市场（沈阳，大连）。

2）重点发展型市场（北京，天津）。

3）培育型市场（辽宁省，河北省）。

4）等待开发型市场（江浙沪地区）。

总的营销策略：采用全员营销与直销和渠道营销相结合的营销策略。

2.4.5 渠道销售与伙伴

渠道的建立模式：采取逐步深入的方式，先草签协议，再做销售预测表，然后正式签定协议，订购第一批货。如果不进货则不能签订代理协议。采取寻找重要客户的办法，通过谈判将货压到分销商手中，然后销售和市场支持跟上；在代理之间挑起竞争心态，在谈判中因有潜在客户而使公司掌握主动权和保持高姿态，不能以低姿态进入市场；草签协议后，在广告中就可以出现草签代理商的名字，产品乘机进入市场；在当地的区域市场上，随时保证有可以成为一级代理的二级代理客户，以对一级代理起到威胁和促进作用。分销合作伙伴分为两类：一是分销客户，是重点合作伙伴；二是工程商客户，是基础客户。

2.4.6 定价策略

采取撇脂定价策略与渗透定价策略相结合的方式，即抓住市场当前技术并未出现的有利时机，前期在某个核心市场范围内进行有目的地提高价格，同时在消费能力不强但上升潜力很大的市场以较前者低的价格售卖，这样既能在短时间内获取尽可能多的利润，又能起到快速渗透市场、立即提高市场营销量与市场占有率，并快速而有效地占据市场空间的作用。

2.5 财务计划

2.5.1 会计政策与会计规章

（1）公司会计政策

1）所得税政策：依国家规定大学生创业第一年至第三年免征所得税，第三年至第六年减半征收（公司为一般纳税人）。

2）摊销制度：专利技术按照10年摊销，期满无残值，采用平均年限法摊销。

3）固定资产折旧制度：汽车、计算机折旧年限为6年，房屋折旧年限为20年，机器折旧年限为15年，期末无残值。

4）留存收益的构成：按照净利润的10%提取法定盈余公积，5%提取任意盈余公积，加未分配利润额。

5）存货流转假设为采用先进先出法。

6）预计应收账款以本期销售收入的30%计算，应付账款为本期采购款的10%。

7）公司成立后，前三年不分红。

（2）公司会计规章制度

1）认真贯彻执行国家有关的财务管理制度和税收制度，执行公司统一的财务制度。

2）积极为经营管理服务，通过财务监督发现问题，提出改进意见促进公司取得较好的经济效益。

3）厉行节约，合理使用资金。

4）会计人员在会计工作中应当遵守职业道德，严守工作纪律，努力提高工作效率和工作质量。

5）会计人员应当熟悉本单位的经营和业务管理情况，保守本单位的商业秘密。

6）会计员和出纳员责任分明，钱账分开，不得一人监管。

7）银行票据和银行存款账户的预留印鉴由主管会计和出纳分开保管，不得一人监管。

8）企业的各项支出及临时借款需经领导签字后方可支付。

9）严格审核原始凭证，对不真实、不合法的原始凭证不予受理，对手续不健全、不正确的凭证予以退回或补充更正。

10）不准公款私存，不得私自借用公款。及时记账、对账，做到日清月结，账款相符。会计档案按年度归档分类，整理立卷，做到存放有序、查找方便。

2.5.2 销售预计表

公司销售预计表见案例表2。

案例表2 公司销售预计表

年　度	第一年	第二年	第三年	第四年	第五年
销售个数/个	1000	1200	1500	1800	2500
售价/万元	3.5	3.5	3.2	3.2	3
费用合计/万元	3500	4200	4800	57 600	7500

2.5.3 直接费用表

公司直接费用表见案例表3。

案例表3 公司直接费用表 （单位：万元）

年 度	第一年	第二年	第三年	第四年	第五年
直接材料	500.00	600.00	750.00	900.00	1250.00
制造费用	2.20	2.60	3.00	3.30	3.70
直接人工	80.00	85.00	92.00	87.00	92.00
合计	582.20	687.60	845.00	990.30	1345.70

2.5.4 损益预估表

公司损益预估表见案例表4。

案例表4 公司损益预估表 （单位：万元）

项 目	第一年	第二年	第三年	第四年	第五年
一、毛收入	3500	4200	4800	5760	7500
减：产品成本	582.20	687.60	845.00	990.30	1345.70
减：营业费用	36.13	40.46	55.08	50.39	55.08
二、产品销售利润	581.68	711.94	744.92	759.61	1099.22
减：管理费用	369.15	407.04	421.40	427.00	460.40
减：财务费用	0	0	0	0	0
三、利润总额	212.53	304.54	323.52	332.61	638.82
减：所得税	0	0	0	41.58	79.85
四、净利润	212.53	304.54	323.52	291.03	558.97

2.5.5 现金流预测表

公司现金流预测表见案例表5。

案例表5 公司现金流预测表 （单位：万元）

项 目	第一年	第二年	第三年	第四年	第五年
一、经营活动产生的现金流量					
销售商品提供劳务收到的现金	1200.00	1440.00	1645.00	1800.00	2500.00
现金流入小计					
购买商品接受劳务支付的现金	500.00	600.00	750.00	900.00	1250.00
经营租赁所支付的现金	50.40	50.40	50.40	50.40	50.40
支付给职工的现金	87.20	87.20	87.20	87.20	87.20
支付的所得税	0	0	0	41.58	79.58
支付其他与经营活动有关的现金	90.00	93.20	96.70	103.04	112.10
现金流出小计	727.60	830.80	984.30	1182.22	1579.55
经营活动产生的现金流量净额	472.40	609.20	660.70	617.78	920.45

（续）

项　　目	第一年	第二年	第三年	第四年	第五年
二、投资活动产生的现金流量					
购建固定资产所支付的现金					
投资活动产生的现金流量净额					
三、筹资活动产生的现金流量					
吸收权益性投资所收到的现金					
借款所收到的现金					
现金流入小计					
偿还借款所支付的现金					
分配股利所支付的现金	100.00	100.00	135.00	135.00	200.00
偿付利息所支付的现金	100.00	100.00	135.00	135.00	200.00
现金流出小计					
筹资活动产生的现金流量净额					
四、现金及等价物净增加额	372.4	509.2	525.70	482.78	720.45

2.5.6　资产负债预估表

公司资产负债预估表见案例表6。

案例表6　资产负债预估表　　（单位：万元）

资产	第一年	第二年	第三年	第四年	第五年
一、流动资产：					
货币资金	100.30	223.40	496.42	653.42	828.92
应收账款	212.50	238.00	324.00	296.40	324.00
减：坏账准备					
应收账款净额	212.50	238.00	324.00	296.40	324.00
原材料	176.93	238.791	252.633	377.58	393.658
流动资产合计	489.73	700.191	1073.053	1327.40	1546.58
二、固定资产：					
固定资产原价	30.00	30.00	97.00	157.00	157.00
减：累计折旧	5.00	5.00	8.35	12.35	12.35
固定资产净值：	25.00	25.00	78.65	144.65	144.65
三、无形资产：					
无形资产原价	45.00	40.50	36.00	31.50	27.00
减：年均摊销额	4.50	4.50	4.50	4.50	4.50
无形资产净值	40.50	36.00	31.50		
四、资产合计：	27.00	22.50	所有者权益合计	501.23	694.99

2.6 风险控制

2.6.1 风险分析

任何项目都存在风险，如何有效地预防并规避各种风险是项目之初就应该多方讨论的问题，作为管理者应采取各种措施以减少风险事件发生的可能性，或者把可能的损失控制在一定的范围内，以避免在风险事件发生时带来难以承担的损失。综合本项目来看，可能存在风险因素如下：

（1）对货源的控制

为了达到一定的销售规模，必须要拥有一定的产品货源。现面向的对象是少数的伤残人士，非常分散而且难以控制，如果产品出现非消费者原因的质量问题，那么需要对产品回收做出承诺，假如市场到时候未达到预期的要求，那么损失只能由公司来承担。如果不做出承诺，那么控制则无从谈起。

（2）产品运输过程的损失

对于偏远地区的消费者，本公司提供无偿的配送工作，虽然可以扩大市场，提高知名度，但是运输过程中产品的破损风险是由公司承担的，如果数量过于庞大，所造成的损失本公司独自承担。

（3）对产品制作过程的监控

由于是新型产业，公司的产品还没有太多的制作经验，所以需要必要的专业人员进行监控，因为品牌形象是很重要的，所以所销售的产品一定要完全符合对外宣传的标准，否则公司的形象将大打折扣，也会危及公司的生存。因此必须安排人员对全部生产过程进行有效地监控，这个完全实现是个难题，而且如果有对公司形象有损的报道，也将会大大影响公司的生存。

2.6.2 资金退出机制

1）上市：如果企业发展到一定规模，可以考虑IPO上市，投资资金可以撤离。

2）并购：如果企业发展暂时不能达到预期的要求，那么可以考虑被别的公司并购。

3）管理层收购：如果公司运营一段时间后，公司管理层能够将公司收购，那么其他投资资本也可以及时退出。

4）股份转让：在新一轮融资时择机退出。

5）股转债：如果项目不能取得预期回报，并无法转让，可以转为发起人个人债务。

6）发起人股份减持：如果项目不能取得预期回报，发起人减少所持股份，以保证投资人的利益。

（2）智能医疗护理机器人项目案例分析

智能医疗护理机器人项目围绕我国残疾人和老年人健康护理市场做了初步的市场分析，介绍了项目的创业团队、产品特色、市场策略、发展规划、财务分析和风险分析等内容，创业策划书结构较完整，但是在以下方面还存在问题。

1）数据来源不清楚。

项目资料中数据的真实性无法确定。该项目在做市场分析时引用了一些数据，但是这些数据的出处没有说清楚，数据的真实性不得而知。例如“截至2014年，我国残疾人数量已增长至8500万人以上，其中74.53%的患者在农村”，又如“据统计数据分析，目前我国60岁以上老年人约占总人口数的12.78%，其中80岁以上高龄老年人将占老年人人口总数的12.25%”。因此在撰写创业策划书时应注意数据来源的问题，要用真实确切的数据来进行阐述。

2）竞品分析不全面。

投资者关心的问题之一就是当前的市场规模及市场占有情况，在进行市场分析时，需要清楚地介绍市场中同类产品的竞争态势如何，该策划书在这部分分析不足。在进行市场分析时应描述清楚竞争对手都有哪些、竞品都有哪些、竞品分析是什么样的，例如产品功能、产品性能质量、产品价格、产品使用的便利性、产品的使用寿命、产品的售后服务、产品的品牌等。

3）产品介绍不清晰。

策划书中对于产品或服务的介绍，需要从构成到功能一一描述清楚，这是项目的核心竞争力所在，需要详细地对产品的构成、采用了哪些材料、使用了哪些关键技术、具有哪些功能、产品性能与质量如何进行阐述，使投资者阅读后能对产品的价值及竞争力有一个初步判断。从该创业策划书描述来看，项目产品主要分为I-CAN-A床上设备与I-CAN-B轮椅上设备以及配套APP。但是每个产品的画像介绍都不是很清晰。产品的构成及功能描述不清楚，产品如何能实现帮助残疾人或半自理和不能自理的老人提高生活质量，具体为残疾人或老年人提供什么服务还需进一步描述。

4）产品有创新点，但特色提炼不够。

该项目产品围绕残疾人和老年人的健康护理集成使用了很多关键技术，设计开发出了护理床及智能轮椅，具有技术创新、设计创新、产品创新、集成创新与应用创新等许多的创新性，应该分别详细描述，如果有专利或软件著作权的知识产权更好，应该进一步补充内容。

该项目产品围绕残疾人和老年人的健康护理应用，从产品功能、性能质量、制造成本、外观设计、专有技术，以及使用的便利性、安全性和环保性等方面应该可以挖掘出项目的特色、特点与优势，但是由于项目产品描述得不全面、不完整，产品特色与优势深度挖掘和提炼不够。

5）市场策略方面。

对于市场策略分析，应涵盖产品策略、价格策略、渠道策略和促销策略方面内容，该策划书在互联网+营销策略方面还可以进一步完善线上和线下的营销内容，并结合体验营销、情感营销、衍生营销、会员营销等不同的市场营销策略进行组合应用，实施组合营销策略。此外，对于存货流转策划书采用的先进先出法，从会计学上看，先进先出法更加适合小微企业，既然项目的目标是业务遍布东三省，建议改为加权平均法或者移动加权平均法，有利于企业进行库存盘点。

6）风险分析与控制方面。

项目风险与应对措施也是投资人关心的主要问题之一，对风险分析与控制的描述不能过于简单，应该围绕政策风险、市场风险、技术风险、管理风险、资金风险和人才风险等方面详细分析和描述，并提出应对风险的具体措施。该项目产品在研发时涉及的关键技术较多，市场竞品也有不少，项目持续发展需要较多的资金，所以在技术风险、市场风险和资金风险的风控方面需要深入分析。

7）项目资金用途与筹措方面。

对于开发难度大且产品更新迭代较快的项目，对于资金的用途与筹措措施需要详细说明，包括该项目资金的主要用途、预算是多少、项目启动经费是多少、项目启动资本的筹措途径与方式是什么，还有待完善。

8）股权设置与融资计划方面。

项目产品研发难度较大，产品设计、技术路线规划、技术方案制定、样机加工生产制造、产品性能应用测试都需要一定的时间周期，设计、研发与生产的资金缺口会较大，会存在融资需求。那么项目的融资计划是什么样的，需要融资多少万元，拟出让多少股权，团队的股权结构是怎样的，这些内容都需要说清楚。

9）财务分析方面。

本项目进行了财务分析，但是有些财务数据给出得不科学、不真实，统计分析计算不准确，还需要进一步认真完善修改，例如表3公司直接费用表中的制造费用属于间接费，不应在直接费中列出。

任务实施

任务实施前必须先准备好以下设备和资源。

序　号	设备/资源名称	数　量	是否准备到位（√）
1	计算机	1	
2	Office软件	1	

1. 物联网创业项目调研与分析

查找资料，结合物联网发展热点从行业发展前景、技术要求、市场空间、市场竞争程度等方面开展调研工作。按照政策鼓励原则、社会需求原则、适合原则、强化专业特色原则确定一个创业项目。

（1）组建创业团队

请根据团队成员知识、技能、经验互补协调的原则，组建一个3～5人的创业团队，并完成创业团队分析表（见表6-2-2）。

表6-2-2 创业团队分析

姓名	性别	专业	擅长	在团队中的职务

（2）分工调研不同物联网应用领域的发展现状

选择3～5个物联网热门应用领域进行调研，调研内容包括政策支持、主要产品类型、现阶段痛点和发展潜力，并填写完成表6-2-3。表中已列出智能家居的调查结果示例。

表6-2-3 物联网热门领域

物联网应用领域	政策支持	主要产品类型	现阶段痛点	发展潜力
智能家居	2011，工信部出台《物联网"十二五"发展规划》 2016年，工信部印发《智慧家庭综合标准化体系建设指南》 2018年10月，国务院印发《关于完善促进消费体制机制，进一步激发居民消费潜力的若干意见》	智能门锁、智能猫眼、智能照明、智能家庭网关、智能窗帘、智能空调等	智能设备相互不能联动、智能体验不足	语音互动与控制、平台设备联动、提升各场景智能化设备

分析各物联网应用领域的发展趋势，通过对比，确定一个创业项目的目标领域，进行深入调查和创业分析。

（3）创业项目分析

深入调查所选领域市场发展现状，结合创业的四种具体方法，确定创业项目，完成表6-2-4。

表6-2-4　创业项目分析

创业产品或服务	主要功能	特色	优势	现有基础

2. 撰写创业策划书

根据所选创业项目，按照创业策划书结构和内容，完成创业策划书的撰写。

（1）梳理公司基本情况

阐述公司的基本情况、明确经营理念和目标、介绍组织架构与团队成员构成。公司组织结构可用图进行展示，如图6-2-2所示。

图6-2-2　公司组织结构

（2）根据物联网创业项目调研与分析的内容进行市场分析

市场分析是一个创业项目之所以成立的前提条件。该部分可以用文字辅以表格的方式对行业发展历史及趋势、市场规模、进入该行业的技术壁垒、贸易壁垒、政策限制进行说明，并对行业市场前景进行分析与预测。市场分析切忌冗长，只需要点出与创业项目相关的最重要的几个点即可，注意市场分析需真实、简洁、直接。分析时尽量引用权威公开的数据，比如国家部委发布的数据、知名市场调研机构的数据等，且尽量选择近期公布的数据，并标明数据来源。市场规模及预测可以用表格的方式进行体现，见表6-2-5和表6-2-6。

表6-2-5　过去3～5年各年全行业销售总额

年　　份	前5年	前4年	前3年	前2年	前1年
销售收入/万元					
销售增长率					

表6-2-6　未来3～5年各年全行业销售收入预测

年　　份	前5年	前4年	前3年	前2年	前1年
销售收入/万元					
销售增长率					

（3）根据选定的创业项目，进行产品分析

从以下几个方面进行产品介绍：

1）产品功能描述及适用领域。

2）产品的前期研究进展及现实的物质基础，包括产品开发处于何阶段、开发和研究的设备和条件。

3）产品的开发资源与条件情况，包括资金、开发队伍等，可参照表6-2-7进行说明。

4）产品的市场优势，包括专利技术获得情况等。

5）产品的技术实现方案。

6）产品生产流程，从原材料到中试、到规模生产阶段的工作流程和业务内容。

7）产品的制造方式，企业自建厂生产产品，还是委托生产，又或是其他方式，需要说明原因。

表6-2-7 企业未来3～5年研发资金投入和人员投入计划

年 份	第1年	第2年	第3年	第4年	第5年
资金投入/万元					
人员/个					

（4）对所选产品与竞品进行分析，提炼产品的特色及优势

该部分主要描述所选产品的直接竞争对手有哪些？竞争对手的发展现状如何？在各个维度上与竞争对手相比各有何优劣？间接竞争对手和潜在竞争对手又是谁？最好以表格或者图表的形式列出来，比较清晰明了。可参照表6-2-8进行竞争对手分析，列出本企业与行业内5个主要竞争对手的比较，主要描述在主要销售市场的竞争对手。

表6-2-8 竞争对手分析

竞争对手	市场份额	竞争优势	竞争劣势
本企业			

（5）制定市场营销的策略，对商务模式、定价策略等进行确定

从以下几个方面阐述营销策略：

1）产品销售成本的构成及销售价格制订的依据。

2）计划采取什么策略使顾客使用、购买产品。

3）如果产品已经在市场上形成了竞争优势，则说明与哪些因素有关（例如成本相同但销售价格低、成本低形成销售价格优势，以及产品性能、品牌、销售渠道优于竞争对手产品等）。

4）在建立销售网络、销售渠道、设立代理商、分销商方面的策略与实施。

5）在广告促销、销售价格、建立销售队伍方面的策略与实施，对销售队伍采取什么样的激励机制。

6）产品售后服务方面的策略与实施。

（6）制定财务计划

财务计划主要用销售预计表、产品成本表、项目损益预估表、公司现金流预测表、资产负债预估表等系列表格进行说明（见表6-2-9～表6-2-13），并需要进行要点总结：产品形成规模销售时，毛利润率为___%，纯利润率为____%，预测依据是__________。预计未来3～5年年均资产回收率为___%。

表6-2-9　销售预计表

年　度	第一年	第二年	第三年	第四年	第五年
销售个数/个					
售价/万元					
费用合计/万元					

表6-2-10　项目产品成本表　　（单位：万元）

年　度	第一年	第二年	第三年	第四年	第五年
直接材料					
其中：原材料					
燃料及动力					
直接人工					
制造费用					
合计					

表6-2-11 项目损益预估表 （单位：万元）

项 目	第一年	第二年	第三年	第四年	第五年
一、毛收入					
减：产品成本					
减：营业费用					
二、产品销售利润					
减：管理费用					
减：财务费用					
三、利润总额					
减：所得税					
四、净利润					

表6-2-12 公司现金流预测表 （单位：万元）

项 目	第一年	第二年	第三年	第四年	第五年
一、经营活动产生的现金流量					
销售商品提供劳务收到的现金					
现金流入小计					
购买商品接受劳务支付的现金					
经营租赁所支付的现金					
支付给职工的现金					
支付的所得税					
支付其他与经营活动有关的现金					
现金流出小计					
经营活动产生的现金流量净额					
二、投资活动产生的现金流量					
购建固定资产所支付的现金					
投资活动产生的现金流量净额					
三、筹资活动产生的现金流量					
吸收权益性投资所收到的现金					
借款所收到的现金					
现金流入小计					
偿还借款所支付的现金					
分配股利所支付的现金					
偿付利息所支付的现金					
现金流出小计					
筹资活动产生的现金流量净额					
四、现金及等价物净增加额					

表6-2-13　资产负债预估表　（单位：万元）

资　　产	第一年	第二年	第三年	第四年	第五年	负债及权益	第一年	第二年	第三年	第四年	第五年
一、流动资产：						流动负债					
货币资金						预收账款					
应收账款						负债合计					
减：坏账准备											
应收账款净额											
原材料											
流动资产合计											
二、固定资产：											
固定资产原价											
减：累计折旧											
固定资产净值：						所有者权益					
三、无形资产：						实收资本					
无形资产原价						盈余公积					
减：年均摊销额						未分配利润					
无形资产净值						所有者权益合计					
四、资产合计						负债及所有者权益					

（7）分析风险因素，提出风险控制措施

从以下方面分析该项目实施过程中可能遇到的风险及其应对措施，完成风险因素分析表（见表6-2-14）。

表6-2-14　风险因素分析

	风险因素						
	技术	市场	生产	财务	管理	政策	其他
风险分析							
风险控制措施							

（8）完成创业策划书撰写

整合以上内容，按照创业策划书结构，完成创业策划书撰写。

3. 制作路演PPT

按照路演要点，从市场情况、团队情况、项目情况、公司情况、风险情况等方面，提炼创业策划书关键内容，制作路演PPT。

4. 路演答辩演练

模拟路演答辩，进行验证与评审。

任务小结

本任务结合创新创意的概念、创新的方法对创业项目的选择方法进行了说明。创业策划书是创业计划的敲门砖，是创业活动的文字载体。通过本任务读者可以掌握创业策划书的撰写方法及原则。通过对路演应注意的要点及方法进行介绍，读者能够快速掌握路演要领，对创业活动建立初步认识。

本任务的相关的知识技能小结思维导图如图6-2-3所示。

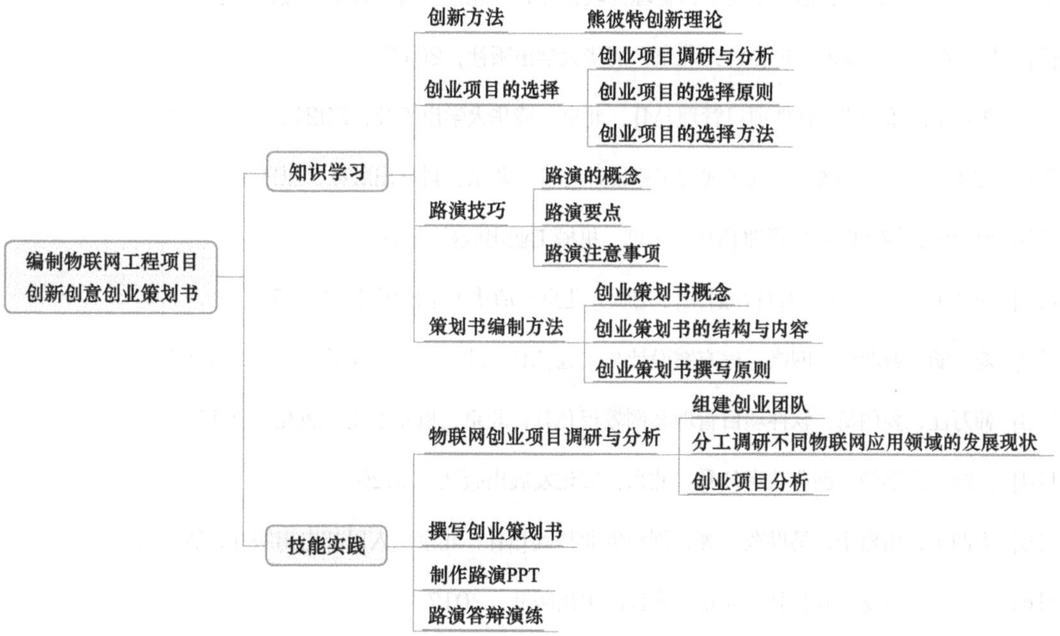

图6-2-3　知识与技能小结思维导图

参 考 文 献

[1] 杨埙，姚进．物联网项目规划与实施[M]．北京：高等教育出版社，2018．

[2] 黄传河，涂航，伍春香，等．物联网工程设计与实施[M]．北京：机械工业出版社，2017．

[3] 解相吾．物联网工程项目管理[M]．北京：清华大学出版社，2018．

[4] 刘洪丹，张兰勇，孙蓉．物联网技术与系统设计[M]．北京：清华大学出版社，2019．

[5] 许磊．物联网工程导论[M]．北京：高等教育出版社，2018．

[6] 谭志彬，柳纯录．信息系统项目管理师教程[M]．北京：清华大学出版社，2017．

[7] 杨长春．实战需求分析[M]．北京：清华大学出版社，2016．

[8] 李英龙，郑河荣．软件项目管理[M]．北京：清华大学出版社，2021．

[9] 刘晓辉，王勇．网络系统集成与工程设计[M]．北京：科学出版社，2019．

[10] 曹亚波．闲话IT项目管理[M]．北京：机械工业出版社，2017．

[11] 刘靖宇，翟然．IT项目管理[M]．2版．北京：清华大学出版社，2017．

[12] 刘彦舫，曹新鸿．网络工程方案设计与实施[M]．北京：中国铁道出版社，2017．

[13] 韩万江，姜例新．软件项目管理案例教程[M]．北京：机械工业出版社，2017．

[14] 陈虹．大学创新创业教育[M]．北京：文化发展出版社，2020．

[15] 彭四平，伍嘉华，马世登，等．创新创业基础[M]．北京：人民邮电出版社，2018．

[16] 李晓妍．万物互联[M]．北京：人民邮电出版社，2017．